建筑电气工程常用技能丛书

U0309851

工程识图

张日新　张威　编

中国电力出版社

CHINA ELECTRIC POWER PRESS

内 容 提 要

本书依据目前最新的国家规范、标准编写。全书共分为七章，着重介绍了电气工程识图基础、变配电站工程图识读、供配电线路工程图识读、动力及照明工程图识读、防雷接地工程图识读、电气设备控制工程图识读、智能建筑工程图识读，内容丰富、简明易懂、图文并茂、综合性强，以培养和增强读者的建筑电气工程识图应用能力为目的，知识点由易到难逐渐深入。

本书可作为建筑电气相关专业人员学习的参考书，特别适用于作为建筑电气类本、专科及高职不同层次教学的教材，或电气工程专业人员继续教育的辅导用书。

图书在版编目(CIP)数据

工程识图/张日新，张威编. —北京：中国电力出版社，2014.12

(建筑电气工程常用技能丛书)

ISBN 978-7-5123-6240-6

Ⅰ.①工⋯　Ⅱ.①张⋯②张⋯　Ⅲ.①工程制图-识别　Ⅳ.①TB23

中国版本图书馆 CIP 数据核字(2014)第 168695 号

中国电力出版社出版、发行

(北京市东城区北京站西街 19 号　100005　http://www.cepp.sgcc.com.cn)

航远印刷有限公司印刷

各地新华书店经售

*

2014 年 12 月第一版　2014 年 12 月北京第一次印刷

710 毫米×980 毫米　16 开本　21.25 印张　394 千字

定价 56.00 元

前　言

随着社会的进步和国民经济的飞速发展，建筑行业已成为当今最具有活力的一个行业。民用、工业以及公共建筑如雨后春笋般在全国各地拔地而起，伴随着建筑施工技术的不断发展与成熟，建筑产品在品质、功能等方面有了更高的要求。与此同时，承担着建筑内能源供应、信息传递、安全防范、设备控制以及智能管理的电气工程的地位变得日益突出，进而已成为现代建筑的一个重要组成部分。

目前，社会对建筑电气工程技术人才的需求越来越多，各大高等院校也在积极建立和完善建筑电气工程专业人才培养体系，也取得了显著的成效。近年来，随着高校毕业生逐年增加，建筑电气专业人员队伍不断壮大，也为整个电气工程行业带来了新鲜的血液。可是初出茅庐的高校毕业生，在管理能力、社会经验、实际操作等方面都极为欠缺，他们中的大多数人还不能迅速成为一名合格的技术人员，就业前景不容乐观。如何让这些刚刚参加工作的毕业生的管理能力和技术水平得到快速的提高？这就迫切需要可供刚刚入岗人员在工作之余学习和参考的具有较高实用价值的资料性读物，本套丛书的编写就是基于这样的背景和需求而完成的。希望本套丛书能够为高等院校建筑电气工程专业的读者提供帮助，也可为教学、辅导提供参考。

本书全面、细致地介绍了建筑电气工程图的识读基础和识图技能。既包含了传统电气工程强电内容，也涵盖了新型电气工程弱电技术。同时，还针对当前的电气工程发展的趋势，着重介绍了建筑电气工程智能化、自动化、信息化等相关知识。在内容上由浅及深、循序渐进，适合不同层次的读者，尤其适合新手尽快入门并熟练运用。在表达上简明易懂、图文并茂、灵活新颖，杜绝了枯燥乏味的记叙，而是分别列出需要掌握的技能，让读者一目了然。

目前，电气工程各领域发展迅速，学科之间的联系越来越紧密，虽然编者在编写时力求做到内容全面、及时，但是由于自身专业水平有限，时间仓促，书中难免有疏漏和不当之处，恳请读者批评指正。我们诚挚地希望本套丛书能为奋斗在建筑电气工程行业的朋友带来更大的帮助。

编　者

2014 年 10 月

目　录

第一章

电气工程识图基础

（1）图样幅面及图框尺寸应符合表 1-1 的规定。

表 1-1　　　　　　　　　　幅面及图框尺寸　　　　　　　　　　mm

尺寸代号	幅面代号				
	A0	A1	A2	A3	A4
$b×l$	841×1189	594×841	420×594	297×420	210×297
c	10			5	
a	25				

注　b 为幅面短边尺寸，l 为幅面长边尺寸，c 为图框线与幅面线间宽度，a 为图框线与装订边间宽度。

（2）需要微缩复制的图样，其一个边上应附有一段准确米制尺度，四个边上均附有对中标志，米制尺度的总长应为 100mm，分格应为 10mm。对中标志应画在图样内框各边长的中点处，线宽 0.35mm，并应伸入内框边，在框外为 5mm。对中标志的线段，于 l 和 b 范围取中。

（3）图样的短边尺寸不应加长，A0～A3 幅面长边尺寸可加长，且应符合表 1-2 的规定。

表 1-2　　　　　　　　　　图样长边加长尺寸　　　　　　　　　　mm

幅面代号	长边尺寸	长边加长后的尺寸
A0	1189	1486（A0+l/4）　1635（A0+3l/8）　1783（A0+l/2） 1932（A0+5l/8）　2080（A0+3l/4）　2230（A0+7l/8） 2378（A0+l）
A1	841	1051（A1+l/4）　1261（A1+l/2）　1471（A1+3l/4） 1682（A1+l）　1892（A1+5l/4）　2102（A1+3l/2）

幅面代号	长边尺寸	长边加长后的尺寸
A2	594	743（A2+l/4）　891（A2+l/2）　1041（A2+3l/4） 1189（A2+l）　1338（A2+5l/4）　1486（A2+3l/2） 1635（A2+7l/4）　1783（A2+2l）　1932（A2+9l/4） 2080（A2+5l/2）
A3	420	630（A3+l/2）　841（A3+l）　1051（A3+3l/2） 1261（A3+2l）　1471（A3+5l/2）　1682（A3+3l） 1892（A3+7l）

注　有特殊需要的图样，可采用 $b×l$ 为 841mm×891mm 与 1189mm×1261mm 的幅面。

（4）图样以短边作为垂直边应为横式，以短边作为水平边应为立式。A0～A3 图样宜横式使用，必要时也可立式使用。

（5）工程设计中，每个专业所使用的图样，不宜多于两种幅面，不含目录及表格所采用的 A4 幅面。

技能 2　了解标题栏的要求

（1）图样中应有标题栏、图框线、幅面线、装订边线和对中标志。图样的标题栏及装订边的位置，应符合下列规定。

1）横式使用的图样，应按图 1-1、图 1-2 的形式进行布置。

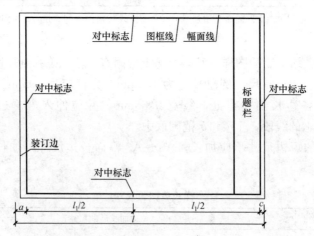

图 1-1　A0～A3 横式幅面（一）

2）立式使用的图样，应按图 1-3、图 1-4 的形式进行布置。

（2）标题栏应符合图 1-5、图 1-6 的规定，根据工程的需要选择确定其尺寸、格式及分区。签字栏应包括实名列和签名列，并应符合下列规定：

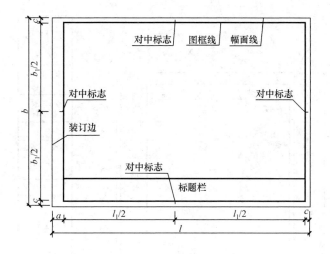

图 1-2 A0～A3 横式幅面（二）

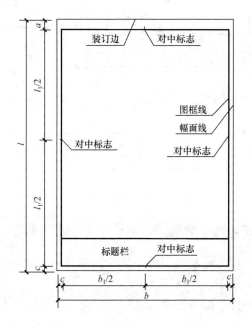

图 1-3 A0～A4 立式幅面（一）

1）涉外工程的标题栏内，各项主要内容的中文下方应附有译文，设计单位的上方或左方，应加"中华人民共和国"字样。

2）在计算机制图文件中当使用电子签名与认证时，应符合国家有关电子签名法的规定。

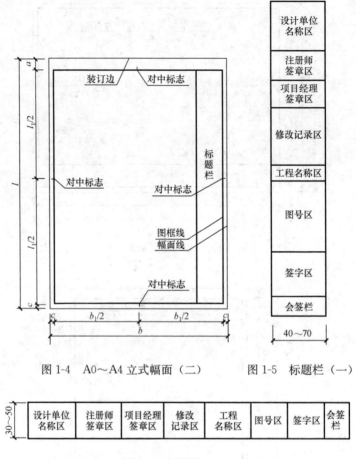

装订边
对中标志
对中标志
标题栏
对中标志
图框线
幅面线
对中标志
a
$l_1/2$
l
$l_1/2$
c
c
$b_1/2$
$b_1/2$
c
b

图 1-4　A0～A4 立式幅面（二）

设计单位名称区
注册师签章区
项目经理签章区
修改记录区
工程名称区
图号区
签字区
会签栏
40～70

图 1-5　标题栏（一）

30～50
设计单位名称区
注册师签章区
项目经理签章区
修改记录区
工程名称区
图号区
签字区
会签栏

图 1-6　标题栏（二）

技能 3　了解图样编排顺序的要求

（1）工程图样应按专业顺序编排，应为图样目录、总图、建筑图、结构图、给水排水图、暖通空调图、电气图等。

（2）各专业的图样，应按图样内容的主次关系、逻辑关系进行分类排序。

技能 4　熟悉图线的要求

（1）图线的宽度 b，宜从 1.4、1.0、0.7、0.5、0.35、0.25、0.18、0.13mm 线宽系列中选取图线宽度，不应小于 0.1mm。应根据复杂程度与比例大小，每个图样先选定基本线宽 b，再选用表 1-3 中相应的线宽组。同一个图样内，各种不同线宽组中的细线，可统一采用线宽组中较细的细线。

表 1-3	线 宽 组			mm
线宽比	线宽组			
b	1.4	1.0	0.7	0.5
$0.7b$	1.0	0.7	0.5	0.35
$0.5b$	0.7	0.5	0.35	0.25
$0.25b$	0.35	0.25	0.18	0.13

注　1. 需要微缩的图样，不宜采用 0.18mm 及更细的线宽组。

　　2. 同一张图样内，各不同线宽中的细线，可统一采用较细的线宽组的细线。

（2）建筑电气专业常用的制图图线、线型及线宽，见表 1-4。

表 1-4　　　　　　　　　　图线、线型及线宽

图线名称		线　型	线宽	一　般　用　途
实线	粗	——————	b	本专业设备之间电气通路连接线、本专业设备可见轮廓线、图形符号轮廓线
	中粗	——————	$0.7b$	
		——————	$0.7b$	本专业设备可见轮廓线、图形符号轮廓线、方框线、建筑物可见轮廓
	中	——————	$0.5b$	
	细	——————	$0.25b$	非本专业设备可见轮廓线、建筑物可见轮廓；尺寸、标高、角度等标注线及引出线
虚线	粗	– – – – – –	b	本专业设备之间电气通路不可见连接线；线路改造中原有线路
	中粗	– – – – – –	$0.7b$	
		– – – – – –	$0.7b$	本专业设备不可见轮廓线、地下电缆沟、排管区、隧道、屏蔽线、连锁线
	中	– – – – – –	$0.5b$	
	细	– – – – – –	$0.25b$	非本专业设备不可见轮廓线及地下管沟、建筑物不可见轮廓线等
波浪线	粗	∿∿∿∿	b	本专业软管、软护套保护的电气通路连接线、蛇形敷设线缆
	中粗	∿∿∿∿	$0.7b$	
单点长画线		– · – · – ·	$0.25b$	定位轴线、中心线、对称线；结构、功能、单元相同围框线
双点长画线		– ·· – ·· –	$0.25b$	辅助围框线、假想或工艺设备轮廓线
折断线		——/\——	$0.25b$	断开界线

（3）同一张图样内，相同比例的各图样，应选用相同的线宽组。图样中，可使用自定义的图线、线型及用途，并应在设计文件中明确说明。自定义的图线、线型及用途不应与国家现行有关标准、规范相矛盾。

（4）图样的图框和标题栏线可采用表1-5的线宽。

表 1-5　　　　　　　　　　　图框和标题栏线的宽度　　　　　　　　　　　　　mm

幅面代号	图框线	标题栏外框线	标题栏分格线
A0、A1	b	$0.5b$	$0.25b$
A2、A3、A4	b	$0.7b$	$0.35b$

（5）相互平行的图例线，其净间隙或线中间隙不宜小于 0.2mm。

（6）虚线、单点长画线或双点长画线的线段长度和间隔，宜各自相等。

（7）单点长划线或双点长划线，当在较小图形中绘制有困难时，可用实线代替。

（8）单点长划线或双点长划线的两端，不应是点。点画线与点划线交接点或点划线与其他图线交接时，应是线段交接。

（9）虚线与虚线交接或虚线与其他图线交接时，应是线段交接。虚线为实线的延长线时，不得与实线相接。

（10）图线不得与文字、数字或符号重叠、混淆。不可避免时，应保证文字的清晰。

技能 5　　熟悉字体的要求　　`/////////////`

（1）图样上所需注写的文字、数字或符号等，均应笔画清晰、字体端正、排列整齐；标点符号应清楚正确。

（2）文字的字高应从表 1-6 中选用。字高大于 10mm 的文字宜采用 True type 字体。当需注写更大的字时，其高度应按 $\sqrt{2}$ 的倍数递增。

表 1-6　　　　　　　　　　　　　　　文字的字高　　　　　　　　　　　　　　mm

字体种类	中文矢量字体	True type 字体及非中文矢量字体
字高	3.5、5、7、10、14、20	3、4、6、8、10、14、20

（3）图样及说明中的汉字，宜采用长仿宋体或黑体，同一图样字体种类不应超过两种。长仿宋体的高宽关系应符合表1-7的规定，黑体字的宽度与高度应相同。大标题、图册封面、地形图等的汉字，也可注写成其他字体，但应易于辨认。

表 1-7

表 1-7		长仿宋字高宽关系			mm
字高	20	14	10	7	5	3.5
字宽	14	10	7	5	3.5	2.5

（4）汉字的简化字注写应符合国家有关汉字简化方案的规定。

（5）图样及说明中的拉丁字母、阿拉伯数字与罗马数字，宜采用单线简体或 ROMAN 字体。拉丁字母、阿拉伯数字与罗马数字的注写规则，应符合表 1-8 的规定。

表 1-8   拉丁字母、阿拉伯数字与罗马数字的注写规则

书 写 格 式	字 体	窄字体
大写字母高度	h	h
小写字母高度（上、下均无延伸）	$\frac{7}{10}h$	$\frac{10}{14}h$
小写字母伸出的头部或尾部	$\frac{3}{10}h$	$\frac{4}{14}h$
笔画宽度	$\frac{1}{10}h$	$\frac{1}{14}h$
字母间距	$\frac{2}{10}h$	$\frac{2}{14}h$
上下行基准线的最小间距	$\frac{15}{10}h$	$\frac{21}{14}h$
词间距	$\frac{6}{10}h$	$\frac{6}{14}h$

（6）拉丁字母、阿拉伯数字与罗马数字，当需写成斜体字时，其斜度应是从字的底线逆时针向上倾斜 75°。斜体字的高度和宽度应与相应的直体字相等。

（7）拉丁字母、阿拉伯数字与罗马数字的字高，不应小于 2.5mm。

（8）数量的数值注写，应采用正体阿拉伯数字。各种计量单位凡前面有量值的，均应采用国家颁布的单位符号注写，单位符号应采用正体字母。

（9）分数、百分数和比例数的注写，应采用阿拉伯数字和数学符号。

（10）当注写的数字小于 1 时，应写出各位的"0"，小数点应采用圆点，对齐基准线注写。

（11）长仿宋汉字、拉丁字母、阿拉伯数字与罗马数字示例，应符合《技术制图——字体》GB/T 14691—1993 的有关规定。

技能 6   熟悉比例的要求

（1）图样的比例，应为图形与实物相对应的线性尺寸之比。

（2）比例的符号应为"："，比例应以阿拉伯数字表示。

（3）比例宜注写在图名的右侧，字的基准线应取平；比例的字高宜比图名的

平面图 1:100 1:20

字高小一号或二号，如图 1-7 所示。

（4）电气总平面图、电气平面图的制图比例，宜与工程项目设计的主导专业一致，采用的比例宜从表 1-9 中选用，并应优先采用表中常用比例。

图 1-7　比例注写示例

表 1-9　　　　　　　　　　电气总平面图、电气平面图的制图比例

序号	图　名	常用比例	可用比例
1	电气总平面图、规划图	1：500、1：1000、1：2000	1：300、1：5000
2	电气平面图	1：50、1：100、1：150	1：200
3	电气竖井、设备间、电信间、变配电室等平、剖面图	1：20、1：50、1：100	1：25、1：150
4	电气详图、电气大样图	10：1、5：1、2：1、1：1、1：2、1：5、1：10、1：20	4：1、1：25、1：50

（5）一般情况下，一个图样应选用一种比例。根据专业制图需要，同一图样可选用两种比例。

（6）特殊情况下也可自选比例，除应注明绘图比例外，还应在适当位置绘制出相应的比例尺。

技能 7　熟悉符号的要求

1. 剖面的剖切符号

（1）剖视的剖面的剖切符号应由剖切位置线及剖视方向线组成，均应以粗实线绘制。剖视的剖面的剖切符号应符合下列规定。

1）剖切位置线的长度宜为 6～10mm；剖视方向线应垂直于剖切位置线，长度应短于剖切位置线，宜为 4～6mm，如图 1-8 所示，也可采用国际统一和常用的剖视方法，如图 1-9 所示。绘制时，剖视剖面的剖切符号不应与其他图线相接触。

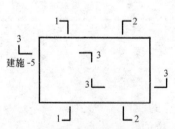

图 1-8　剖视的剖面的剖切符号（一）

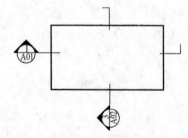

图 1-9　剖视的剖面的剖切符号（二）

2）剖视的剖面的剖切符号的编号宜采用阿拉伯数字，按剖切顺序由左至右、由下向上连续编排，并应注写在剖视方向线的端部。

3）需要转折的剖切位置线，应在转角的外侧加注与该符号相同的编号。

4）建（构）筑物断面图的剖面的剖切符号应注在±0.000m标高的平面图或首层平面图上。

5）局部断面图（不含首层）的剖面的剖切符号应注在包含剖切部位的最下面一层的平面图上。

（2）断面的剖面的剖切符号应符合下列规定。

1）断面的剖面的剖切符号应只用剖切位置线表示，并应以粗实线绘制，长度宜为6～10mm。

2）断面剖面的剖切符号的编号宜采用阿拉伯数字，按顺序连续编排，并应注写在剖切位置线的一侧；编号所在的一侧应为该断面的剖视方向（图1-10）。

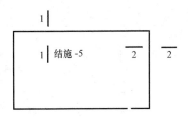

图1-10　断面的剖面的剖切符号

（3）断面图或断面图，当与被剖切图样不在同一张图内，应在剖切位置线的另一侧注明其所在图样的编号，也可以在图上集中说明。

2. 索引符号与详图符号

（1）图样中的某一局部或构件，如需另见详图，应以索引符号索引〔图1-11（a）〕。索引符号是由直径为8～10mm的圆和水平直径组成，圆及水平直径应以细实线绘制。索引符号应按下列规定编写。

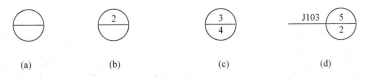

图1-11　索引符号

1）索引出的详图，如与被索引的详图同在一张图样内，应在索引符号的上半圆中用阿拉伯数字注明该详图的编号，并在下半圆中间画一段水平细实线〔图1-11（b）〕。

2）索引出的详图，如与被索引的详图不在同一张图样内，应在索引符号的上半圆中用阿拉伯数字注明该详图的编号，在索引符号的下半圆用阿拉伯数字注明该详图所在图样的编号〔图1-11（c）〕。数字较多时，可加文字标注。

3）索引出的详图，如采用标准图，应在索引符号水平直径的延长线上加注该标准图集的编号［图1-11（d）］。需要标注比例时，文字在索引符号右侧或延长线下方，与符号下对齐。

（2）索引符号当用于索引剖视详图，应在被剖切的部位绘制剖切位置线，并以引出线引出索引符号，引出线所在的一侧应为剖视方向。索引符号的编写应符合GB/T 50001—2010《房屋建筑制图统一标准》第7.2.1条的规定（图1-12）。

（3）零件、钢筋、杆件、设备等的编号宜以直径为5～6mm的细实线圆表示，同一图样应保持一致，其编号应用阿拉伯数字按顺序编写（图1-13）。消火栓、配电箱、管井等的索引符号，直径宜为4～6mm。

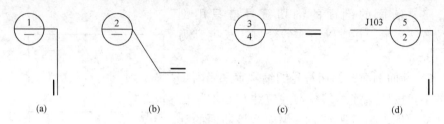

图1-12 用于索引剖面详图的索引符号

（4）详图的位置和编号应以详图符号表示。详图符号的圆应以直径为14mm粗实线绘制。详图编号应符合下列规定：

1）详图与被索引的图样同在一张图样内时，应在详图符号内用阿拉伯数字注明详图的编号（图1-14）。

2）详图与被索引的图样不在同一张图样内时，应用细实线在详图符号内画一水平直径的圆，在上半圆中注明详图编号，在下半圆中注明被索引的图样的编号（图1-15）。

图1-13 零件、　　图1-14 与被索引　　图1-15 与被索
钢筋等的编号　　图样同在一张图样　　引图样不在同一张
　　　　　　　　　内的详图符号　　　　图样内的详图符号

3. 引出线

（1）引出线应以细实线绘制，宜采用水平方向的直线，与水平方向成30°、45°、60°、90°的直线，或经上述角度再折为水平线。文字说明宜注写在水平线的上方［图1-16（a）］，也可注写在水平线的端部［图1-16（b）］。索引详图的引出线，应与水平直径线相连接［图1-16（c）］。

（2）同时引出的几个相同部分的引出线，宜互相平行［图1-17（a）］，也可

图 1-16　引出线

画成集中于一点的放射线〔图 1-17（b）〕。

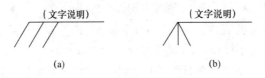

图 1-17　共用引出线

（3）多层构造或多层管道共用引出线，应通过被引出的各层，并用圆点示意对应各层次。文字说明宜注写在水平线的上方，或注写在水平线的端部，说明的顺序应由上至下，并应与被说明的层次对应一致；如层次为横向排序，则由上至下的说明顺序应与由左至右的层次对应一致（图 1-18）。

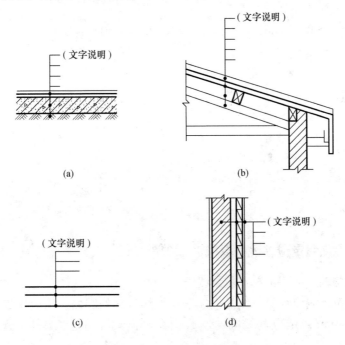

图 1-18　多层共用引出线

4. 其他符号

（1）对称符号由对称线和两端的两对平行线组成。对称线用细单点长划线绘制；平行线用细实线绘制，其长度宜为 6～10mm，每对的间距宜为 2～3mm；对称线垂直平分于两对平行线，两端超出平行线宜为 2～3mm（图 1-19）。

（2）连接符号应以折断线表示需连接的部位。两部位相距过远时，折断线两端靠图样一侧应标注大写拉丁字母表示连接编号。两个被连接的图样应用相同的字母编号（图 1-20）。

（3）指北针的形状符合图 1-21 的规定，其圆的直径宜为 24mm，用细实线绘制；指针尾部的宽度宜为 3mm，指针头部应注"北"或"N"字。需用较大直径绘制指北针时，指针尾部的宽度宜为直径的 1/8。

（4）对图样中局部变更部分宜采用云线，并宜注明修改版次（图 1-22）。

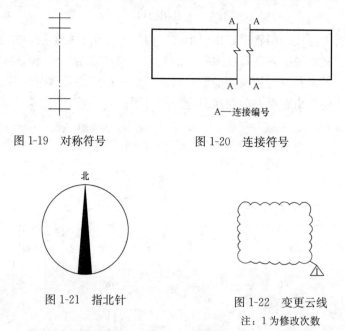

A—连接编号

图 1-19　对称符号　　　　　图 1-20　连接符号

图 1-21　指北针　　　　　图 1-22　变更云线
注：1 为修改次数

技能 8　熟悉定位轴线的要求

（1）定位轴线应用细单点长划线绘制。

（2）定位轴线应编号，编号应注写在轴线端部的圆内。圆应用细实线绘制，直径为 8～10mm。定位轴线圆的圆心应在定位轴线的延长线上或延长线的折线上。

（3）除较复杂需采用分区编号或圆形、折线形外，平面图上定位轴线的编号，宜标注在图样的下方或左侧。横向编号应用阿拉伯数字，从左至右顺序编写；竖向编号应用大写拉丁字母，从下至上顺序编写（图1-23）。

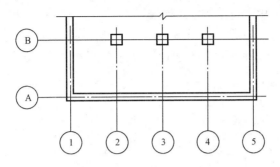

图1-23　定位轴线的编号顺序

（4）拉丁字母作为轴线编号时，应全部采用大写字母，不应用同一个字母的大小写来区分轴线号。拉丁字母的I、O、Z不得用做轴线编号，当字母数量不够使用，可增用双字母或单字母加数字注脚。

（5）组合较复杂的平面图中定位轴线也可采用分区编号（图1-24）。编号的注写形式应为"分区号—该分区编号"。"分区号—该分区编号"采用阿拉伯数字或大写拉丁字母表示。

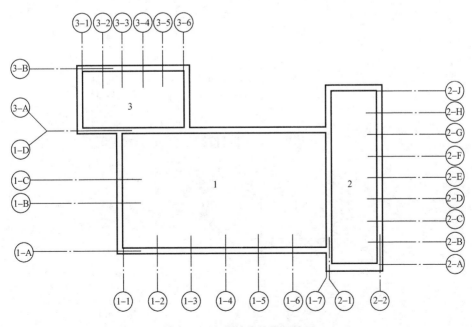

图1-24　定位轴线的分区编号

（6）附加定位轴线的编号，应以分数形式表示，并应符合下列规定。

1）两根轴线的附加轴线，应以分母表示前一轴线的编号，分子表示附加轴线的编号。编号宜用阿拉伯数字顺序编写。

2）1号轴线或A号轴线之前的附加轴线的分母应以01或0A表示。

（7）一个详图适用于几根轴线时，应同时注明各有关轴线的编号（图1-25）。

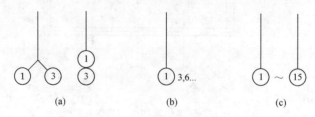

图1-25　详图的轴线编号

（a）用于2根轴线时；（b）用于3根或3根以上轴线时；

（c）用于3根以上连续编号的轴线时

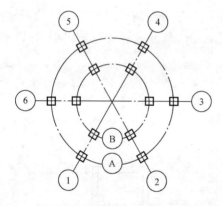

图1-26　圆形平面定位轴线的编号

（8）通用详图中的定位轴线，应只画圆，不注写轴线编号。

（9）圆形与弧形平面图中的定位轴线，其径向轴线应以角度进行定位，其编号宜用阿拉伯数字表示，从左下角或−90°（若径向轴线很密，角度间隔很小）开始，按逆时针顺序编写；其环向轴线宜用大写阿拉伯字母表示，从外向内顺序编写（图1-26、图1-27）。

（10）折线形平面图中定位轴线的编号可按图1-28的形式编写。

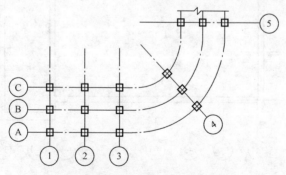

图1-27　弧形平面定位轴线的编号

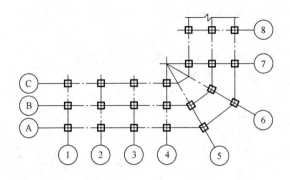

图 1-28　折线形平面定位轴线的编号

技能 9　熟悉尺寸标注的要求

1. 尺寸界线、尺寸线及尺寸起止符号

(1) 图样上的尺寸，应包括尺寸界线、尺寸线、尺寸起止符号和尺寸数字(图 1-29)。

(2) 尺寸界线应用细实线绘制，应与被注长度垂直，其一端应离开图样轮廓线不应小于 2mm，另一端宜超出尺寸线 2～3mm。图样轮廓线可用作尺寸界线(图 1-30)。

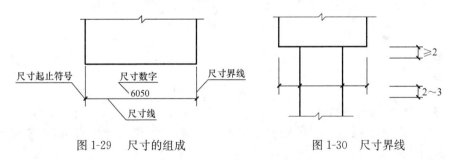

图 1-29　尺寸的组成

图 1-30　尺寸界线

(3) 尺寸线应用细实线绘制，应与被注长度平行。图样本身的图线均不得用作尺寸线。

(4) 尺寸起止符号用中粗斜短线绘制，其倾斜方向应与尺寸界线成顺时针 45°角，长度宜为 2～3mm。半径、直径、角度与弧长的尺寸起止符号，宜用箭头表示(图 1-31)。

图 1-31　箭头尺寸起止符号

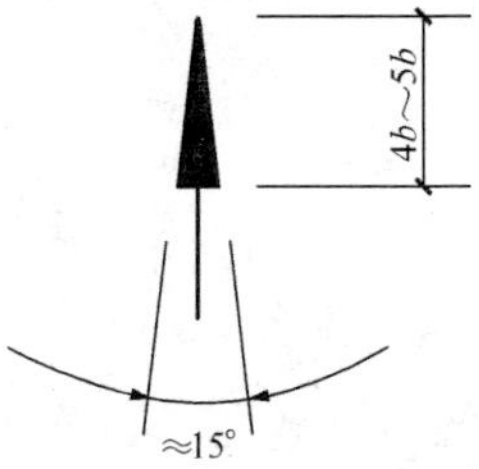

2. 尺寸数字

(1) 图样上的尺寸，应以尺寸数字为准，不得从图上直接量取。

（2）图样上的尺寸单位，除标高及总平面以"m"为单位外，其他必须以"mm"为单位。

（3）尺寸数字的方向，应按图1-32（a）的规定注写。若尺寸数字在30°斜线区内，也可按图1-32（b）的形式注写。

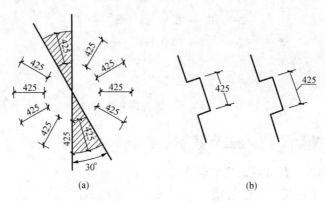

图1-32 尺寸数字的注写方向

（4）尺寸数字应依据其方向注写在靠近尺寸线的上方中部。如没有足够的注写位置，最外边的尺寸数字可注写在尺寸线的外侧，中间相邻的尺寸数字可上下错开注写，引出线端部用圆点表示标注尺寸的位置（图1-33）。

图1-33 尺寸数字的注写位置

3. 尺寸的排列与布置

（1）尺寸宜标注在图样轮廓以外，不宜与图线、文字及符号等相交（图1-34）。

（2）互相平行的尺寸线，应从被注写的图样轮廓线由近向远整齐排列，较小

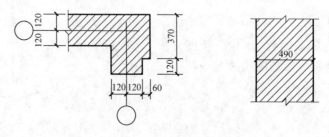

图1-34 尺寸数字的注写

尺寸应离轮廓线较近，较大尺寸应离轮廓线较远（图 1-35）。

（3）图样轮廓线以外的尺寸界线，距图样最外轮廓之间的距离，不宜小于 10mm。平行排列的尺寸线的间距，宜为 7～10mm，并应保持一致（图 1-35）。

（4）总尺寸的尺寸界线应靠近所指部位，中间的分尺寸的尺寸界线可稍短，但其长度应相等（图 1-35）。

4. 半径、直径、球的尺寸标注

（1）半径的尺寸线应一端从圆心开始，另一端画箭头指向圆弧。半径数字前应加注半径符号"R"（图 1-36）。

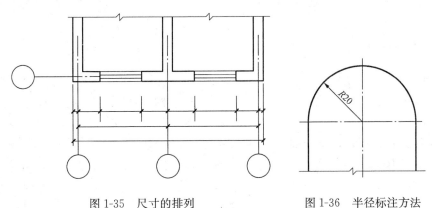

图 1-35　尺寸的排列　　　　图 1-36　半径标注方法

（2）较小圆弧的半径，可按图 1-37 形式标注。

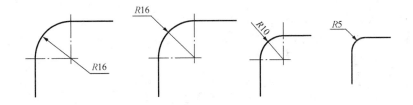

图 1-37　小圆弧半径的标注方法

（3）较大圆弧的半径，可按图 1-38 形式标注。

（4）标注圆的直径尺寸时，直径数字前应加直径符号"ϕ"。在圆内标注的尺

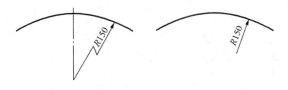

图 1-38　大圆弧半径的标注方法

寸线应通过圆心，两端画箭头指至圆弧（图1-39）。

（5）较小圆的直径尺寸，可标注在圆外（图1-40）。

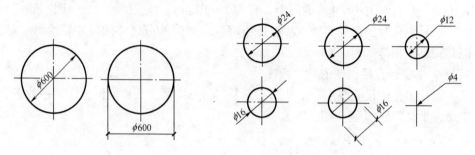

图 1-39　圆直径的标注方法　　　　图 1-40　小圆直径的标注方法

（6）标注球的半径尺寸时，应在尺寸前加注符号"SR"。标注球的直径尺寸时，应在尺寸数字前加注符号 Sϕ。注写方法与圆弧半径和圆直径的尺寸标注方法相同。

5. 角度、弧度、弧长的标注

（1）角度的尺寸线应以圆弧表示。该圆弧的圆心应是该角的顶点，角的两条边为尺寸界线。起止符号应以箭头表示，如没有足够位置画箭头，可用圆点代替，角度数字应沿尺寸线方向注写（图1-41）。

（2）标注圆弧的弧长时，尺寸线应以与该圆弧同心的圆弧线表示，尺寸界线应指向圆心，起止符号用箭头表示，弧长数字上方应加注圆弧符号"⌒"（图1-42）。

（3）标注圆弧的弦长时，尺寸线应以平行于该弦的直线表示，尺寸界线应垂直于该弦，起止符号用中粗斜短线表示（图1-43）。

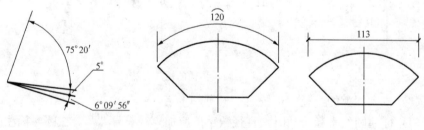

图 1-41　角度标注方法　　图 1-42　弧长标注方法　　图 1-43　弦长标注方法

6. 薄板厚度、正方形、坡度、非圆曲线等尺寸标注

（1）在薄板板面标注板厚尺寸时，应在厚度数字前加厚度符号"t"（图1-44）。

（2）标注正方形的尺寸，可用"边长×边长"的形式，也可在边长数字前加正方形符号"□"（图1-45）。

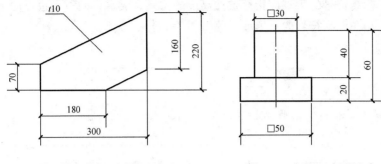

图1-44 薄板厚度标注方法　　　图1-45 标注正方形尺寸

（3）标注坡度时，应加注坡度符号"←"[图1-46（a）、（b）]，该符号为单面箭头，箭头应指向下坡方向。坡度也可用直角三角形形式标注[图1-46（c）]。

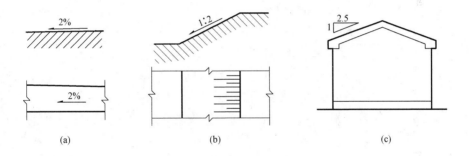

图1-46 坡度标注方法

7. 标高

（1）标高符号应以直角等腰三角形表示，按图1-47（a）所示形式用细实线绘制，当标注位置不够，也可按图1-47（b）所示形式绘制。标高符号的具体画法应符合图1-47（c）、（d）的规定。

（2）总平面图室外地坪标高符号，宜用涂黑的三角形表示，具体画法应符合

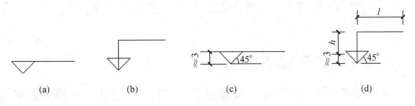

图1-47 标高符号

l—取适当长度注写标高数字；h—根据需要取适当高度

图 1-48 的规定。

（3）标高符号的尖端应指至被注高度的位置。尖端可向下，也可向上。标高数字应注写在标高符号的上侧或下侧（图 1-49）。

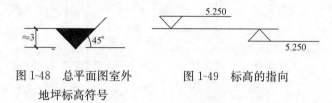

图 1-48　总平面图室外
　　　　地坪标高符号

图 1-49　标高的指向

（4）标高数字应以"m"为单位，注写到小数点后第三位。在总平面图中，可注写到小数点后第二位。

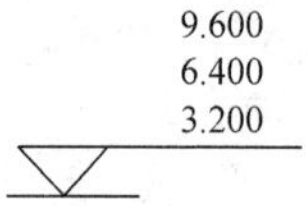

（5）零点标高应注写成±0.000，正数标高不注"＋"，负数标高应注"－"，例如 3.000、－0.600。

（6）在图样的同一位置需表示几个不同标高时，标高数字可按图 1-50 的形式注写。

图 1-50　同一
位置注写多个
标高数字

8. 电气工程标注

（1）电气设备的标注应符合下列规定。

1）宜在用电设备的图形符号附近标注其额定功率、参数代号。

2）对于电气箱（柜、屏），应在其图形符号附近标注参数代号，并宜标注设备安装容量。

3）对于照明灯具，宜在其图形符号附近标注灯具的数量、光源数量、光源安装容量、安装高度、安装方式。

（2）电气线路的标注应符合下列规定。

1）应标注电气线路的回路编号或参数代号、线缆型号及规格、根数、敷设方式、敷设部位等信息。

2）对于弱电线路，宜在线路上标注本系统的线型符号。

3）对于封闭母线、电缆梯架、托盘和槽盒宜标注其规格及安装高度。

（3）照明灯具安装方式、线缆敷设方式及敷设部位，应按相关文字符号标注。

技能 10　熟悉电气工程图基本类型

（1）电气总平面图。电气总平面图是在建筑总平面图上表示电源及电力负荷分布的图样，主要表示各建筑物的名称或用途、电力负荷的装机容量、电气线路的走向及变配电装置的位置、容量和电源进户的方向等。通过电气总平面图可了解该项工程的概况，掌握电气负荷的分布及电源装置等。一般大型工程都有电气总平面图，中小型工程则由动力平面图或照明平面图代替。

（2）电气系统图。电气系统图是用单线图表示电能或电信号接回路分配出去的图样，主要表示各个回路的名称、用途、容量以及主要电气设备、开关元件及导线电缆的规格型号等。通过电气系统图可以知道该系统的回路个数及主要用电设备的容量、控制方式等。建筑电气工程中系统图用得很多，动力、照明、变配电装置、通信广播、电缆电视、火灾报警、防盗保安、微机监控、自动化仪表等都要用到系统图。

（3）电气设备平面图。电气设备平面图是在建筑物的平面图上标出电气设备、元件、管线实际布置的图样，主要表示其安装位置、安装方式、规格型号数量及接地网等。通过平面图可以知道每幢建筑物及其各个不同的标高上装设的电气设备、元件及其管线等。建筑电气平面图用得很多，动力、照明、变配电装置、各种机房、通信广播、电缆电视、火灾报警、防盗保安、微机监控、自动化仪表、架空线路、电缆线路及防雷接地等都要用到平面图。

（4）控制原理图。控制原理图是单独用来表示电气设备及元件控制方式及其控制线路的图样，主要表示电气设备及元件的启动、保护、信号、连锁、自动控制及测量等。通过控制原理图可以知道各设备元件的工作原理、控制方式，掌握建筑物的功能实现的方法等。控制原理图用得很多，动力、变配电装置、火灾报警、防盗保安、微机监控、自动化仪表、电梯等都要用到控制原理图，较复杂的照明及声光系统也要用到控制原理图。

（5）二次接线图（接线图）。二次接线图是与控制原理图配套的图样，用来表示设备元件外部接线以及设备元件之间的接线。通过接线图可以知道系统控制的接线及控制电缆、控制线的走向及布置等。动力、变配电装置、火灾报警、防盗保安、微机监控、自动化仪表、电梯等都要用到接线图。一些简单的控制系统一般没有接线图。

（6）大样图。大样图一般是用来表示某一具体部位或某一设备元件的结构或具体安装方法的，通过大样图可以了解该项工程的复杂程度。一般非标准的控制柜、箱，检测元件和架空线路的安装等都要用到大样图，大样图通常均采用标准通用图集。剖面图也是大样图的一种。

（7）电缆清册。电缆清册是用表格的形式表示该系统中电缆的规格、型号、数量、走向、敷设方法、头尾接线部位等内容，一般使用电缆较多的工程均有电缆清册，简单的工程通常没有电缆清册。

（8）图例。图例是用表格的形式列出该系统中使用的图形符号或文字符号，目的是使读图者容易读懂图样。

（9）设备材料表。设备材料表一般都要列出系统主要设备及主要材料的规格、型号、数量、具体要求或产地，但是表中的数量一般只作为概算估计数，不作为设备和材料的供货依据。

（10）设计说明。设计说明主要标注图中交代不清或没有必要用图表示的要求、标准、规范等。

技能 11　熟悉电气工程图的布局方式

1. 布局要求

（1）排列均匀，间隔适当，为计划补充的内容预留必要的空白，要避免图面出现过大的空白。

（2）有利于识别能量流、信息流、逻辑流、功能流四种物理流的流向，保证信息流及功能流通常从左到右、从上到下的流向（反馈流相反），而非电过程流向与控制信息流流向一般垂直。

（3）电气器件按工作顺序或功能关系排布。引入、引出线多在边框附近，导线、信号通路、连接线应少交叉、折弯，且在交叉时不得折弯。

（4）紧凑、均衡，留出插写文字、标注和注释的位置。

2. 布局方式

（1）功能布局法。简图中器件符号的位置只考虑彼此之间功能关系，不考虑实际位置的布局法。系统图、电路图常采用此法。

（2）位置布局法。简图中器件符号位置按器件实际位置布局。平面图、安装接线图常采用此法。

技能 12　掌握电气工程图的器件表示

1. 表示方法

器件表示的方法，见表 1-10。

表 1-10　器件表示的方法

项目	内　　容
集中表示法	所有器件集中在一起，各部件间用虚线表示机械连接的整体表示方法。此法直观、整体性好，适用于简单图形
分开表示法	把各电气部分按作用、功能分开布置，用项目代号表示它们之间的关系，即展开表示的方法。此法清晰、易读，适用于复杂图形

2. 简化方式

(1) 并联支路、并列器件合并在一起，如图 1-51（a）所示。

(2) 相同独立支路，只详细画出一路，用文字或数字标注，如图 1-51（b）所示。

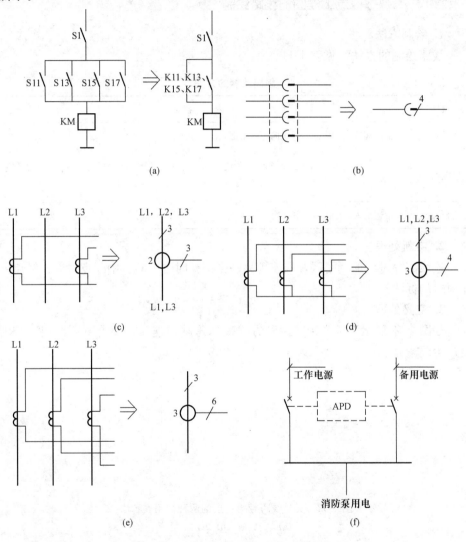

图 1-51　图形简化示例

(a) K11、K13、K15、K17 并联控制中间继电器 KM；(b) 四级插头/座组；(c) 两只电流互感器装在 L1、L3 线上，共引出三根线；(d) 三只电流互感器装在 L1、L2、L3 线上，共引出四根线；(e) 三只电流互感器装在 L1、L2、L3 线上，共引出六根线；(f) 备用电源自动投入装置用 APD 框图表示

（3）外部电路、公共电路合并简化，如图 1-51（c）、（d）、（e）所示。

（4）层次高的功能单元，其内部电路用一个图形符号框图代替，如图 1-51（f）所示。

1. 绘制方法

线路绘制的方法，见表 1-11。

表 1-11　　　　　　　　　　　　线路绘制的方法

项目	内　容
多线表示	器件间连线按导线实际走向，每根都画出
单线表示	走向一致的器件间连线，合用一条线表示，走向变化时再分开，有时还要标出导线根数
组合表示	中途汇入、汇出时用斜线表示去向

2. 中断处理

连线需穿过图形稠密区，或连到另一张图样时可中断。中断点对应连触点要作对应的标注。

3. 交叉处理

如图 1-52 所示，为常用的两种方式表示跨越与连接，两者不可混用，否则会产生混淆。

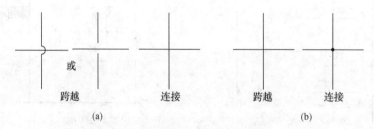

图 1-52　交叉线跨越与连接的两种常用表示法

（a）方法一；（b）方法二

1. 适用范围

（1）确定功能的功能单元。

（2）完整的结构单元。

（3）相互联系、关联的项目组。

（4）相同电路简化后的详略两部分。

2. 作法要求

（1）除端子及端子插座外，不可与元器件图形相交，线可重叠。

（2）框多为规则矩形，必要时也可为不规则矩形，必须有利于读图。

（3）围框内不属此单元的器件，以双点划线框出并注明。

技能 15　熟悉电气工程图的标注标记

（1）特定导线的标记。

（2）与相应导线相连的接线端子的标记。

（3）绝缘导线的标记。

（4）电力设备、器件的标注。

技能 16　熟悉 CAD 设计软件基本功能

（1）平面绘图。能以多种方式创建直线、圆、椭圆、多边形、样条曲线等基本图形对象。

（2）绘图辅助。提供了正交、对象捕捉、极轴追踪、捕捉追踪等绘图辅助工具。正交功能使用户可以很方便地绘制水平、竖直直线，对象捕捉可帮助拾取几何对象上的特殊点，而追踪功能使画斜线及沿不同方向定位点变得更加容易。

（3）编辑图形。具有强大的编辑功能，可以移动、复制、旋转、阵列、拉伸、延长、修剪、缩放对象等。

（4）标注尺寸。可以创建多种类型尺寸，标注外观可以自行设定。

（5）书写文字。能轻易地在图形的任何位置、沿任何方向书写文字，可设定文字字体、倾斜角度及宽度缩放比例等属性。

（6）图层管理。图形对象都位于某一图层上，可设定图层颜色、线型、线宽等特性。

（7）三维绘图。可创建 3D 实体及表面模型，能对实体本身进行编辑。

（8）网络功能。可将图形在网络上发布，或是通过网络访问 AutoCAD 资源。

（9）数据交换。AutoCAD 提供了多种图形图像数据交换格式及相应命令。

（10）二次开发。AutoCAD 允许用户定制菜单和工具栏，并能利用内嵌语言 Autolisp、Visual Lisp、VBA、ADS、ARX 等进行二次开发。

1. 创建

(1) 若土建专业提供条件盘，则以下述方式简化整理借用。

1) 各层逐层打开，保留底层至顶层的各层作强、弱电平面布置，基础层作接地，屋面层作防雷布置，其余抹去不用。

2) 所用各层简化整理，删去无关内容（土建专用的符号、文字、图形、标准），关闭无用图层。

3) 将简化整理好之各层分别重命名为相应"×层"，并存为块，以便备用。

(2) 若土建专业未提供条件盘，则以下述程序自作条件使用：新建→底层柱网尺寸层→以点画线绘水平、垂直各一条正交直线（水平线在左或右端；垂直线在上或下端）。绘轴线图："偏移"命令绘出其余各轴线→标注尺寸及轴线标号。绘出墙体和门窗：用细实线以"多线命令"绘墙线→"偏移命令"绘其余墙线→"多线编辑"修剪墙角→"剪切"开门、窗洞缺口→"块插入"门、窗、梯、栏各内容。

2. 绘图

(1) 强、弱电系统概略图。以纸稿或腹稿方式构思好系统方案→调系统图各元件图块（注意尺寸比例）→各元件合为一个图块者还需"打散"→"栅格"定位下放置核心单元→用"偏移"、"旋转"、"镜像"、"矩阵"形成方案所属的元件放置→以"粗实线"连接→标注必要的文字、数字和字母符号→存为"文件"。

(2) 配电箱接线图。多线段"正交"、"偏移"、"平行线"；"矩形"框"复制"。制成底表→采用相似上面方式调用图库中"图块"，放置在表中图形部分适当位置→仿上法连线为图（也可充分利用"多重复制"）→通过计算、选定元器件型号、规格及必要的参数值→逐一填入下方表格及上方图的适当位置→存为"文件"。

3. 布置

(1) 强弱电平面。

1) 调出底层至顶层的相应层面条件→分别新开不同颜色之图层，分别表示强电（又分照明或插座）、弱电（又分闭路、电话、消控、安保等），也可仅分电气、智能化两个图层。

2) 放置核心元件（从图库中调出）于方便调用位置→用"复制"、"移动"、"镜像"、"编辑"方法使元件放于各需要布置处→连导线（注意：照明线与开关对应的线根数，弱电线中部断开以备标志性质字符）→标注：灯具，线缆及箱的编号、型号、规格及数量等（注意：上、下楼层引入引出位置、数量、线性质的对应及符合规范，以方便施工为原则）。

（2）配电室布置图。建筑专业提交的配电室"土建条件"→"矩框"画出一个标准屏、箱或柜（注意：此图不同于上述图，需严格按比例尺寸），放置于预定准确位置→"阵列"排布→核实尺寸、距离是否符合规范操作，运行及线进出方向→"虚线"布置沟、槽、架、洞→"尺寸标注"标出相应尺寸→"填充"必要剖面图形→存文件。

4. 说明

（1）设计、施工说明。用 Word 编制说明→"OLE"插入→调整比例、大小放置图中恰当位置（亦可将图例、图样目录一并考虑）。

（2）材料表。类似配电箱接线图方法制成底表（注意：估计好表格的行列数与表达内容的多少吻合）→填入图库中图形符号（必须与所用符号一致）→将文字、字母、数字填入表格（充分运用"复制"、"粘贴"可大大减少工作量）。

（3）图框。根据图形繁简及大小合理选择图幅（要考虑计算机打印条件，不复杂图可用加长处理）→作成块或文件→将上述各图的文件"装入"图框中（注意：放置位置要留有适当空档）。

5. 出图

（1）组合存盘。将上述各图分别编写图号→逐个调出，整齐排列（先将一张图打开，放适当位置，"缩小"后其余图"插入"在其左、右、上、下，再"平移"排列成矩阵→将此各图集中总命名为一个"文件"→"压缩"、"存盘"供使用。

（2）打印成图。"打印设置"要考虑尺寸、比例等→一般出黑白的图，将各彩色笔统一换成"7"号（黑笔）且注意线型的选定→窗口"框选"图形→打印出图。

（3）扩充图库。

1）将此图新建的图形符号"插入"到标准图库中，以备今后方便使用。

2）如某套图典型，易于扩充变化，可作为样板存入。此后作其他工程时，从此样板图更改开始，更为快捷。

技能 18　熟悉电气专业 CAD 设计软件的功能

1. 共有功能

（1）图形系统即通用绘图软件包，是整个系统的支撑平台。

（2）数据库，分为几何数据库和非几何数据库两部分。前者即电气图形库，建筑电气设计中各种电气图形符号及文字标注符号。后者存放各种计算表、参数表及文字信息。

（3）应用程序库，由设计计算程序和绘图程序组成。

（4）人机接口，人与软件包联系的纽带，即菜单。

2. 基本内容

（1）系统图生成高、低压主接线，高、低压柜订货图，动力、照明及弱电系统图，配电箱接线图等。

（2）原理图生成一次、二次及控制、监测各种电气原理图。

（3）平面图在建筑平面条件图的基础上完成各层面动力、照明及供电（含综合布线）平面布置及走线图。屋顶防雷及基础接地平面图。

（4）变、配电图在建筑条件基础上完成变配电站平剖面布置，屏、箱、柜布局，变压器及设备布置及缆沟、桥架、孔洞细部图。

（5）设计计算完成设计过程负荷及短路，线缆选择校验，设备参数及选型等计算工作。

（6）图样外框用以在无完整建筑条件时，形成标准图框及标题、会签、图幅分区等内容。

3. 专业优势

专业软件相对于通用软件更加具有操作优势，条件许可时尽量用专业软件，具体体现在以下方面。

（1）简便、快速。专业软件是在通用软件基础上发展起来的。主要着眼于方便设计、简化过程，自然大大提高了设计速度。

（2）表格功能强。所带的表格，填写方便，且具有自统计功能，往往自动生成一些所需的数据或其他表格。

（3）更为可靠、不少计算自动进行的同时，自作校验。关键参数来得快、准确、可靠。

（4）标准、美观。图形尺寸、大小得当，往往不必再缩小或放大。圆弧能过渡处理，更为标准；整个图样更为美观。

技能 19　熟悉电气工程图识图程序 ////////////

通常的识图顺序是按照设计说明、电气总平面图、电气系统图、电气设备平面图、控制原理图、二次接线图和电缆清册、大样图、设备材料表和图例并进，如图 1-53 所示。

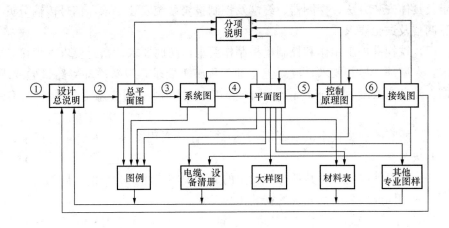

图 1-53 识图程序

1. 设计说明

（1）工程规模概况、总体要求、采用的标准规范、标准图册及图号、负荷级别、供电要求、电压等级、供电线路及杆号、电源进户要求和方式、电压质量、弱电信号分贝要求等。

（2）系统保护方式及接地电阻要求、系统防雷等级、防雷技术措施及要求、系统安全用电技术措施及要求、系统对过电压和跨步电压及漏电采取的技术措施。

（3）工作电源与备用电源的切换程序及要求、供电系统短路参数、计算电流、有功负荷、无功负荷、功率因数及要求、电容补偿及切换程序要求、调整参数、试验要求及参数、大容量电动机启动方式及要求、继电保护装置的参数及要求、母线联络方式、信号装置、操作电源、报警方式。

（4）高低压配电线路形式及敷设方法要求、厂区线路及户外照明装置的形式、控制方式。某些具体部位或特殊环境（爆炸及火灾危险、高温、潮湿、多尘、腐蚀、静电、电磁等）安装要求及方法，系统对设备、材料、元件的要求及选择原则，动力及照明线路的敷设方法及要求。

（5）供电及配电采用的控制方式、工艺装置采用的控制方法及联锁信号、检测和调节系统的技术方法及调整参数、自动化仪表的配置及调整参数、安装要求及其管线敷设要求、系统联动或自动控制的要求及参数、工艺系统的参数及要求。

（6）弱电系统的机房安装要求、供电电源的要求、管线敷设方式、防雷接地要求及具体安装方法，探测器、终端及控制报警系统安装要求，信号传输分贝要求、调整及试验要求。

（7）铁构件加工制作和控制盘柜制作要求，防腐要求，密封要求，焊接工艺要求，大型部件吊装要求，混凝土基础工程施工要求，设备冷却管路试验要求、蒸馏水及电解液配制要求，化学法降低接地电阻剂配制要求等非电气的有关要求。

（8）所有图中交代不清、不能表达或没有必要用图表示的要求、标准、规范、方法等。

（9）除设计说明外，其他每张图上的文字说明或注明的个别、局部的一些要求等，如相同或同一类别元件的安装标高及要求。

（10）土建、暖通、设备、管道、装饰、空调制冷等专业对电气系统的要求或相互配合的有关说明、图样，如电气竖井、管道交叉、抹灰厚度、基准线等。

2. 总电气平面图

（1）建筑物名称、编号、用途、层数、标高、等高线、用电设备容量及大型电机容量台数、弱电装置类别、电源及信号进户位置。

（2）变配电站位置、变压器台数及容量、电压等级、电源进户位置及方式、系统架空线路及电缆走向、杆型及路灯、拉线布置、电缆沟及电缆井的位置、回路编号、主要负荷导线截面及根数、电缆根数、弱电线路的走向及敷设方式、大型电动机及主要用电负荷位置以及电压等级、特殊或直流用电负荷位置、容量及其电压等级等。

（3）系统周围环境、河道、公路、铁路、工业设施、电网方位及电压等级、居民区、自然条件、地理位置、海拔等。

（4）设备材料表中的主要设备材料的规格、型号、数量、进货要求、特殊要求等。

（5）文字标注、符号意义以及其他有关说明、要求等。

3. 电气系统图阅读

（1）进线回路个数及编号、电压等级、进线方式（架空、电缆）、导线电缆规格型号、计量方式、电流、电压互感器及仪表规格型号数量、防雷方式及避雷器规格型号数量。

（2）进线开关规格型号及数量、进线柜的规格型号及台数、高压侧联络开关规格型号。

（3）变压器规格型号及台数、母线规格型号及低压侧联络开关（柜）规格型号。

（4）低压出线开关（柜）的规格型号及台数、回路个数用途及编号、计量方式及表计、有无直控电动机或设备及其规格型号台数启动方法、导线电缆规格型号，同时对照单元系统图和平面图查阅送出回路是否一致。

（5）有无自备发电设备或连续不间断供电电源（UPS），其规格型号容量与系统连接方式及切换方式、切换开关及线路的规格型号、计量方式及仪表。

（6）电容补偿装置的规格型号及容量、切换方式及切换装置的规格型号。

4. 动力系统图

（1）进线回路编号、电压等级、进线方式、导线电缆及穿管的规格型号。

（2）进线盘、柜、箱、开关、熔断器及导线规格的型号、计量方式及表计。

（3）出线盘、柜、箱、开关、熔断器及导线规格型号、回路个数用途、编号及容量，穿管规格、启动柜或箱的规格型号、电动机及设备的规格型号容量、启动方式，同时核对该系统动力平面图回路标号与系统图是否一致。

（4）自备发电设备或 UPS 情况。

（5）电容补偿装置情况。

5. 照明系统图

（1）进线回路编号、进线线制（三相五线、三相四线、单相两线制）、进线方式、导线电缆及穿管的规格型号。

（2）照明箱、盘、柜的规格型号、各回路开关熔断器及总开关熔断器的规格型号、回路编号及相序分配、各回路容量及导线穿管规格、计量方式及表计、电流互感器规格型号，同时核对该系统照明平面图回路标号与系统图是否一致。

（3）直控回路编号、容量及导线穿管规格、控制开关型号规格。

（4）箱、柜、盘有无漏电保护装置，其规格型号，保护级别及范围。

（5）应急照明装置的规格型号台数。

6. 弱电系统图

（1）设备的规格型号及数量、外线进户对数、电源装置的规格型号、总配线架或接线箱的规格型号及接线对数、外线进户方式及导线电缆穿管规格型号。

（2）系统各分路送出导线对数、房号插孔数量、导线及穿管规格型号，同时对照平面布置图，核对房号及编号。

（3）各系统之间的联络方式。

技能 21　熟悉电气工程图识图方式 ////////////

电气工程图识图方式见表 1-12。

表 1-12　　　　　　　　　　　　　　　　识　图　顺　序

项目	内　　容
标题栏及图样目录	了解工程名称、项目内容及设计日期等
设计及施工说明	了解工程总体概况、设计依据及图样未能清楚表达的事项
系统图	了解系统基本组成、主要设备器件的连接关系及其规格、型号、参数等，掌握系统的基本概况及主要特征。通过对照平面布置图对系统构成形成概念
电路图和接线图	了解系统各设备的电气工作原理，用以指导设备安装及系统调试。一般依功能按从上到下、从左到右、从一次到二次回路的顺序逐一阅读。注意区别一次与二次、交流与直流及不同电源的供电，同时配合阅读接线图和端子图
平面布置图	电气工程的重要图样之一，用来表示设备的安装位置、线路敷设部位和方法，以及导线型号、规格、数量和管径大小。也是施工、工程概预算的主要依据
安装大样图	按机械、建筑制图方法绘制的详细表示设备安装的详图。用来指导施工和编制工程材料计划，多参照通用电气标准图
设备材料表	提供工程所用设备、材料的型号、规格、数量及其他具体内容，是编制相关主要设备及材料计划的重要依据

技能 22　熟悉电气工程图识图步骤

（1）粗读。将施工图从头到尾大概浏览一遍，主要了解工程的概况，做到心中有数。此外，主要是阅读电气总平面图、电气系统图、设备材料表和设计说明。

（2）细读。按前面介绍的读图程序和读图要点，仔细阅读每一张施工图，达到读图要点中的要求，并对以下内容做到了如指掌。

1）每台设备和元件的安装位置及要求。

2）每条管线缆的走向、布置及敷设要求。

3）所有线缆连接部位及接线要求。

4）所有控制、调节、信号、报警工作原理及参数。

5）系统图、平面图及关联图样标注一致，无差错。

6）系统层次清楚、关联部位或复杂部位清楚。

7）土建、设备、采暖、通风等其他专业分工协作明确。

（3）精读。将施工图中的关键部位及设备、贵重设备及元件、电力变压器、大型电机及机房设施、复杂控制装置的施工图重新仔细阅读，系统掌握中心作业内容和施工图要求。

技能 23 熟悉电气工程图识图技巧

（1）了解线路所采用的标准。

（2）熟悉图形符号、文字符号、项目代号标准与所用的表示方法。

（3）结合土建工程、其他相关工程图样及建设方要求。为了使阅读更全面，还需了解建筑制图的基本知识及常用建筑图形符号。

（4）不同的读图目的，有不同的要求。有时还需要配合阅读有关施工及校验规范、质量检验评定标准及电气通用标准图。

（5）电气工程图不像建筑图那样比较分散，因此不能单独看一张图，应结合各图一起看。从平面图找位置，从系统图找联系，从电路图分析原理，从安装接线图整理走线。应将系统图与平面图这两种电气工程最关键，也是关系最密切的图对照起来看。

技能 24 熟悉图形符号使用要求

（1）图样中采用的图形符号应符合下列规定。

1）图形符号可放大或缩小。

2）当图形符号旋转或镜像时，其中的文字宜为视图的正向。

3）当图形符号有两种表达形式时，可任选用其中一种形式，但同一工程应使用同一种表达形式。

4）当现有图形符号不能满足设计要求时，可按图形符号生成原则产生新的图形符号；新产生的图形符号宜由一般符号与一个或多个相关的补充符号组合而成。

5）补充符号可置于一般符号的里面、外面或与其相交。

（2）强、弱电图样，电气线路可采用《建筑电气制图标准》GB/T 50786—2012 中规定的常用图形符号。

（3）绘制图样时，电气设备标注宜采用表 1-13 所示的标注方式。

表 1-13　　　　　　　　　　　电气设备的标注方式

序号	标注方式	说　明
1	$\dfrac{a}{b}$	用电设备标注 a—参照代号 b—额定容量（kW 或 kVA）

序号	标注方式	说　明
2	$-a+b/c$	系统图电气箱（柜、屏）标注 a—参照代号 b—位置信息 c—型号
3	$-a$	平面图电气箱（柜、屏）标注 a—参照代号
4	$a-b/c-d$	照明、安全、控制变压器标注 a—参照代号 b/c—一次电压/二次电压 d—额定容量
5	$a-b\dfrac{c\times d\times L}{e}f$	灯具标注 a—数量 b—型号 c—每盏灯具的光源数量 d—光源安装容量 e—安装高度（m） "—"表示吸顶安装 L—光源种类 f—安装方式
6	$\dfrac{a\times b}{c}$	电缆梯架、托盘和槽盒标注 a—宽度（mm） b—高度（mm） c—安装高度（m）
7	$a/b/c$	光缆标注 a—型号 b—光纤芯数 c—长度
8	$a-b-c\ (d\times e+f\times g)\ i-jh$	线缆的标注 a—参照代号 b—型号 c—电缆根数 d—相导体根数 e—相导体截面（mm²） f—N、PE 导体根数 g—N、PE 导体截面（mm²） i—敷设方式和管径（mm） j—敷设部位 h—安装高度（m）

序号	标注方式	说　明
9	a—b（c×2×d）e—f	电话线缆的标注 a—参照代号 b—型号 c—导体对数 d—导体直径（mm） e—敷设方式和管径（mm） f—敷设部位

注　1. 前缀"—"在不会引起混淆时可省略。

　　2. 当电源线缆 N 和 PE 分开标注时，应先标注 N 后标注 PE（线缆规格中的电压值在不会引起混淆时可省略）。

技能 25　熟悉文字符号使用要求

1）图样中线缆敷设方式、敷设部位的标注，灯具安装方式的标注，供配电系统设计文件，设备端子，导体，电气设备常用参照代号，常用辅助文字符号，电气设备辅助文字符号，宜采用 GB/T 50786—2012 中文字符号的相关规定。

2）信号灯和按钮的颜色标识，见表 1-14 和表 1-15。

表 1-14　　　　　　　　　　信号灯的颜色标识

名　称	颜　色　标　识	
状　态	颜　色	备　注
危险指示	红色（RD）	
事故跳闸		
重要的服务系统停机		
起重机停止位置超行程		
辅助系统的压力/温度超出安全极限		
警告指示	黄色（YE）	—
高温报警		
过负荷		
异常指示		
安全指示	绿色（GN）	
正常指示		
正常分闸（停机）指示		核准继续运行
弹簧储能完毕指示		设备在安全状态
电动机降压启动过程指示	蓝色（BU）	
开关的合（分）或运行指示	白色（WH）	单灯指示开关运行状态； 双灯指示开关合时运行状态

表 1-15 按钮的颜色标识

名　　称	颜 色 标 识
紧停按钮	红色（RD）
正常停和紧停合用按钮	
危险状态或紧急指令	
合闸（开机）（启动）按钮	绿色（GN）、白色（WH）
分闸（停机）按钮	红色（RD）、黑色（BK）
电动机降压启动结束按钮	白色（WH）
复位按钮	
弹簧储能按钮	蓝色（BU）
异常、故障状态	黄色（YE）
安全状态	绿色（GN）

3）导体的颜色标识，见表 1-16。

表 1-16 导体的颜色标识

导体名称	颜色标识
交流导体的第 1 线	黄色（YE）
交流导体的第 2 线	绿色（GN）
交流导体的第 3 线	红色（RD）
中性导体 N	淡蓝色（BU）
保护导体 PE	绿/黄双色（GNYE）
PEN 导体	全长绿/黄双色（GNYE），终端另用淡蓝色（BU）标志或 全长淡蓝色（BU），终端另用绿/黄双色（GNYE）标志
直流导体的正极	棕色（BN）
直流导体的负极	蓝色（BU）
直流导体的中间点导体	淡蓝色（BU）

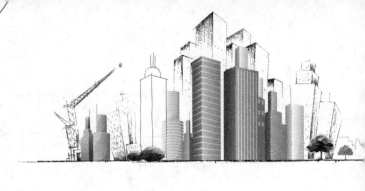

第二章

变配电站工程图识读

变配电站属于电力系统的重要组成部分，因此在学习变配电站及其工程图之前，首先应对电力系统的总体情况有一个基本的了解。

电能是国民经济各部门和社会生活中的主要能源和动力。电能的生产、输送、分配和使用几乎是在同一瞬间完成的。电能是由发电厂生产的。发电厂多建在一次能源所在地，一般距离人口密集的城市和用电集中的工业企业很远，为了减小远距离传输过程中的能源损失，必须采用高压输电线路进行远距离输电，图2-1所示为从发电厂到电能用户的送变电过程。

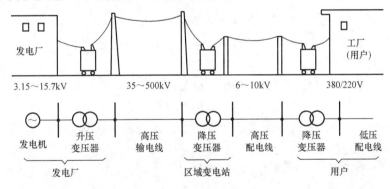

图 2-1　送变电过程示意图

由各种电压的电力线路将一些发电厂、变电站和电力用户联系起来的一个发电、输电、变电、配电和用电的整体，称为电力系统。图 2-2 所示为电力系统示意图。

由发电厂的发电机、升压及降压变电设备、电力网及电力用户（用电设备）

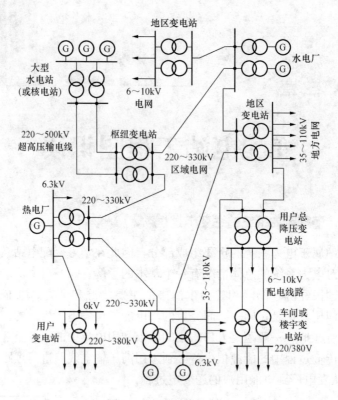

图 2-2　电力系统示意图

组成的系统统称为电力系统。现将电力系统中从电能生产到电能使用的各个环节做以下说明。

（1）发电厂。又称发电站，是生产电能的工厂。发电厂通过相应的能源转换装置和设施，将自然界蕴藏的各种一次能源（如热能、水能、原子能、风能、太阳能、生物质能等）转变为电能。根据一次能源的不同分为水力发电厂、火力发电厂、核能发电厂以及风力发电厂、地热发电厂、太阳能发电厂、生物质能发电厂等类型。目前我国和世界大多数国家仍以火力发电和水力发电为主，核能发电量的比重正在逐年增长。

（2）变配电站。变电站是变换电压、交换电能和分配电能的场所，由变压器和配电装置组成。按变压的性质和作用又可分为升压变电站和降压变电站。对仅装有受、配电设备而没有变压器的变电站则称为配电站。因为一般变电站均具有分配电能的功能，故亦称变配电站。

（3）电力网。电力系统中各级电压的电力线路及其联系的变电站，称为电力网（简称电网）。但习惯上，电网或系统往往以电压等级来区分，如说 10 kV 电

38

网或 10 kV 系统。这里所指的电网或系统，实际上是指某一电压的相互联系的整个电力线路。电网可按电压高低和供电范围大小分为区域电网和地方电网。区域电网的范围大，电压一般在 220kV 及以上。地方电网的范围小，最高电压一般不超过 110kV。用户供电系统属于地方电网的末端。电力网是输送和分配电能的渠道。为了充分利用资源，降低发电成本，一般在有动力资源的地方建造发电厂，而这些地方往往远离城市或工业企业，需用高压输电线路进行远距离输电。

（4）电能用户。所有消费电能的用电单位统称为电能用户。电能用户将电能通过用电设备转换为满足用户需求的其他形式的能量。根据消费电能的性质与特点，电能用户可分为工业电能用户和民用电能用户。从供配电系统的构成上，二者并无本质的区别。电能用户是通过用电设备实现电能转换的。用电设备是指专门消耗电能的电气设备。据统计，在用电设备中，电动机类设备占 70% 左右，照明用电设备占 20% 左右，其他类设备占 10% 左右。现在各国建立的电力系统越来越大，甚至建立跨国的电力系统。建立大型电力系统，可以更经济、合理地利用动力资源，减少电能损耗，降低发电成本，保证供电质量，并可大大提高供电可靠性。

技能 28　了解配电系统的组成

（1）供电电源。配电系统的电源可以取自电力系统的电力网或企业、用户的自备发电机。

（2）配电网。主要作用是接受电能、变换电压、分配电能。由企业或用户的总降压变电站（或高压配电站）、高压输电线路、车间降压变电站、低压配电线路组成。负责将电源得到的电能经过输电线路，直接输送到用电设备。

（3）用电设备。指专门消耗电能的电气设备。据统计，在用电设备中，70% 是电动机类设备，20% 左右是照明用电设备，10% 是其他类设备。实际上配电系统的基本结构与电力系统是极其相似的，所不同的是配电系统的电源是电力系统中的电力网，电力系统的用户实际上就是配电系统。配电系统中的用电设备根据额定电压分为高压用电设备和低压用电设备。高压用电设备主要指额定电压在 1kV 以上，低压用电设备的额定电压在 400V 以下。

技能 29　熟悉电力负荷的分级

1. 负荷的含义

是指发电机或变电站供给用户的电力。其衡量标准为电气设备（发电机、变压器和线路）中通过的功率或电流，而不是指它们的阻抗。当线路中的电压 U

一定时，线路输送的功率与电流成正比，线路中的负荷通常指导线通过的电流值。发电机、变压器等电气设备的负荷指它们的输出功率。电动机类的用电设备负荷指它们的输入功率。

2. 负荷的分级

负荷的分级电力负荷应根据供电可靠性及中断供电在政治、经济上所造成的损失或影响的程度，分为一级负荷、二级负荷、三级负荷，见表 2-1。

表 2-1 负荷的分级

项目	内 容
一级负荷	（1）中断供电将造成人身伤亡的电力负荷。 （2）中断供电将造成重大政治影响的电力负荷。 （3）中断供电将造成重大经济损失的电力负荷。 （4）中断供电将造成公共场所秩序严重混乱的电力负荷。 对于某些特等建筑，如重要的交通枢纽、重要的通信枢纽、国宾馆、国家级及承担重大国事活动的大量人员集中的公共场所等的一级负荷为特别重要负荷。 中断供电将影响实时处理计算机及计算机网络正常工作，或中断供电后将发生爆炸、火灾以及严重中毒的一级负荷亦为特别重要负荷
二级负荷	（1）中断供电将造成较大政治影响的电力负荷。 （2）中断供电将造成较大经济损失的电力负荷。 （3）中断供电将造成公共场所秩序混乱的电力负荷
三级负荷	一级、二级负荷之外的情形

技能 30　了解电力负荷的供电要求 ////////////

1. 一级负荷

应由两个独立电源供电，当一个电源发生故障时，另一个电源应不致同时受到损坏。一级负荷容量较大或有高压电气设备时，应采用两路高压电源供电。如一级负荷容量不大时，应优先采用从电力系统或邻近单位取得第二低压电源，亦可采用应急发电机组，如一级负荷仅为照明或电话站负荷时，宜采用蓄电池组作为备用电源。一级负荷中的特别重要负荷，除上述两个电源外，还必须增设应急电源。为保证特别重要负荷的供电，严禁将其他负荷接入应急供电系统，见表 2-2。

表 2-2　　　　　　　　　　　　　常用应急电源

项目	内　　容
常用应急电源	(1) 独立于正常电源的发电机组。 (2) 供电网络中有效的独立于正常电源的专门馈电线路。 (3) 蓄电池
根据允许的中断时间选择的电源	(1) 静态交流不间断电源装置适用于允许中断供电时间为毫秒级的供电。 (2) 带有自动投入装置的独立于正常电源的专门馈电线路，适用于允许中断供电时间为 1.5s 以上的供电。 (3) 快速自启动的柴油发电机组，适用于允许中断供电时间为 15s 以上的供电

2. 二级负荷

当发生电力变压器故障或线路常见故障时，不中断供电（或中断后能迅速恢复）。所以，二次负荷应由两回路供电，在负荷较小或地区供电条件困难时，二级负荷可由一回路 10 kV（或 6 kV）及以上专用架空线供电。

3. 三级负荷

三级负荷的供电无特殊要求。

技能 31　了解供电系统的电压要求 ////////////

1. 电网（电力线路）的额定电压

电网的额定电压等级是国家根据国民经济发展的需要及电力工业的水平，经全面的技术经济分析研究后确定的。它是确定各类电力设备额定电压的基本依据。

2. 用电设备的额定电压

由于用电设备运行时线路上要产生电压降，所以线路上各点的电压都略有不同，如图 2-3 中虚线所示。但是成批生产的用电设备，其额定电压不可能按使用处的实际电压来制造，而只能按线路首端与末端的平均电压即电网的额定电压 U_N 来制造，以利于大批量生产。所以用电设备的额定电压与其接入电网的额定

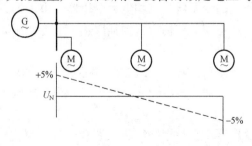

图 2-3　用电设备和发电机的额定电压

41

电压相同。

3. 发电机的额定电压

由于同一电压的线路一般允许的电压偏差是±5%，即整个线路允许有10%的电压损耗值，因此为了将线路的平均电压维持在额定值，线路首端（即电源端）的电压应较电网额定电压高5%，而线路末端则可较电网额定电压低5%，如图2-3所示。所以发电机额定电压规定高于同级电网额定电压5%。

4. 变压器的额定电压

当变压器的一次绕组与发电机直接连接时，其一次绕组的额定电压等于发电机的额定电压，即高于同级电网额定电压5%。当变压器不与发电机相连，而是连接在线路上时，则可把它看作用电设备，其一次绕组额定电压应与电网额定电压相同。变压器二次绕组的额定电压也分两种情况。这里，我们首先来看看变压器二次绕组的额定电压是如何定义的。变压器二次绕组的额定电压，是指变压器一次绕组加上额定电压而二次绕组开路的电压，即空载电压。满载时，二次绕组内约有5%的电压降，因此当变压器二次侧供电线路较长时，变压器二次绕组的额定电压应高于同级电网额定电压10%，一方面补偿变压器满载时内部5%的电压降，另一方面要考虑变压器满载时输出的二次电压还要高于电网额定电压的5%，以补偿线路上的电压降。当变压器二次侧供电线路不长时，如采用低压配电或直接供给用电设备，则变压器二次绕组的额定电压只需高于电网额定电压5%，仅考虑补偿变压器内部5%的电压降。

5. 建筑供电系统的电压

建筑供电系统的高压配电电压，只取决于当地电网供电电源电压，通常为10kV；低压配电电压通常采用220/380V，其中，线电压380V接三相动力设备及380V的单相设备；相电压220V接一般照明设备及其他220V的单相设备。

技能32　　了解高压电气设备要求

1. 变压器

变配电系统中使用的变压器是三相电力变压器。由于电力变压器容量大，工作温升高，因此要采用不同的结构方式加强散热。电力变压器按散热方式分为油浸式和干式两大类。

（1）油浸式电力变压器。它是把绕组和铁芯浸泡在油中，用油作介质散热。因容量和工作环境不同，油浸式电力变压器可以分为自然风冷式、强迫风冷式和强迫油循环风冷式等。

（2）干式电力变压器。它是把绕组和铁芯置于气体（空气或六氟化硫气体）中，为了使铁芯和绕组结构更稳固，常用环氧树脂浇注。干式电力变压器造价比油浸式电力变压器高，一般用于防火要求较高的场所，建筑物内的变配电站要求使用干式电力变压器。

变压器的型号用汉语拼音字母和数字表示，其排列顺序如下：

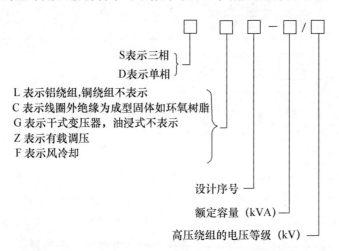

如 S7-630/10 表示三相油浸自冷式铜绕组变压器，高压侧的额定电压为 10kV，低压侧的额定电压为 0.4kV，额定容量为 630kVA。

变压器及其他常用电源设备图形符号和文字符号，见表 2-3。

表 2-3　　　　　　　　变压器及其他常用电源设备图形符号和文字符号

名　称	图形符号	文字符号	备　注
双绕组变压器	或	T 或 TM	TM 表示电力变压器
三绕组变压器	或	T 或 TM	TM 表示电力变压器
交流发电机	G	G 或 GS、GA	GS 表示同步发电机 GA 表示异步发电机

名称	图形符号	文字符号	备 注
直流发电机	$\underset{=}{G}$	G 或 GD	—
整流器	$\boxed{\sim\!/}$ 或 $\boxed{\maltese}$	U 或 V	—

三相电力变压器容量等级是$\sqrt[10]{10}\approx1.26$的倍数递增的。容量有 100、125、160、200、250、315、400、500、630、800、1000、1250、1600、2000kVA 等。

2. 断路器

高压断路器是配电装置中最重要的控制和保护设备。正常时用以接通和切断负荷电流。当发生短路故障或严重过负荷时，借助继电保护装置的作用，自动、迅速地切断故障电流。断路器应在尽可能短的时间内熄灭电弧，因而具有可靠的灭弧装置。断路器工作性能的优劣，直接影响供配电系统的运行情况。

高压断路器一般与隔离开关配合使用，"倒闸操作"原则是指：断开电路时，先断断路器，后拉隔离开关；接通电路时，先合隔离开关，后合断路器。

高压断路器按其所采用的灭弧介质不同大致分为下列几种。

(1) 多油断路器。

1) 多油断路器是用绝缘油作为灭弧介质。变压器油有三个作用：一是作为灭弧介质；二是断路器切断电路时作为动、静触点间的绝缘介质；三是作为带电导体对地（外壳）的绝缘介质。

2) 多油断路器依据其额定电流和断路容量的大小不同，分为三相共用一个油箱和三相有单独油箱两种，主要安装在 35kV 以上电压等级的用户中。

(2) 少油断路器。

1) 少油断路器用油量很少，一般约为多油断路器的 1/10。少油断路器有户内型和户外型，通常 35kV 以上多为户外型，10kV 及 6kV 多为户内型，不论户内型还是户外型均为每相有单独的油箱。少油断路器具有体积小、机构简单、防爆防火、使用安全等特点，其中油只作灭弧介质，不作绝缘介质。

2) 少油断路器按开断容量分类有：SN10-10Ⅰ型，$S_{oc}=300MVA$；SN10-10Ⅱ型，$S_{oc}=500MVA$；SN10-10Ⅲ型，$S_{oc}=750MVA$。

(3) 空气断路器。空气断路器采用压缩空气作为灭弧介质。断路器中的空气有三个作用：一是强烈地灭弧，使电弧冷却而熄灭；二是作为动、静触点间的绝缘介质；三是接通、切断操作时的动力。该断路器动作快，断流容量大，但构造复杂，价格高，因而使用在电压等级为 10～35kV 的电力系统中。

（4）六氟化硫断路器。六氟化硫分子能在电弧间隙的游离气体中吸附自由电子。因此，六氟化硫气体有优异的绝缘能力和灭弧能力，与普通空气相比，它的绝缘能力约高 2.5～3 倍。灭弧能力则高 5～10 倍，而且，电弧在六氟化硫中燃烧时，电弧电压特别低，燃烧时间也短，因此六氟化硫断路器开断后，触点烧损轻微，不仅适用于频繁操作，同时也延长了检修周期。六氟化硫断路器有上述优点，所以发展速度很快，电压等级也在不断地提高。

（5）磁吹式断路器。

1）磁吹式断路器是利用电弧电流通过专门的磁吹线圈时产生吹弧磁场，将电弧熄灭。

2）磁吹式断路器具有不用油，没有火灾危险；灭弧性能良好，多次切断故障电流后，触点及灭弧室烧损轻微；灭弧室具有半永久性；结构较简单；体积较小，重量轻；维护简单等优点。

（6）真空断路器。

1）真空断路器是指触点在高度真空灭弧室中切断电路的断路器。真空断路器采用的绝缘介质和灭弧介质是高度真空空气。

2）真空断路器有触点开距小，动作快；燃弧时间短，灭弧快；体积小，重量轻，防火防爆；操作噪声小，适于频繁操作等优点。

高压断路器的操动机构一般配 CD 系列电磁慢动机构或 CT 系列弹簧储能操动机构。高压断路器型号的含义如下：

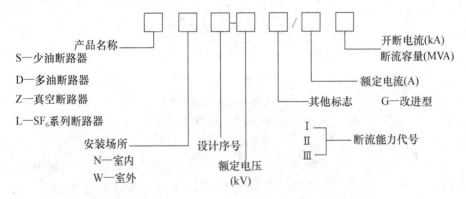

3. 负荷开关

负荷开关是专门用于接通和切断负荷电路的开关设备，它具有简单的灭弧装置，所以不能切断短路电路，能通断一定的负荷电流和过负荷电流。通常负荷开关与熔丝（管形熔断器）串联，借助（管形熔断器的）熔丝切断短路电流。负荷开关断开后，与隔离开关一样具有明显的断开间隙。

高压负荷开关型号的含义如下：

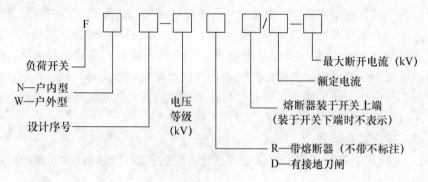

如型号 FN3-10R/400；F—负荷开关；N—户内；3—设计序号；10—额定电压（kV）；R—带熔断器；400—额定电流（A）。

负荷开关的操动机构一般选用 CS 系列的手动操动机构。

4. 隔离开关

一般配电用隔离开关大多采用闸刀垂直转动式，其结构如图 2-4 所示。

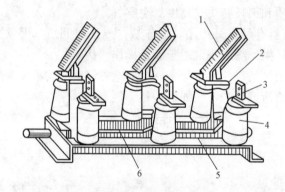

图 2-4　闸刀垂直转动式隔离开关

1—导电闸刀；2—操作瓷绝缘子；3—静触点；

4—支柱瓷绝缘子；5—底座；6—转轴

隔离开关的功能主要是隔离电源，将需要检修的设备与电源可靠地断开，在结构上，它的特点是断开后有明显可见的断开间隙，故隔离开关的触点是暴露在空气中的。隔离开关没有专门的灭弧装置，不许带负荷操作，可以用来通断一定的小电流，如励磁电流不超过 2A 的空载变压器、电容电流不超过 5A 的空载线路以及电压互感器和避雷器电路等。隔离开关按安装地点分为户内型和户外型两大类。

高压隔离开关型号的含义如下：

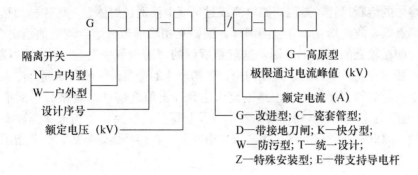

如型号 GN35-10K/2000－40：G—隔离开关；N—户内型；35—设计序号；10—额定电压（kV）；K—快分型；2000—额定电流（A）；40—2s 热稳定电流有效值（kA）。

隔离开关的操动机构一般选用 CS 系列的手动操动机构。

5. 熔断器

（1）户内高压管式熔断器。高压管式熔断器是一种简单的保护电器。当电路发生过负荷或短路故障时，故障电流超过熔体的额定电流，熔体被电流迅速加热熔断，从而切断电流，防止故障扩大。熔断器的功能主要是对电路及电路中的设备进行短路保护，如图 2-5 所示。从管式熔断器剖面图可以看出，其内部是由几根全长和直径相等的镀银铜丝并联组成，在镀银铜丝中间焊有小锡球，管内填充石英砂。两端管帽封端，并在管帽的一端装有红色熔断指示器。

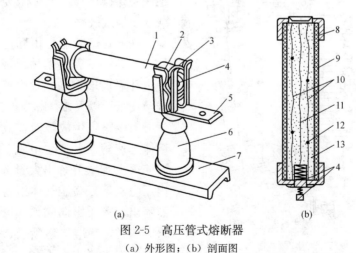

图 2-5　高压管式熔断器

（a）外形图；（b）剖面图

1、9—瓷熔管；2—金属管帽；3—弹性触座；4—熔断指示器；
5—接线端子；6—瓷绝缘子；7—底座；8—管帽；
10—工作熔体；11—指标熔体；12—锡球；13—石英砂填料

熔体的熔断过程，是当短路电流或过负荷电流通过熔体时，熔体被加热，由于锡熔点低，故先熔化，并包围铜丝，铜锡互相渗透形成熔点较低的铜锡合金，使铜丝能在较低的温度下熔断，这就是所谓的"冶金效应"。在熔体被熔断时，产生电弧，在几条平行的小直径沟中，各沟产生的金属蒸气喷向四周，渗入石英砂，电弧与之紧密接触，在短路电流未达到冲击值之前（即短路后不到半个周期），电弧迅速熄灭，从而使熔断器本身及其保护的线路设备均未受到冲击电流的影响，因此，这种熔断器称为限流式熔断器。在熔断器熔断后，红色指示器被弹出，表示熔体已熔断。

高压熔断器型号的含义如下：

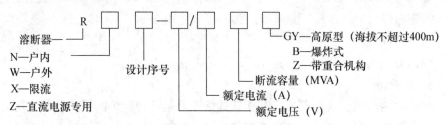

R □ □ — □ / □ □ □

溶断器—
N—户内
W—户外
X—限流
Z—直流电源专用

设计序号

额定电流（A）
额定电压（V）

断流容量（MVA）

GY—高原型（海拔不超过400m）
B—爆炸式
Z—带重合机构

（2）户外跌落式熔断器。如图 2-6 所示。

跌落式熔断器是一种最简便、价格低廉、性能良好的户外线路开关保护设备。既可以作配电线路和变压器的短路保护，又可在一定条件下（用高压绝缘钩棒操作），切断或接通小容量空载变压器或线路。

跌落式熔断器是由固定的支持部件和活动的熔管及熔体组成。熔管外壁由环氧玻璃钢构成，内壁衬红钢纸或桑皮纸用以灭弧，称为灭弧管。

当线路发生故障时，故障电流使熔体迅速熔断并产生电弧。电弧的高温使灭弧管壁分解出大量气体，使管内压力剧增，高压气体沿管道纵向强烈喷出，形成纵向吹弧，电弧迅速熄灭。同时，在熔体熔断后、熔管下端动触头失去张力而下翻，紧锁机构释放，在触点弹力和熔管自身重力作用下，绕轴跌落，造成明显可见的断路

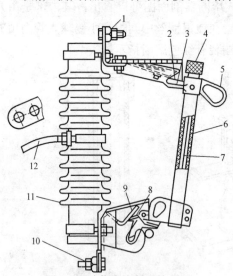

图 2-6 跌落式熔断器外形图

1—上接线端子；2—上静触点；3—上动触点；
4—管帽（带薄膜）；5—操作环；6—熔管；
7—铜熔丝；8—下动触点；9—下静触点；
10—下接线端子；11—绝缘子；
12—固定安装板

间隙。由于熔体熔断后，靠熔管自身重力跌落，故名跌落式熔断器。

6. 互感器

（1）概述。

1）互感器是一种特殊的变压器，它被广泛应用于供电系统中，向测量仪表和继电器的电压线圈或电流线圈供电。

2）依据用途的不同，互感器分为两大类：一类是电流互感器，是将一次侧的大电流，按比例变为适合通过仪表或继电器使用的，额定电流为 5A 的低压小电流的设备；另一类是电压互感器，是将一次侧的高电压降到线电压为 100V 的低电压，供给仪表或继电器用电的专用设备。

3）互感器的作用。

a. 隔离高压电路。互感器一次侧和二次侧没有电的联系，只有磁的联系，因而使测量仪表和保护电器与高压电路隔开，以保证二次设备和人员的安全。

b. 使测量仪表和继电器小型化和标准化。如电流互感器二次绕组的额定电流都是 5A；电压互感器二次绕组电压通常都规定为 100V。

c. 避免短路电流。避免短路电流直接流过测量仪表和继电器的线圈，使其不受大电流的损坏。互感器的准确度等级一般分为 0.2、0.5、1、3 等级。一般 0.2 级做实验室精密测量用，0.5 级作计算电费测量用，1 级供配电盘上的仪表使用，一般指示仪表和继电保护用 3 级。

（2）类型。

1）电压互感器（表 2-4）按绝缘及冷却方式来分，有干式和油浸式。按相数来分，有 2 单相和三相等。环氧树脂浇注绝缘的干式电压互感器应用最广泛的是单相干式电压互感器。

表 2-4　　　　　　　　　　　电 压 互 感 器

项　　目	内　　容
型号与结构	电压互感器的结构如图 2-7 所示，其型号含义如下： 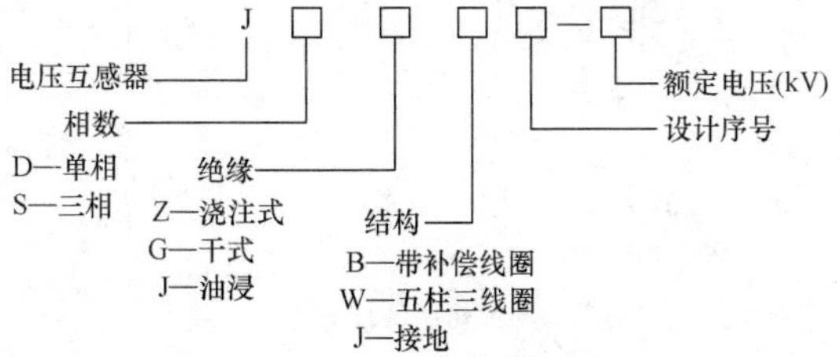 J□□　□□—□ 电压互感器——J 相数——额定电压(kV) D—单相　　绝缘——设计序号 S—三相　Z—浇注式　结构 　　　　G—干式　B—带补偿线圈 　　　　J—油浸　W—五柱三线圈 　　　　　　　　J—接地

项　目		内　容
联结	Yy 联结	由三个单相互感器一次、二次侧均接成联结，可供给要求线电压的仪表和继电器以及要求相电压的绝缘监视电压表
	Vv 接线	由两个单相互感器接线成 Vv 联结，供测量线电压和测量电能
	Dd 联结	该联结仅适用于测量三相三线式的线电压
	Yynd 联结	该联结在三相系统工作正常时，三相电压平衡，开口三角形（△）两端电压为零。当某一相接地时，开口三角形两端出现零序电压，使接在两端的继电器动作，发出信号
使用注意事项		（1）电压互感器的二次侧在工作时不能短路。在正常工作时，二次侧的电流很小，近似于开路状态，当二次侧短路时，其电流很大（二次阻抗很小），将烧毁设备。 （2）电压互感器的二次侧，必须有一端接地，防止一、二次侧击穿时，高压窜入二次侧，危及人身和设备安全。 （3）电压互感器接线时，应注意一、二次侧接线端子的极性，以保证测量的准确性。 （4）电压互感器的一、二次侧通常都应装设熔丝作为短路保护，同时一次侧应装设隔离开关作为安全检修用。 （5）一次侧并接在线路中，如图 2-8 所示

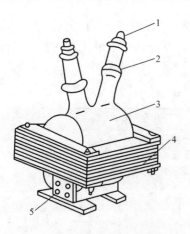

图 2-7　JDZ-10 型电压互感器

1——一次接线端；2——高压绝缘套管；

3——一、二次绕组，环氧树脂浇注；

4——铁芯；5——二次接线端

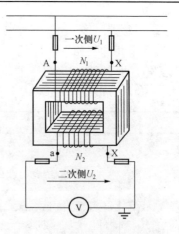

图 2-8　电压互感器构造原理图

2）电流互感器（表2-5）均为单相，以便使用。按一次绕组的匝数，分为单匝（母线式、芯柱式、套管式）和多匝（线圈式、线环式、串级式）；按绝缘可分为干式、浇注式和油浸式；按一次电压分为高压和低压等。

表2-5　　　　　　　　　　　　　　　电流互感器

项　目	内　容
型号与结构	电流互感器的结构如图2-9所示，其型号含义如下： 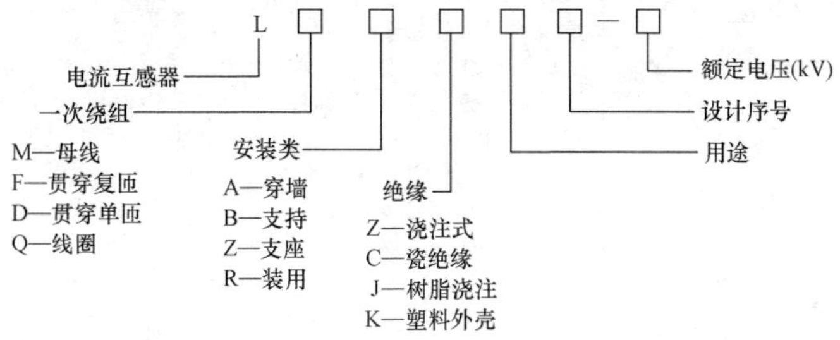 L □ □ □ □ — □ 电流互感器 一次绕组 M—母线 F—贯穿复匝 D—贯穿单匝 Q—线圈 安装类 A—穿墙 B—支持 Z—支座 R—装用 绝缘 Z—浇注式 C—瓷绝缘 J—树脂浇注 K—塑料外壳 用途 设计序号 额定电压(kV)

联结	单相式接线	用于三相平衡负载的电路，仅测量一相电流，或在保护中作过载保护，一般装在第二相上
	三相完全星形（Y）联结	用于三相平衡负载或不平衡负载电路及三相四线制电路，可分别测量三相电流。中性线中流过的电流为三相电流的相量和。三相平衡负载时，中性线中的电流为零。不平衡负载或发生故障时，中性线中有电流通过
	两相不完全星形（V）联结	两只电流互感器三只电流表测量三相电流，流入第三块电流表的电流为L1、L3两相电流的相量和，反映第三相（L2）的电流，此联结被广泛应用于中性点不接地的三相三线制中
	三角形（△）联结	该联结零相序电流在三相绕组内循环流动，不会出现在引出线。当变压器需要差动继电器保护时，多采用电流互感器△联结
	零相序联结	该联结使三个电流互感器并联，测量的是二次侧中性线中的电流，等于三相电流之相量和，反映的是零相序电流。该联结用于架空线路单相接地的零序保护
	两相差联结	该联结使两个电流互感器差动联结，流入继电器中的电流为线电流，一般用于电动机保护中。 常用高压电流互感器的型号为LQJ型，常用低压电流互感器有两种：穿心式型号为LMZ系列、双绕组式型号为LQG系列

项　目	内　容
使用注意事项	（1）电流互感器的二次侧在使用时绝对不可开路。一旦开路，一次电流全部变成铁芯的励磁电流，因此，铁芯极度饱和而导致发热，同时二次侧感应出危险的高压，其电压可达几千伏甚至更高，此时不仅危及人身安全，绕组可能被击穿而起火烧毁，铁芯由于过饱和而产生的剩磁还会影响电流互感器的误差。使用过程中，拆卸仪表或继电器时，应事先将二次侧短路。安装时，接线应可靠，不允许二次侧安装熔丝。 （2）二次侧必须有一端接地。防止一、二次侧绝缘损坏，高压窜入二次侧，危及人身和设备安全。 （3）接线时要注意极性。电流互感器一、二次侧的极性端子，都用"±"或字母表明极性。在接线时一定要注意极性标记，否则二次侧所接仪表、继电器中的电流不是预想值，甚至引起事故。 （4）一次侧串接在线路中，二次侧与继电器或测量仪表串接。应该强调的是，高压电流互感器多制成两个铁芯和两个二次绕组的形式，分别接测量仪表和继电器，满足测量仪表和继电保护的不同要求

7. 避雷器

高压避雷器是用来保护高压输电线路和电气设备免遭雷电过电压的损害。避雷器一般在电源侧与被保护设备并联，当线路上出现雷电过电压时，避雷器的火花间隙被击穿或高阻变为低阻，对地放电，从而保护了输电线路和电气设备。避雷器的文字符号为F，常用的为氧化锌避雷器（F系列）。阀式避雷器如图2-10所示。

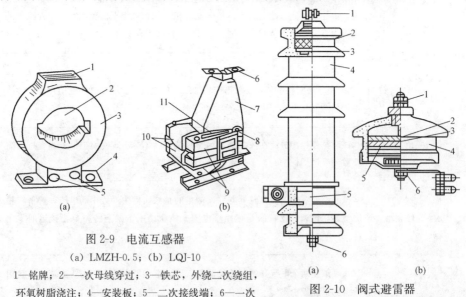

图2-9　电流互感器

(a) LMZH-0.5；(b) LQJ-10

1—铭牌；2——次母线穿过；3—铁芯，外绕二次绕组，环氧树脂浇注；4—安装板；5—二次接线端；6——次接线端；7——次绕组环氧树脂浇注；8—二次接线端；9—铁芯；10—二次绕组；11—警告牌

图2-10　阀式避雷器

(a) FS4—10型；(b) FS4-0.38型

1—上接线端；2—火花间隙；3—云母垫圈；4—瓷套管；5—阀片电阻；6—下接线端

避雷器型号的含义如下：

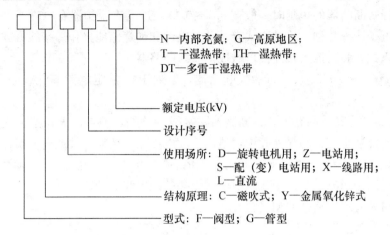

N—内部充氮；G—高原地区；
T—干湿热带；TH—湿热带；
DT—多雷干湿热带

额定电压(kV)

设计序号

使用场所：D—旋转电机用；Z—电站用；
S—配（变）电站用；X—线路用；
L—直流

结构原理：C—磁吹式；Y—金属氧化锌式

型式：F—阀型；G—管型

技能 33　　了解低压电气设备要求

1. 断路器

（1）概述。低压断路器用作交、直流线路的过载、短路或欠电压保护，被广泛应用于建筑照明、动力配电线路、用电设备作为控制开关和保护设备，也可用于不频繁启动电动机以及操作或转换电路。

低压断路器原理如图 2-11 所示，当出现过载时，电流增大，发热元件 6 发热，使双金属片 8 弯曲，通过顶杆 4 顶开锁扣 3，拉力弹簧 1 使之跳闸；出现短路时，电磁铁 5 产生强大吸力，使顶杆顶 4 开锁扣 3 而跳闸。失电压或欠电压时，电磁铁 7 吸力降低，拉力弹簧 9 的弹力使杆顶开锁扣 3，使开关跳闸。

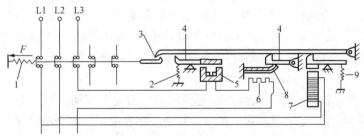

图 2-11　低压断路器原理图

1、2、9—拉力弹簧；3—锁扣；4—顶杆；5—电磁铁；
6—发热元件；7—失电压电磁铁；8—双金属片

（2）类型。

1）万能式断路器。该断路器所有部件都装在一个绝缘的金属框架内，常为开启式，作配电用和电动机保护用。万能式断路器可分为选择式和非选择式两类。选择式断路器的短延时一般在 0.1～0.6s。过电流脱扣器有电磁式、热双金属式和电子式等几种。传动方式有手动、电动和弹簧储能操作。接线方式有固定式和插入式，利用插入式连接可做成抽屉式断路器。

如 DW10-600/35 表示万能式断路器，系列 10，额定电流 600A，三极瞬时脱扣。

2）塑料外壳式断路器。该断路器除接线端子外，触点、灭弧室、脱扣器和操动机构都装于一个塑料外壳中，适用于配电支路负载端开关或电动机保护用开关，大多数为手动操动，额定电流较大的（200A 以上）也可附带电动机构操动，多用于照明电路和民用建筑内电气设备的配电和保护。

塑料外壳式断路器的型号含义如下：

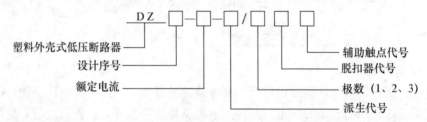

脱扣器代号：0—无脱扣器；1—热脱扣器；2—电磁脱扣器；33—复式脱扣器；4—分励辅助触点；5—分励失压；6—两组辅助触头；7—失压辅助触头；90—电磁有液压延时自动脱扣器。

如 DZ20-600/334 表示塑料外壳式断路器，系列 20，额定电流 600A，3 极，复式脱扣器保护并有复式脱扣器和辅助触点。

3）电动斥力式限流断路器。该断路器是触头系统经特殊设计的断路器，利用短路电流通过触头回路所产生的巨大电动斥力，使断路器在预期短路电流尚未达到峰值前断开电路。全分断时间约为 10ms。短路分断能力可达 100kA（有效值）。结构上可以是万能式或塑料外壳式。

4）漏电保护断路器。该断路器主要包括电磁式电流动作型、电压动作型和晶体管式电流动作型三种，它是在塑料外壳断路器中增加一个能检测漏电电流的零序电流互感器和漏电脱扣器。当出现漏电或人身触及相线（火线）时，零序电流互感器的二次侧就感应出电流信号，使漏电脱扣器动作，断路器快速断开。

5）直流快速断路器。该断路器包括电磁保持式和电磁感应斥力式两种。电磁保持式直流断路器，在快速电磁铁的去磁线圈中的电流达到一定值时，衔铁所受的吸力骤减。机构在弹簧作用下迅速向断开位置运动而使触头断开。电磁感应斥力式直流快速断路器是利用储能的电容器向斥力线圈放电，同时在斥力线圈上面的铝盘中感应出涡流，利用这两种电流的相互作用，产生巨大的电动力，使铝盘快速斥开，断路器断开。直流快速断路器都是单极的。动作方向有正极性、负极性和无极性三类。

6）灭磁断路器。该断路器有电阻放电式和旋转电弧式两种。前者多由三极交、直流万能式断路器派生。两极串联于励磁回路中，另一极改制成动断触头。当发电机故障时，断路器断开而动断触头接通一个放电电阻，使励磁线圈对该电阻放电，达到消灭磁场的目的。

2. 熔断器

熔断器是一种保护电器，由熔断管、熔体和插座三部分组成。当电流超过规定值并经过足够时间后，使熔体熔化，把其所接入的电路断开，对电路和设备起短路或过载保护。熔断器的种类见表 2-6。

表 2-6　　　　　　　　　　　　　　熔断器的种类

项　　目		内　　容
螺旋式熔断器		螺旋式熔断器又称塞头式熔断器（RL1、RL2）。它由瓷帽、瓷座、铜片螺纹和熔管等组成。该熔断器熔管内已配好熔件，并有指示片。一旦熔断，连在熔丝上的弹簧即将指示片顶出，于是在瓷帽上的玻璃孔可见，需要更换熔丝管。常用于配电柜中，属于快速型熔断器。RL 型螺旋式熔断器如图 2-12 所示
管式熔断器	无填料封闭管式熔断器	该熔断器是应用压力灭弧原理，在熔断器分断电路时熔管在电弧高温作用下产生约 3～5MPa（30～80 大气压），使电弧受到强烈压缩而被熄灭 封闭式熔断器（RM1、RM3、RM10）是由管壳、熔丝（片）、刀片和管帽等组成。 熔断器的熔管（筒）采用三聚氰胺玻璃布经加热后卷成，再加压成型，管帽是用酚醛玻璃布加热后压制而成，具有相当高的机械强度、耐热性、抗潮湿性和耐电弧性，内装熔丝或熔片。当熔丝熔断时，管内气压很高，能起到灭弧的作用，还能避免相间短路。这种熔断器常用在容量较大的负载上作短路保护。大容量的能达到 1kA
	有填料封闭管式熔断器	有填料封闭管式熔断器是一种高分断能力的熔断器，一般由熔断体、底座、载熔件等组成。熔断体的熔管由耐热骤变、高强度的电瓷件制成，其内部按照一定工艺充填含二氧化硅大于 96％、三氧化二铁低于 0.35％的石英砂。熔体由特殊设计的变截面铜带和具有冶金效应的低熔点金属或合金（如纯锡和锡镉合金）组成的过载保护带构成，以保证有高的分断能力和优良的过载保护特性。RTO 型有填料封闭管式熔断器如图 2-13 所示。 熔丝指示器（即色片及弹簧）和螺旋式熔断器中的相似，当色片消失表示熔体已熔断。此时不能只更换熔体，而要更换成新的熔断器

项　目	内　容
快速熔断器	快速熔断器（RS0、RS3）有保护晶闸管或硅整流电路的作用，结构和 RTO 型有填料封闭管式熔断器相似，不同之处是快速熔断器的熔体材料是用纯银制造的，它切断短路电流的速度更快，限流作用更好
瓷插式熔断器	瓷插式熔断器型号含义如下： RC　1 — A — □ / □ 瓷插式熔断器 设计序号 结构代号 熔体额定电流（A） 熔断器额定电流（A） RC 型瓷插式熔断器如图 2-14 所示

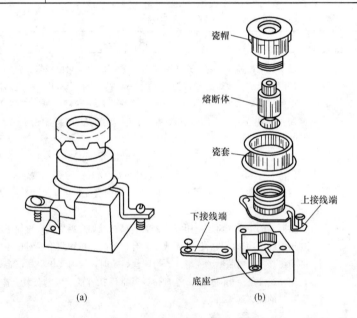

瓷帽

熔断体

瓷套

上接线端

下接线端

底座

(a)　　　　　　(b)

图 2-12　RL 型螺旋式熔断器
(a) 外形；(b) 结构

3. 刀开关

（1）用途。刀开关又称为低压隔离开关。由于刀开关没有任何防护，一般只能安装在低压配电柜中使用。主要用于隔离电源和分断交直流电路。刀开关按闸刀的投放位置分为单投刀开关和双投刀开关；按操作手柄的位置分为正面操作和侧面操作两种。常用的刀开关是 HD 系列单投刀开关。

（2）类型。

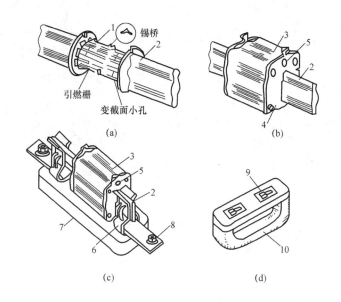

图 2-13　RTO 型有填料封闭管式熔断器

(a) 熔体；(b) 熔管；(c) 熔断器；(d) 操作手柄

1—工作熔体（栅状）；2—触刀；3—瓷熔管；4—盖板；5—熔断指示器；

6—弹性触点；7—底座；8—接线端；9—扣眼；10—操作手柄

1）开启式负荷开关（胶盖刀开关）。其主要特点是容量小，常用的有 15、30A，最大为 60A；没有灭弧能力，容易损伤刀片，只用于不频繁操作。开启式（HK 型）负荷开关如图 2-15 所示。

2）封闭式负荷开关（又称铁壳刀开关）。其主要特点是有灭弧能力、铁壳保护和联锁装置（即带电时不能开门），有短路保护能力，只用于不频繁操作场合中的线路。封闭式（HH 型）负荷开关如图 2-16 所示。

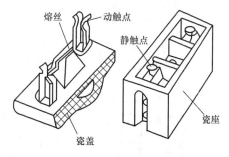

图 2-14　RC 型瓷插式熔断器

选用刀开关时，应注意其交流和直流电压不应超过开关的交流额定值和直流额定值（一般交流电压不超过 500V，直流电压不超过 440V）。其额定电流不应超过开关所在线路的计算负荷电流。开关分断的电流不应大于开关的允许分断电流。

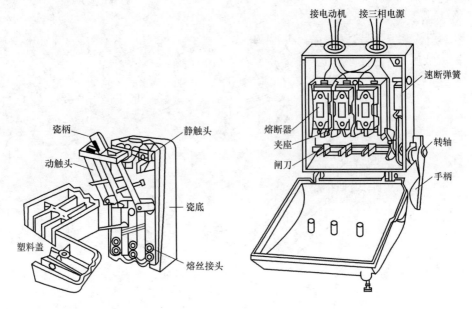

图 2-15 开启式（HK 型）负荷开关三级结构   图 2-16 封闭式（HH 型）负荷开关

刀开关型号的含义如下：

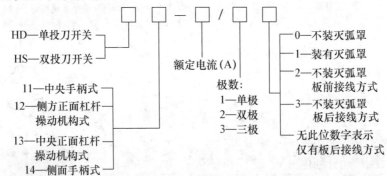

HD—单投刀开关
HS—双投刀开关

11—中央手柄式
12—侧方正面杠杆操动机构式
13—中央正面杠杆操动机构式
14—侧面手柄式

额定电流（A）

极数：
1—单极
2—双极
3—三极

0—不装灭弧罩
1—装有灭弧罩
2—不装灭弧罩板前接线方式
3—不装灭弧罩板后接线方式
无此位数字表示仅有板后接线方式

4. 交流接触器

交流接触器是适用于控制频繁操作的电气设备，可用按钮操作，作远距离分、合电动机或电容器等负载的控制电器，还可作电动机的正、反转控制。自身具备灭弧罩，可以带负载分、合电路，动作迅速，安全可靠。

交流接触器型号含义如下：

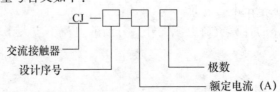

CJ

交流接触器
设计序号

极数
额定电流（A）

如 CJ10-150/3 表示额定电流 150A，设计序号为 10 的三相交流接触器。实用中还有派生代号，如 CJ12-B40/3，其中 12 是设计序号，B 是有栅片灭弧，额定电流 40A，三极。交流接触器的结构主要由电磁系统、触点系统、灭弧装置和传动机构等部件组成，如图 2-17 所示。

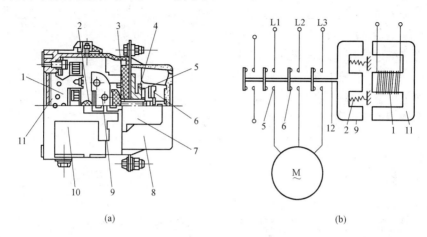

图 2-17　交流接触器

(a) 典型结构；(b) 结构原理

1—线圈；2—反作用弹簧；3—触点弹簧；4—触点支架；5—静触点；6—动触点；

7—辅助触点；8—灭弧室；9—衔铁；10—外壳；11—铁芯；12—绝缘拉杆

5. 漏电保护器

漏电保护器目前应用最多的主要有电流动作型，根据保护功能的不同，可分为漏电（保护）开关、漏电断路器、漏电继电器和漏电保护插座。

漏电保护开关主要由零序电流互感器、漏电脱扣器、主开关等组成，具有漏电保护以及手动分断电路的功能，但不具备过载保护和短路保护功能。漏电断路器除具备漏电保护的功能外，增加了过载保护和短路保护功能。漏电继电器主要用于发出信号，控制断路器、接触器等设备，具有检测和判断功能。

一般情况下，漏电保护器用作手握式用电设备的漏电保护时的动作电流为 15mA；潮湿（水下）或高空场所的用电设备的动作电流为 6～10mA；医疗用电设备为 6mA；建筑施工工地的用电设备为 15～30mA；家用电器或照明回路应不大于 30mA；成套开关柜、分配电箱等上一级保护的动作电流应在 100mA 以上；用于总保护的在 200～500mA；防止电气火灾的漏电保护的动作电流为 300mA。

6. 热继电器

热继电器主要与接触器配合使用，用于电动机的过载保护、断相和电流不平衡运行的保护，以及其他电气设备过电流状态的保护。

热继电器主要有双金属片式、热敏电阻式和易熔合金式三种。双金属片式热继电器是利用不同金属有不同的热膨胀系数的原理制成的。当金属受热弯曲后，推动热继电器的触点而动作。

当热继电器用来保护长期工作制或间断长期工作制的电动机时，其额定电流按 0.95～1.05 倍的电动机的额定电流来选择；若保护反复短时工作制的电动机时，热继电器只有一定的保护范围，若操作次数比较多时，最好选用带超速保护电流互感器的热继电器；对于正反转和分断频繁的特殊电动机，不应选择热继电器作为保护，而应选择埋入电动机绕组的温度继电器或热敏电阻来保护。

7. 启动器

启动器主要用于电动机的启动，保证电动机有足够的启动转距，缩短电动机的启动时间，同时还应限制电动机的启动电流，防止电压因电动机的启动时间过长和启动电流的过大而下降，影响系统中其他设备的正常运行。

启动器的分类和用途见表 2-7。

表 2-7　　　　　　　　　　　　启动器的分类和用途

分类		用途
全压直接启动器	电磁	远距离频繁控制三相笼型异步电动机的直接启动、停止和可逆运转，有过载、断相和失电压保护
	手动	不频繁控制三相笼型异步电动机的直接启动、停止，有过载、断相和失电压保护，主要用于农村
减压启动器	手动	三相笼型异步电动机的星形—三角启动及停止
	星形—三角启动器 自动	三相笼型异步电动机的星形—三角启动及停止，有过载、断相和失电压保护，启动过程中，时间继电器能通过接触器自动将电动机的定子绕组由星形联结转换为三角形联结
	自耦减压启动器	三相笼型异步电动机的不频繁地减压启动、停止，有过载、断相和失电压保护
	电抗减压启动器	三相笼型异步电动机的减压启动，启动时利用电抗线圈降压，限制启动电流
	电阻减压启动器	三相笼型异步电动机或小容量的直流电启机的减压启动，启动时利用电阻线圈降压，限制启动电流
	延边星形—三角启动器	三相笼型异步电动机作延边三角形启动，有过载、断相和失电压保护，启动时将电动机绕组接成延边三角形，启动完毕后自动换成三角形联结

分类	用　　途
综合启动器	远距离直接控制三相笼型异步电动机的启动、停止，有过载、断相和失电压保护和事故报警指示装置
软启动器	启动时电压自动平滑无级地从零值上升到全压，转矩匀速增加

电动机在确定启动方式后，按电动机的额定电流选用启动器的型号、容量等级及过载继电器的整定值或热元件。

启动器通常选用熔断器作为短路保护电器，熔断器安装在启动器的电源侧。熔断器只分断安装地点的短路电流，不应代替启动器分断正常工作时的负载电流和最大负载电流。如图 2-18 所示是启动器与熔断器典型的保护特性协调图。

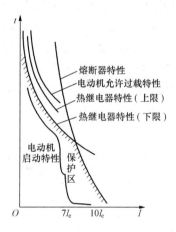

图 2-18　启动器与熔断器典型
的保护特性协调图

技能34　了解成套电气设备要求

1. 高压开关柜

（1）概述。高压开关柜是由制造厂按一定的接线方案要求将开关电器、母线（汇流排）、测量仪表、保护继电器及辅助装置等组装在封闭的金属柜中，为成套式配电装置。这种装置结构紧凑，便于操作，有利于控制和保护变压器、高压线路及高压用电设备。高压开关柜从结构分为固定式和手车式两大类型；按柜体结构形式，分为开启式和封闭式两类，封闭式包括防护封闭、防尘封闭、防滴封闭和防尘防滴封闭形式等；根据一次线路安装的主要电器元件和用途又可分为很多种柜，如油断路器柜、负荷开关柜、熔断器、电压互感器柜、隔离开关柜、避雷器柜等；从断路器在柜中放置形式有落地式和中置式，目前中置式开关柜越来越多。

高压开关柜的型号含义如下：

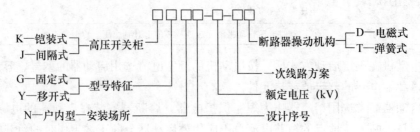

K—铠装式
J—间隔式} 高压开关柜

G—固定式
Y—移开式} 型号特征

N—户内型—安装场所

断路器操动机构 {D—电磁式
T—弹簧式

一次线路方案

额定电压（kV）

设计序号

（2）类型。

1）固定式高压开关柜多为金属封闭式开关柜，固定式高压开关柜的特点是柜内所有电器元件都固定安装在不能移动的台架上，现场安装，工作量较大，检修不便。但其制造工艺简单，节省钢材，价格便宜，因而一般工厂和大型建筑设施多采用。固定式开关柜的主要开关设备一般可选用 SN 系列的少油断路器或 ZN 系列的真空断路器。常用的固定式高压开关柜主要有 GG 系列、KGN 系列。固定开关柜外形如图 2-19 所示。

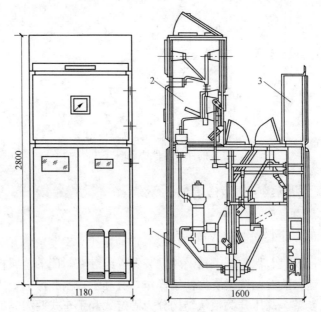

图 2-19　KGN-10 型开关柜（05D-08D）外形尺寸及结构示意图
1—本体装配；2—母线室装配；3—继电器室装配

2) 手车式高压开关柜由手车室、主母线室、小母线室、仪表继电器室、电流互感器室组成。其特点是断路器及操动机构均装于车上，检修时将小车拉出柜外，推入同类型的备用小车，使维修和供电两不误，不但维修安全，又减少了停电时间。手车式开关柜的主要开关设备一般可选用 ZN 系列的真空断路器。常用的手车式高压开关柜主要有 GC 系列、GFC 系列。KYN－10 型移开式铠装柜外形尺寸及结构示意图如图 2-20 所示。

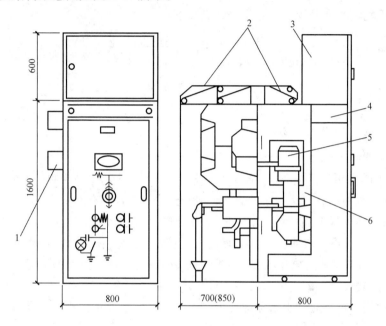

图 2-20　KYN-10 型移开式铠装柜外形尺寸及结构示意图
1—穿墙套管；2—泄压活门；3—继电器仪表箱；4—端子室；5—手车；6—手车室

3) 金属铠装移开式高压开关柜结构上分为柜体和可移开部件（小车）两部分。柜体是由薄钢板构件组成的装配式结构，柜内由接地薄钢板分隔为主母线室、小车室、电缆（电流互感器）室、继电器室组成。小车是悬挂式中置式结构，小车的滚轮、导向装置、接地装置等，均设置在小车的两侧中间。根据小车所配置的主回路电器的不同，小车可分为断路器小车、电压互感器小车、隔离小车和计量小车。

2. 低压开关柜

（1）概述。低压开关柜也是按一定的接线方案要求将有关的设备组装而成的成套装置。一般作为动力和照明等用电设备之配电线路的配电设备。

低压开关柜又称低压配电屏，按结构形式分为固定式和抽屉式两大类。

固定式低压配电屏又有单面操作和双面操作两种，双面操作式为隔墙安装，屏前屏后均可维修，占地面积较大，在屏数较多或二次接线较复杂需经常维修时，可选用此种形式。单面操作式为靠墙安装，屏前维护，占地面积小，在配电室面积小的地方宜选用，这种屏目前较少生产。

抽屉式低压配电屏的特点是馈电回路多、体积小、检修方便、恢复供电迅速，但价格较贵。一般中小型企业多采用固定式低压配电屏。

低压配电屏型号较多，其型号含义如下：

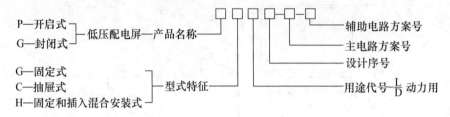

（2）类型。

1）固定式低压开关屏是最简单的配电装置。其正面板上部为测量仪表，中部为操作手柄（面板后有刀开关），下部为向外双开启的门，内有互感器、继电器等。母线应布置在屏的最上部，依次为刀开关、熔断器、低压断路器。互感器和电能表等都装于屏后，这样便于屏前、屏后双面维护，检修方便，价格便宜，多为变电站和配电所用做低压配电装置。常用的固定式低压开关柜主要有 PGL 型和 GGD 型。

2）抽屉式低压配电屏，将主要设备均装在抽屉内，其封闭性好，可靠性高。故障或检修时将抽屉抽出，随即换上同类型抽屉，以便迅速供电，既提高了供电可靠性又便于设备检修。但是，它与固定式相比，设备费用高、结构复杂、钢材用量多。目前，常用的低压配电屏有 BFC 型、GCS 型、GCK 型、GCL 型、UKK（DOMINO-Ⅲ）型。

3. 组合式变电站

组合式变电站俗称箱式变电站，简称箱变。它是由高压配电装置、电力变压器、低压配电装置等部分组成。预装式变电站的特点是结构合理、体积小、重量轻、安装简单、土建工作量小，因此投资低，可深入负荷中心供电，占地面积小，外形美观，灵活性强，可随负荷中心的转移而移动，运行可靠，维修简单。

预装式变电站分类方法有多种，按安装场所分，有户内式和户外式；按高压接线方式分，有终端接线式、双电源接线式和环网接线式；按箱体结构分，有整体式和分体式等。预装式变电站由于其结构的特点，应用广泛，适用于城市公共配电、高层建筑、住宅小区、公园，还适用于油田、工矿企业及施工场所等，它是一种崭新的变电站。

组合式变电站一般适用于电源为 6～10kV 的单母线接线、双回路接线或环网式的供电系统。变压器容量可以在 30～2000kVA。低压侧可以采用放射式、树干式供电。如果组合式变电站的电气设备选用非可燃材料，如高压开关选用新型的真空断路器（ZN 系列），变压器选用六氯化硫气体绝缘的变压器，低压开关选用低压真空接触器等，可满足城市供电网的无油化供电的要求，同时还可以满足防火、防爆的要求。因此，组合式变电站特别适用于安全区域的供电。

组合式变电站型号的含义如下：

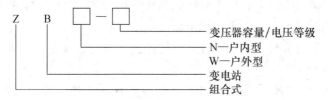

组合式变电站的总体布置主要有两种形式：一种为组合式；另一种为一体式。组合式是指预装式变电站的高压开关设备、变压器及低压配电装置三部分各为一室而组成"目"字形或"品"字形布置，大多数预装式变电站采用"目"字形布置，如图 2-21、图 2-22 所示。

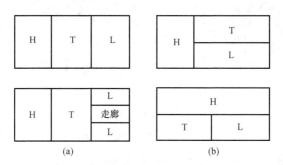

图 2-21　预装式变电站的布置
（a）"目"字形；（b）"品"字形
H—高压室；T—变压器室；L—低压室

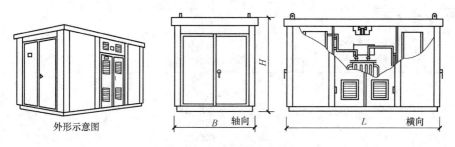

图 2-22　组合式变电站

1. 保护继电器

（1）概述。继电器是一种自动控制电器，它根据输入的一种特定的信号达到某一预定值时而自动动作、接通或断开所控制的回路。这种特定信号可以是电流、电压、温度、压力和时间等。

继电器的结构可以分为三个部分：一是测量元件，反映继电器所控制的物理量（即电流、电压、温度、压力和时间等）变化情况；二是比较元件，将测量元件所反映的物理量与人工设定的预定量（或整定值）进行比较，以决定继电器是否动作；三是执行元件，根据比较元件传送过来的指令完成该继电器所担负的任务，即闭合或断开。

变配电系统中的继电保护设备有：过电流保护、单相接地保护、低电压保护、气体保护、差动保护、过负荷保护等。

按被保护对象的不同，又可分为对高压一次侧线路的继电保护和对变压器的继电保护。这些保护使用的继电器按结构的不同，可以分为电磁式继电器和感应式继电器。

常用继电器型号含义如下：

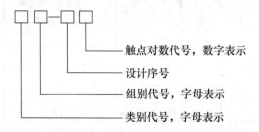

常用保护继电器型号中字母的含义，见表 2-8。

表 2-8　　　　　　　　　常用保护继电器型号中字母的含义

序　号	分　类	名　称	文字符号
1	类别代号	电磁式 感应式 整流式 半导体（晶体管）式	D G L B
2	组别代号	电流继电器 电压继电器 功率继电器 中间继电器 时间继电器 信号继电器	L LY G Z S X

序　号	分　类	名　称	文字符号
3	触点对数代号	一对动合触点 一对动断触点 一对动合、一对动断触点	1 2 3

继电器有两个主要组成部分，线圈和触点。触点有时也称触头。线圈的图形符号，见表2-9。触点的图形符号，见表2-10。

表 2-9　　　　　　　　　　继电器线圈的图形符号

名　称	符　号	说　明
一般符号	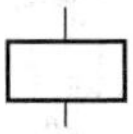	继电器线圈的一般符号，在不致引起混淆的情况下，也可表示测量继电器的线圈
缓放线圈	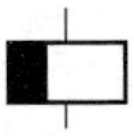	所对应的动合触点延时断开，动断触点延时闭合
缓吸线圈	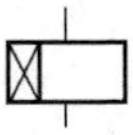	所对应的动合触点延时闭合，动断触点延时断开
测量继电器	 *	"＊"用于有关限定符号

表 2-10　　　　　　　　　　继电器触点的图形符号

名　称	符　号	说　明
动合（常开）触点		正常情况（例如未通电）下断开触点
动断（常闭）触点		正常情况（例如未通电）下闭合触点
转换触点	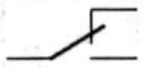	先断后合
双向触点	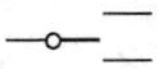	中间位置断开
延时动合触点	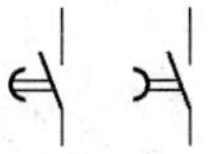 (a)　　(b)	(a) 延时闭合；(b) 延时断开
延时动断触点	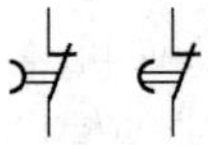 (a)　　(b)	(a) 延时闭合；(b) 延时断开

（2）类型。

1）电磁式电压继电器与电磁式电流继电器。它们的构造及工作原理相似，只是电压继电器的线圈为电压线圈。在继电保护装置中，电流继电器为瞬时动作继电器，常用的是 DL 系列电磁式电流继电器；电压继电器常用的是 DY 系列电磁式电压继电器。

DL-10 系列电磁式电流继电器的基本结构如图 2-23 所示。其内部接线及图形符号见表 2-11。

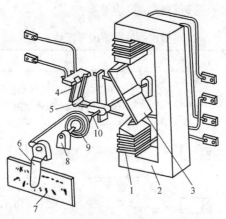

图 2-23　DL-10 系列电磁式电流继电器的基本结构

1—电流线圈；2—电磁铁；3—Z 形钢舌片；4—静触点；

5—动触点；6—动作电流调节螺杆；7—标度盘；

8—轴承；9—反作用弹簧；10—轴

表 2-11　　　　　　　　DL-10 系列电磁式电流继电器内部接线及图形符号

DL-11 型	DL-12 型	DL-13 型	集中表示的图形符号	分开表示的图形符号

2）电磁式时间继电器。在继电保护装置中时间继电器是用于延时闭合或延时断开的自动电器。它是各种保护和自动装置中的辅助元件，使被控制元件达到所需要的延时，用于实现主保护与后备保护或多级线路保护的选择性配合。

常用的电磁式时间继电器为 DS 系列，DS-110、120 型时间继电器的基本结构如图 2-24 所示，其内部接线及图形符号见表 2-12。

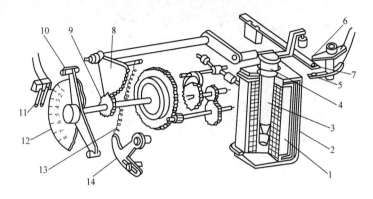

图 2-24　DS-110、120 型时间继电器的基本结构

1—线圈；2—电磁铁；3—可动铁芯；4—返回弹簧；5、6—瞬时静触点；

7—瞬时动触点；8—扇形齿轮；9—传动齿轮；10、11—主动、主静触点；

12—标度盘；13—拉引弹簧；14—弹簧调节器

表 2-12　　　　　DS-110、120 型时间继电器内部接线及图形符号

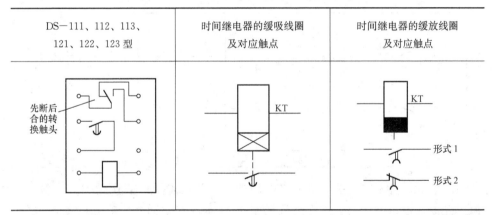

DS—111、112、113、121、122、123 型	时间继电器的缓吸线圈及对应触点	时间继电器的缓放线圈及对应触点

3）电磁式中间继电器。在继电保护和自动装置中，中间继电器作为辅助继电器，其作用有三个：①增加触点的数量，以便同时控制几个不同的回路；②增大触点的容量，以便接通或断开电流较大的回路；③提供必要的延时和自保持，以便在触点动作或返回时得到不长的延时，以及使动作后的回路得到自保持。

常用的 DZ-10 系列电磁式中间继电器的基本结构如图 2-25 所示，其内部接线及电气图形符号见表 2-13。

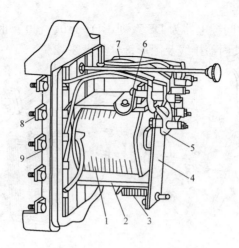

图 2-25　DZ-10 系列电磁式中间继电器的基本结构

1—线圈；2—电磁铁；3—弹簧；4—衔铁；5—动触点；

6—静触点；7—连接线；8—接线端子；9—胶木底座

表 2-13　　　DZ-10 系列电磁式中间继电器内部接线及电气图形符号

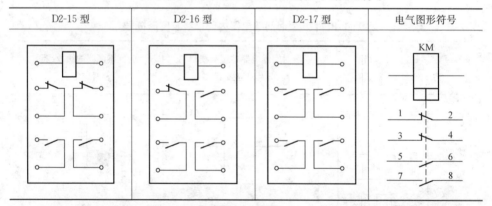

4）感应式电流继电器。常用于过电流保护兼电流速断保护。常用的 GL-10、20 型感应式电流继电器的基本结构如图 2-26 所示。GL-11、15、21、25 型感应式电流继电器内部接线及电气图形符号见表 2-14。

感应式电流继电器是一种综合型多功能继电器，它兼有电磁式电流继电器、时间继电器、信号继电器和中间继电器的功能，并具有过流和速断两种保护功能，且使用交流操作电流，因而可使继电保护装置大为简化，结构更加紧凑，投资节省。但它本身结构复杂、精度不高，动作可靠性不如电磁式继电器，动作特性的调节比较麻烦且误差较大。因此，仅适用于小型的工厂及其他不重要负荷的供电系统中。

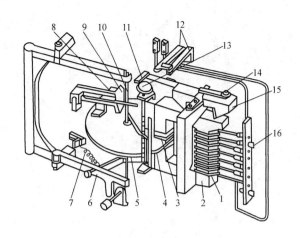

图 2-26　GL-10、20 型感应式电流继电器的基本结构

1—线圈；2—电磁铁；3—短路环；4—铝盘；5—钢片；6—框架；7—调节弹簧；
8—制动永久磁铁；9—扇形齿轮；10—蜗杆；11—扁杆；12—继电器触点；
13—时限调节螺杆；14—速断电流调节螺钉；15—衔铁；16—动作电流调节插销

表 2-14　　GL-11、15、21、25 型感应式电流继电器内部接线及电气图形符号

GL-11、21 型	GL-15、25 型	电气图形符号
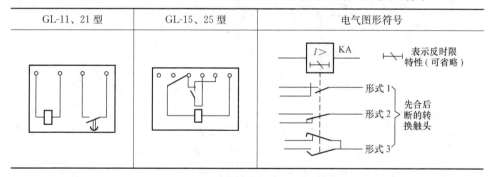		

5）电磁式信号继电器。信号继电器在继电保护装置中用于发出指示信号。它发出的指示信号通常有两种：一是掉牌，出现红色信号牌，指示被保护电路发生过负荷或短路故障，故障消除后需旋动手动旋钮复归；二是接通信号电路，使有关光字牌灯亮，指示发生过负荷或短路故障的电路及状态，并发出音响信号（警笛、电铃或蜂鸣器的声响）。当事故消除后，自动复归并断开信号电路。

DX-11 型电磁式信号继电器有电流型和电压型两种。其线圈分别为电流线圈和电压线圈，在二次回路中分别串联或并联接入相关电路中。通常以电流型信号继电器的应用较多。

DX-11 型电磁式信号继电器的基本结构如图 2-27 所示，其内部接线及电气图形符号见表 2-15。

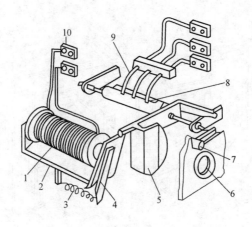

图 2-27　DX-11 型电磁式信号继电器的基本结构

1—线圈；2—电磁铁；3—反作用弹簧；4—衔铁；5—红色信号牌；6—观察孔；

7—手动复归旋钮；8—动触点；9—静触点；10—接信号电路端子

表 2-15　　　　　DX-11 型电磁式信号继电器内部接线及电气图形符号

内部接线	电气图形符号
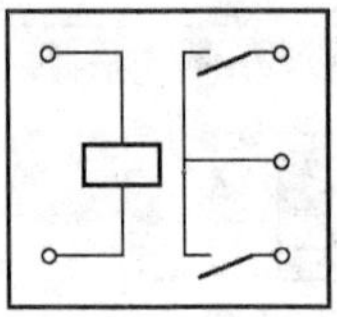	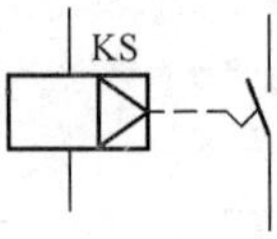

2. 控制开关

（1）复合开关。复合开关具有多个操作位置、多对触点，可以实现多路控制，完成多种功能。常用的有组合开关、转换开关、控制器等，广泛用于断路器操作、电气控制、测量电路、信号电路的控制等。

在电气图中可采用触点图表法或触点图形符号法表示复合开关。

触点图表法是将图形符号与触点连接表结合起来表示转换开关触点通断状态的一种方法。如图 2-28 所示为一转换开关的通断状态。表中"＊"表示触点接

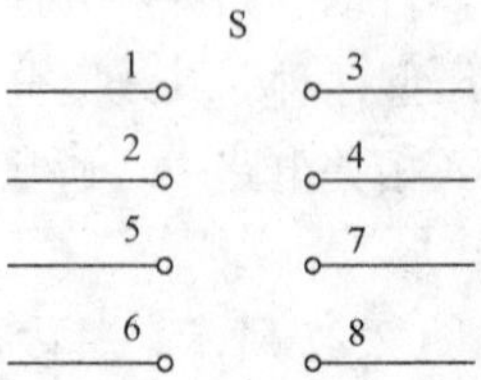

S		手柄位置		
		Ⅰ	0	Ⅱ
触点	1—3	＊	—	—
	2—4	—	—	＊
	5—7	＊	—	—
	6—8	—	—	＊

图 2-28　触点图表法

72

通，"—"表示触点断开。手柄置"0"位置时，触点全部断开，手柄置"I"位置时，（1—3）、（5—7）通，手柄置"Ⅱ"位置时，（2—4）、（6—8）通。

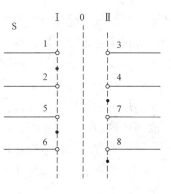

触点图形符号法是在一般符号上加特殊标记，如图2-29所示，这个开关有三个位置，"0"表示操作手柄的中间位置，两边字母（或数字）表示操作位置，也可写出手柄转动的角度或文字，如"手动"、"自动"、"左"、"右"等。虚线表示手柄操作时触点通断的位置线，虚线上的特

图2-29　触点图形符号法

殊标记"·"，表示手柄转到此位置时，对应的触点接通，无黑点的触点表示不接通。图中开关触点的通断情况，与前述相同。

（2）控制按钮。控制按钮是一种手动的、可以自动复位的主令电器，用在短时间接通和断开5A以下的小电流电路，作为指令去控制继电器、接触器等元件。型号含义如下：

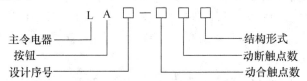

型号中的结构形式有：K—开启式；H—保护式；S—防水式；F—防腐式；J—紧急式；X—旋钮式；Y—带钥匙式；D—带指示灯式。

如LA20-22D，表示带指示灯式按钮，有两对动合触点，两对动断触点。

3. 电气计量仪表

在变配电站的配电柜上要安装各种电气计量仪表，用来监测电路的运行情况和计量用电量。电路中需要测量的电量有电流、电压、频率、功率因数及电能，使用的仪表有电流表、电压表、频率表、功率因数表和电能表。电气测量仪表结构和作用原理的不同，分为磁电系、电磁系、电动系、静电系、感应系等。配电柜上的仪表一般装在面板上，这类仪表也叫做开关面板表。

4. 信号设备

（1）正常运行显示信号设备一般为不同颜色的信号灯、光字牌，常用于电源指示（有、无极相别）、开关通断位置指示、设备运行与停止显示等。

（2）事故信号设备包括事故预告信号设备和事故已发生信号设备（简称事故信号设备）。事故信号在某些情况下又称为中央信号。当电气设备或系统出现了某些事故预兆或某些不正常情况（如绝缘不良、中性点不接地、三相系统中一相接地、轻度过负荷、设备温升偏高等），但尚未达到设备或系统即刻就不能运行的严重程度，这时所发出的信号称为事故预告信号；当电气设备或系统故障已经发生、自动开关已跳闸，这时所发出的信号称事故信号。事故预告信号和事故信号一般由灯光信号和音响信号两部分组成。音响信号可唤起值班人员和操作人员注意；灯光信号可提示事故类别、性质，事故发生地点等。为了区分事故信号和事故预告信号，可采用不同的音响信号设备，如事故信号采用蜂鸣器、电笛、电喇叭等，事故预告信号采用电铃。

（3）指挥信号主要用于不同地点（如控制室和操作间）之间的信号联络与信号指挥，多采用光字牌、音响等。

技能 36　　熟悉变配电站基本接线方式

1. 概述

变电站的主接线是指由各种开关电器、电力变压器、断路器、隔离开关、避雷器、互感器、母线、电力电缆、移相电容器等电气设备依一定次序相连接的具有接受和分配电能的电路。主接线的形式确定关系到变电站电气设备的选择、变电站的布置、系统的安全运行、保护控制等多方面的内容，因此主接线的选择是建筑供电中一个不可缺少的重要环节。电气主接线图通常以单线图的形式表示。

2. 类型

（1）线路—变压器组接线。如图 2-30 所示。此接线的特点是直接将电能送至负荷，无高压用电设备，若线路发生故障或检修时，停变压器；变压器故障或

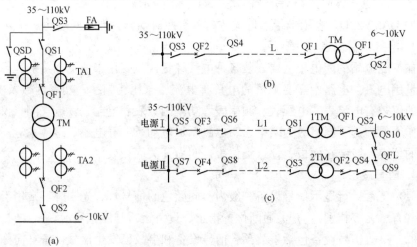

图 2-30　线路—变压器组接线

（a）一次侧采用断路器和隔离开关；（b）一次侧采用隔离开关；（c）双电源双变压器

检修时，所有负荷全部停电。该接线形式适用于二级、三级负荷，该接线线路是只有 1～2 台变压器的单回线路。

（2）单母线接线。

1）单母线不分段接线。如图 2-31 所示，每条引入线和引出线的电路中都装有断路器和隔离开关，电源的引入与引出是通过一根母线连接的。该接线电路简单，使用设备少，费用低；可靠性和灵活性差；当母线、电源进线断路器（QF1）、电源侧的母线隔离开关（QS2）故障或检修时，必须断开所有出线回路的电源，而造成全部用户停电；单母线不分段接线适用于用户对供电连续性要求不高的二级、三级负荷用户。

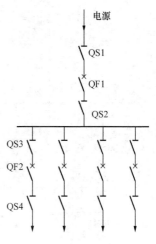

图 2-31　单母线不分段接线

2）单母线分段接线。如图 2-32 所示。单母线分段接线是根据电源的数量和负荷计算、电网的结构情况来决定的。一般每段有一个或两个电源，使各段引出线用电负荷尽可能与电源提供的电力负荷平衡，减少各段之间的功率交换。单母线分段接线可以分段运行，也可以并列运行。用隔离开关（QSL）分段的单母线接线如图 2-32（a）所示，适用于由双回路供电的、允许短时停电的具有二级负荷的用户。用负荷开关分段其功能与特点基本与用隔离开关分段的单母线相同。用断路器（QFL）分段如图 2-32（b）所示。用断路器分段的单母线接线，可靠性提高。如果有后备措施，可以对一级负荷供电。

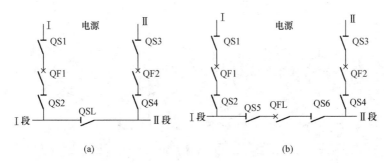

图 2-32　单母线分段接线
(a) 用隔离开关分段；(b) 用断路器分段

3）带旁路母线的单母线接线。单母线分段接线，不管是用隔离开关分段或用断路器分段，在母线检修或故障时，都避免不了使接在该母线的用户停电。另外，单母线接线在检修引出线断路器时，该引出线的用户必须停电（双回路供电

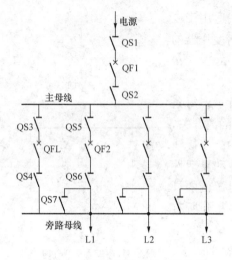

图 2-33 带旁路母线的单母线接线

用户除外）。为了克服这一缺点，可采用单母线加旁路母线，如图 2-33 所示。当引出线断路器检修时，用旁路母线断路器（QFL）代替引出线断路器，给用户继续供电。该接线造价较高，仅用在引出线数量很多的变电站中。

（3）桥式接线。对于具有双电源进线、两台变压器终端式的总降压变电站，可采用桥式接线。它实质是连接两个 35～110kV "线路-变压器组" 的高压侧，其特点是有一条横跨 "桥"。桥式接线比分段单母线结构简单，减少了断路器的数量，四回电路只采用三台断路器。

根据跨接桥位置不同，分为内桥接线和外桥接线。

1）内桥接线如图 2-34（a）所示，跨接桥靠近变压器侧，桥开关（QF3）装在线路开关（QF1、QF2）之内，变压器回路仅装隔离开关，不装断路器。采用内桥接线可以提高改变输电线路运行方式的灵活性。

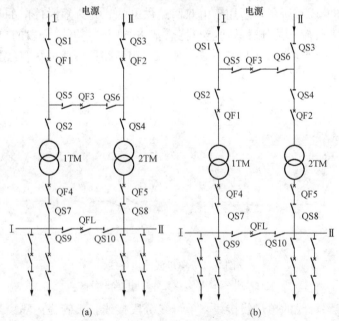

图 2-34 桥式接线

（a）内桥式；（b）外桥式

2) 外桥接线如图 2-34 （b） 所示，跨接桥靠近线路侧，桥开关（QF3）装在变压器开关（QF1、QF2）之外，进线回路仅装隔离开关，不装断路器。

（4） 双母线接线。双母线接线如图 2-35 所示。其中母线 DM1 为工作母线，母线 DM2 为备用母线。任一电源进线回路或负荷引出线都经一个断路器和两个母线隔离开关接于双母线上，两个母线通过母线断路器 QFL 及其隔离开关相连接。其工作方式可分为两种：两组母线分列运行、两组母线并列运行。由于双母线两组互为备用，大大提高了供电可靠性、主接线工作的灵活性。

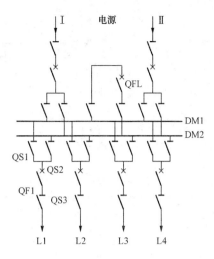

图 2-35　双母线不分段接线

双母线接线一般用在对供电可靠性要求很高的一级负荷，如大型工业企业总降压变电站的 35～110kV 母线系统中，或有重要高压负荷或有自备发电厂的 6～10kV 母线系统。

技能 37　熟悉变配电站典型接线方式

1. 35kV/10kV 电气系统图

35kV 总降站电气系统图如图 2-36 所示。图中为 35kV 总降站的主接线图，采用一路进线电源，一台主变压器 TM1，型号为 SJ-5000-35/10；三相油浸式自冷变压器，容量为 5000kVA；高压侧电压为 35kV，低压侧电压为 10kV，Y/△ 联结。

TM1 的高压侧经断路器 QF1 和隔离开关 QS1 接至 35kV 进线电源。QS1 和 QF1 之间有两相两组电流互感器 TA1，用于高压计量和继电保护。进线电源经隔离开关 QS2 接有避雷器 F1，用于防雷保护。QS3 为接地闸刀，可在变压器检修时或 35kV 线路检修时，用于防止误送电。TM1 的低压侧接有两相两组电流互感器 TA2，用于 10kV 的计量和继电保护。断路器 QF2 可带负荷接通或切开断电路，并能在 10kV 线路发生故障或过载时作为过电流保护开关。QS4 用于检修时隔离高压。

10kV 母线接有 5 台高压开关柜，其中一台高压柜装有电压互感器 TV 和避雷器 F2。电压互感器 TV 用于测量和绝缘监视，避雷器 F2 用于 10kV 侧的防雷保护，其余四台开关柜向四台变压器（TM2、TM3、TM4、TM5）供电。TM5 变压器型号为 SC-50/10/0.4，三相干式变压器，高压侧 10kV，低压侧 400V，

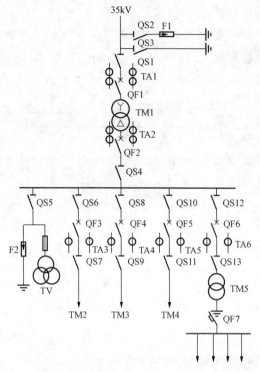

图 2-36　35kV 总降站电气系统图

供给总降站内动力、照明用电。

单台变压器的供电系统，设备少，操作简便。但当变压器发生故障时，造成整个系统停电，供电可靠性差。通常都采用两路进线，两台 35kV 变压器降压供电。

2. 10kV/0.4kV 电气系统图

中小型工厂、宾馆、商住楼一般都采用 10kV 进线，两台变压器并联运行，提高供电可靠性。如果供电要求高，可以采用两路电源独立供电，当线路、变压器、开关设备发生故障时能自动切换，使供电系统能不间断地供电。最常见的进线方案是一路来自发电厂或系统变电站，另一路来自邻近的高压电网。如图 2-37 所示是一种两路 10kV 进线的电气系统图，该系统的电力取自 10kV 电网，经变电装置将电压降至 0.4kV，供各分系统用电。（＝T1、＝T2）为变电装置，（＝WL1、＝WL2）为 0.4kV 汇流排，（＝WB1、＝WB2）为配电装置。主要功能是变电与

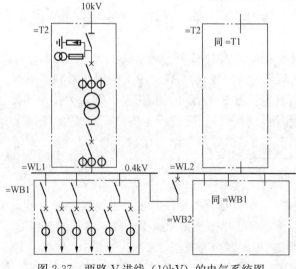

图 2-37　两路 V 进线（10kV）的电气系统图

配电。

在变电装置中，目前广泛采用三相干式变压器，高压侧电压为10kV，低压侧电压为0.4kV/0.23kV；10kV电源经隔离开关、断路器引至变压器；高压侧有一组电压互感器，用于电压的测量，高压熔断器是电压互感器的短路保护，避雷器是变压器高压侧的防雷保护，一组电流互感器用于电流的测量。

变压器低压侧有一组三相电流互感器，用于三相负荷电流的测量，通过低压隔离开关和断路器与低压母线相连，两组母线之间用一断路器作为联络开关，在变压器发生故障时，能自动切换。

低压配电装置中用低压刀开关为隔离作用，具有明显的断开点，空气断路器可带负荷分、合电路，并在短路或过载时起保护作用。电流互感器用于每一分路的电流测量。

3. 380V/220V 供电系统图

一般建筑如：住宅、学校、商店等，只有配电装置，低压380V/220V进线，其供电系统图如图2-38所示。低压电源经空气断路器或隔离刀开关送至低压母线，用户配电由空气断路器作为带负荷分合电路和供电线路的短路及过载保护，电能表装在每用户进户点。

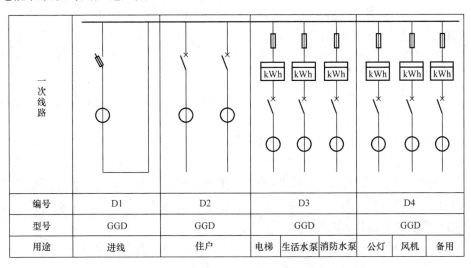

图 2-38　低压配电系统图

技能 38　熟悉变配电站设备布置原则

1. 概述

变配电站平面图，是将一次回路的主要设备，如电力输送线路、高压避雷器、进线开关、开关柜、低压配电柜、低压配出线路、二次回路控制屏以及继电器屏等，进行合理详细的平面位置（包括安装尺寸）布置的图纸，一般是基于电气设备的实际尺寸按一定比例绘制的。

变配电站分为露天变电站、室内变电站以及组合式变电站三种。

露天变电站主要适用于66kV以上等级的变电系统，一次回路的设备主变压器、高压配电装置安装在室外，只将二次回路的设备控制屏、继电保护屏安装在室内。

对于大多数有条件的建筑物，应将变配电站设置在室内，这样可以有效地消除事故隐患，提高供电系统的可靠性。室内变配电站主要包括高压配电室、变压器室、低压配电室、电容器室（在有高压无功补偿要求时）、值班室及控制室等。在总体布置上，变配电站按结构形式可以分为独立式、附设式、露天式、室内式、地下式、杆上式和高台式变电站。无论采用任何布置方式的变配电站，电气设备的布置与尺寸位置都要考虑安全与维护方便，还应满足电气设备对通风防火的要求。

2. 原则

（1）室内布置应合理紧凑，便于值班人员运行、维护和检修，配电装置的位置应保证具有所要求的最小允许通道宽度。有人值班的变配电所，一般应设单独的值班室，值班室应尽量靠近高低压配电室，且有门直通。如值班室靠近高压配电室有困难时，则值班室可经走廊与高压配电室相通。值班室亦可与低压配电室合并，但在放置值班工作桌的一面或一端时，低压配电装置到墙的距离不应小于3m。条件许可时，可单设工具材料室或维修室。昼夜值班的变配电站，宜设休息室。

（2）应尽量利用自然采光和通风，电力变压器室和电容器室应避免西晒，控制室和值班室应尽量朝南。

（3）应合理布置变电站内各室的相对位置，高压配电室与高压电容器室、低压配电室与电力变压器室应相互邻近，且便于进出线，控制室、值班室及辅助房间的位置应便于值班人员的工作管理。

（4）应保证运行安全。值班室内不得有高压设备。值班室的门应朝外开。高低压配电室和电容器室的门应朝值班室开或朝外开。油量为100kg及以上的变压器应装设在单独的变压器室内，变压器室的大门应朝马路开；在炎热地区，应避免朝西开门。高压电容器组一般应装设在单独的房间内，但数量较少时，可装在高压配电室内。低压电容器组可装设在低压配电室内，但数量较多时，宜装设在单独的房间内。所有带电部分离墙和离地的尺寸以及各室维护操作通道的宽度，均应符合有关规程的要求，以确保运行安全。变电站内配电装置的设置应符合人身安全和防火要求，对于电气设备载流部分应采用金属网或金属板隔离出一定的安全距离。

（5）室内布置应经济合理，电气设备用量少、节省有色金属和电气绝缘材料，节约土地和建筑费用，工程造价低。另外还应考虑以后发展和扩建的可能。高低压配电室内均应留有适当数量开关拒（屏）的备用位置。

技能 39　熟悉变配电站设备布置要求

1. 高压配电室

（1）高压开关柜宜装设在单独的高压配电室内。当高压开关柜和低压配电屏为单列布置时，两者的净距不应小于 2m。

（2）布置高压开关柜位置时，避免各高压出线互相交叉。对于经常需要操作、维护、监视或故障机会较多的回路的高压开关柜、最好布置在靠近值班桌的位置。

（3）高压配电室的长度由高压开关柜的台数和宽度而定。台数较少时一般采用单列布置，台数较多时可采用双列布置。

（4）高压配电室的宽度由高压开关柜的深度加操作通道和维护通道的宽度而定。

（5）高压开关柜靠墙安装时，柜后距墙净距不小于 25mm（一般为 50mm）。两头端柜与侧墙净距不小于 0.2m。

（6）架空进、出线时，进出线套管至室外地面距离不低于 4m，进、出线悬挂点对地距离一般不低于 4.5m。高压配电室的高度应根据室内外地面高差及满足上述距离而定。对固定式高压开关柜净空高度一般为 4.2～4.5m，手车式开关柜净高可以减低至 3.5m。

（7）高压配电室内应留有适当数量开关柜的备用位置。备用位置一般预留在配电装置的一端或两端。

（8）室内电力电缆沟底应有坡度和集水坑，以便排水，沟盖宜采用花纹钢板，相邻开关柜下面的检修坑之间应用砖墙隔开，电缆沟深一般为 1m。

（9）高压配电室内，不应有与配电装置无关的管道通过。

（10）长度大于 8m 的配电装置室，应有两个出口，并宜布置在配电装置室的两端。长度大于 60m 时，宜增添一个出口；当配电装置室有楼层时，一个出口可设在通往屋外楼梯的平台处。

（11）配电装置室一般设不能开启的采光窗，如设可开启的采光窗时，应采取防止雨、雪、小动物、风砂及污秽尘埃进入的措施。

（12）高压配电室的耐火等级不应低于二级。

2. 低压配电室

(1) 成排布置的配电屏，长度大于 6m 时，屏后通道应有两个出口，两个出口间距不宜大于 15m，当超过 15m 时，其间还应增加出口。

(2) 低压配电室的长度由低压配电屏的宽度和台数而定，双面维护时边屏一端距离 0.8m，另一端要考虑人行通道的宽度。低压配电室的宽度由低压配电屏的深度、维护及操作通道宽度和布置形式而定。并考虑预留适当数量配电屏的位置。

(3) 低压配电室兼作值班室时，配电屏的正面距离不宜小于 3m。

(4) 低压配电室应尽量靠近负荷中心。并尽量设在导电灰尘少，腐蚀介质少、干燥、无振动或振动轻微的地方。

(5) 低压配电屏的布置应考虑出线方便，尤其当有架空出线时，应避免架空出线的交叉。

(6) 当低压静电电容器屏与低压配电屏并列安装时，其位置最好安装于低压配电屏的一端或两端。

(7) 低压配电屏下或屏后的电缆沟深度一般为 600mm。当有户外电缆出线时，要注意电缆出口处的电缆沟深度要与室外电缆沟深度相衔接。并采取防水措施。

(8) 低压配电室内不应通过与配电装置无关的管道。室内如采暖，则暖气管道上不应有阀门和中间接头，管道与散热器的连接应采用焊接。

(9) 低压配电室的高度应和变压器室综合考虑，一般可参考下列尺寸：①与地坪抬高变压器室相邻时，高度为 4～4.5m；②与地坪不抬高变压器室相邻时，高度为 3.5～4m；③低压配电室为电缆进线时，高度可降至 3m。

(10) 当低压配电室长度为 8m 以上时，应设两个出口，并应尽量布置在两端。当低压配电室只设一个出口时，此出口不应通向高压配电室。当楼上、楼下均为配电室时，位于楼上的配电室至少设一个通向走廊或楼梯间的出口。门应向外开，并装有弹簧锁。相邻配电室之间如有门时，则应能向两个方向开启。搬运设备的门宽最少为 1m。

(11) 低压配电室可设能开启的采光窗。但应有防止雨、雪和小动物进入屋内的措施。窗户下边距离室外地面的高度 1m 以上。

(12) 配电室内电缆沟盖板，一般采用花纹钢板盖板或钢筋混凝土盖板。

(13) 有人值班的低压配电室的休息间，宜设有上、下水设施，在南方地区应设有纱窗。

(14) 低压配电室的耐火等级不应低于三级。

3. 变压器室

（1）宽面推进的变压器，低压侧宜向外；窄面推进的变压器，储油柜宜向外，便于油表泊位的观察。

（2）变压器室内可安装与变压器有关的负荷开关、隔离开关、熔断器和避雷器。在考虑变压器室的布置及高低压进出线位置时，应尽量使其操动机构安装于近门处。

（3）每台油量为 100kg 及以上的变压器应安装在单独的变压器室内。

（4）下列场所的变压器室，应设置能容纳 100% 油量的挡油设施或设置。这些挡油设施或设置能将油排到安全处所。

1）位于容易沉积可燃粉尘、可燃纤维的场所。

2）附近有易燃物大量堆积的露天场所。

3）变压器下面有地下室。

（5）若油浸式变压器位于建筑物的两层或更高层时，应设置能将油排到安全处所的设施。在高层民用主体建筑中，设置在底层的变压器不宜选用油浸变压器，设置在其他层的变压器严禁用油浸变压器。

4. 电容器室

（1）高压电容器组一般装设在电容器室内。当容量较小时可装设在高压配电室内。但与高压配电装置的距离应不小于 1.5m。如采用有防火及防爆措施的电容器也可与高压配电装置并列。低压电容器组一般装设在低压配电室内或车间内。当电容器容量较大时，宜装设在电容器室内。

（2）高压电容器室应有良好的自然通风。如自然通风不能保证室内温度小于 40℃ 时，应增设机械通风装置。为利于通风，高压电容器室地坪一般抬高 0.8m。

（3）进、出风处应设有网孔不大于 10mm×10mm 的钢丝网，以防小动物进入室内。

（4）自行设计安装室内装配式高压电容器组时，电容器可分层安装，一般不超过三层，层间不应加隔板，层间距离不应小于 1m，下层电容器的底部高出地面 0.2m 以上，上层电容器的底部距离地面不宜大于 2.5m。对低压电容器只需满足上、下层电容器底部距地的规定，对层数没有要求。

（5）电容器外壳之间（宽面）的净距不宜小于 0.1m。

（6）电容器室尽可能避免朝西。

（7）电容器室（指室内装设可燃性介质电容器）与高低压配电室相毗连时，中间应有防火隔墙隔开，如分开时，电容器室与建筑物的防火净距不应小于 10m。高压电容器室建筑物的耐火等级不应低于二级。低压电容器室的耐火等级不应低于三级。

（8）室内长度超过 8m 应开两个门，并布置在两端。门应向外开启。

5. 常用 6～10kV 室内变电站

表 2-16 是 6～10kV 室内变电站高压配电室、低压配电室、变压器室的基本的布置形式。

表 2-16　　　　　　　　　常用 6～10kV 室内变电站的布置形式

类　型		有值班室	无值班室
独立式	一台变压器	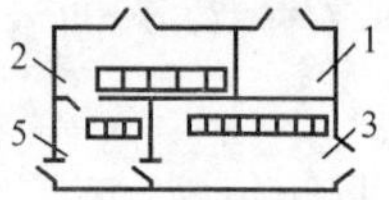	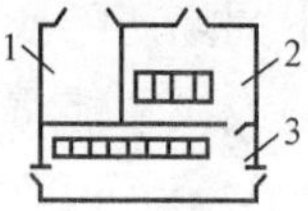
		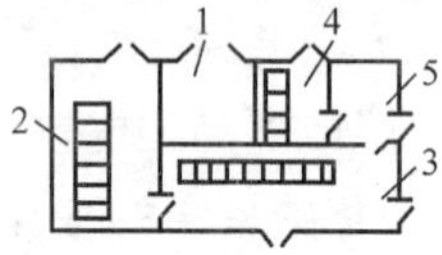	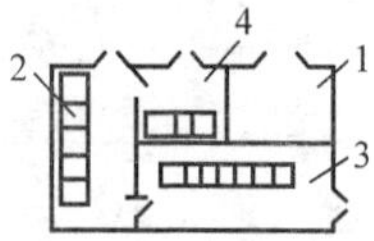
	两台变压器	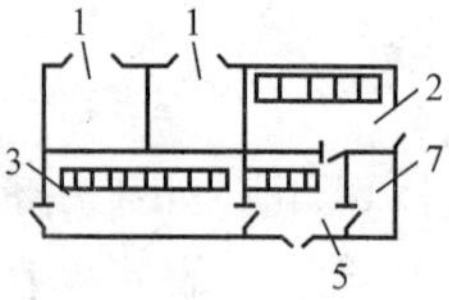	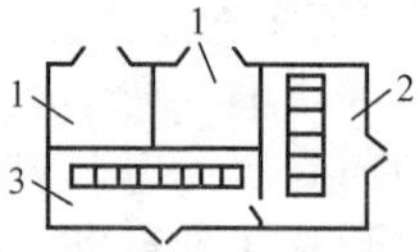
		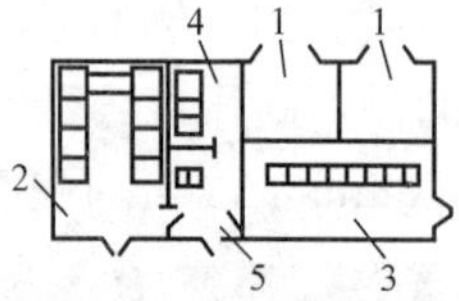	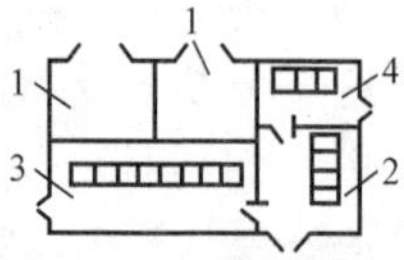
	高压配电站	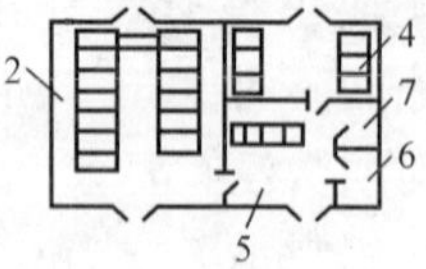	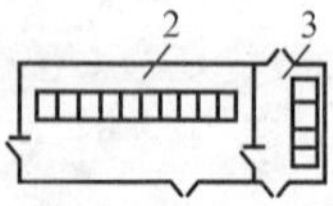
		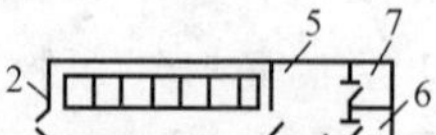	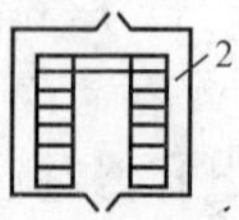

类　型		有值班室	无值班室
附设式	内附式	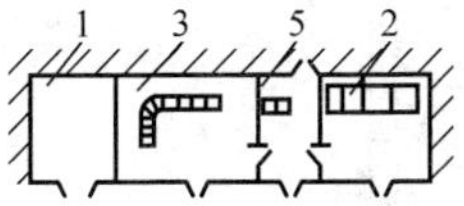	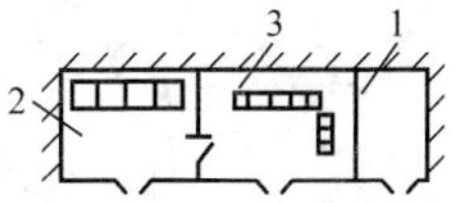
		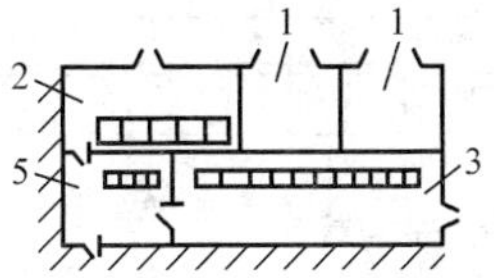	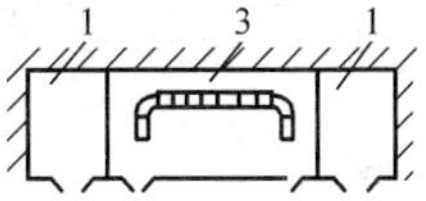
	外附式	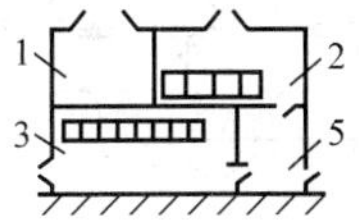	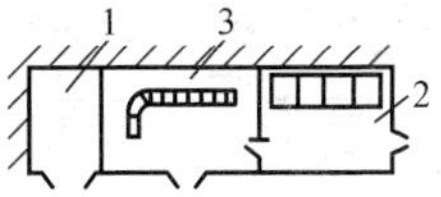
		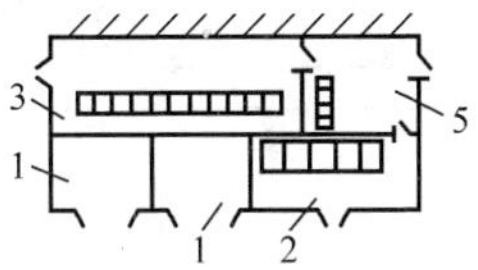	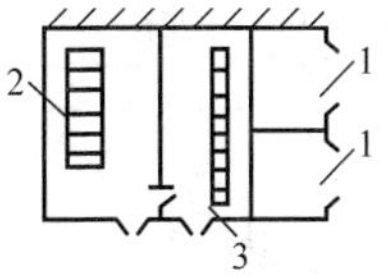
	外附露天式	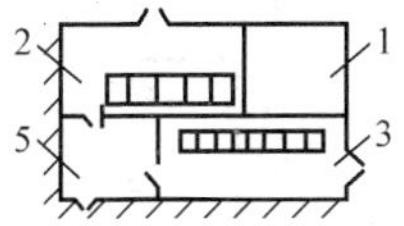	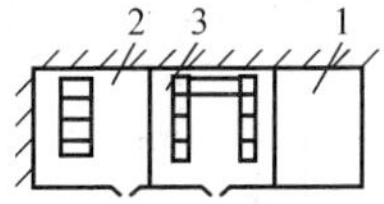
		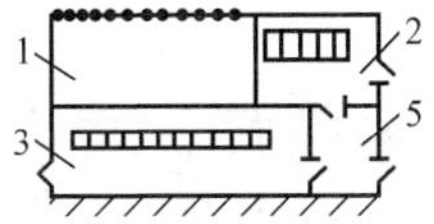	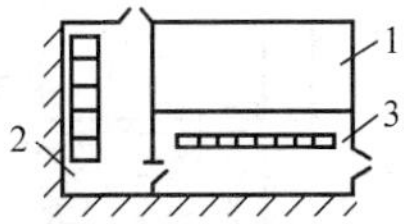

　注　1—变压器室；2—高压配电室；3—低压配电室；4—电容器室；5—值班室；6—辅助间；
　　　7—厕所

技能 40　熟悉变配电站设备布置识读

如图 2-39 所示为某一建筑的变配电室的电气平面图，变配电室内高压、变压器、低压共用一室，但进行区域划分。有两台三相干式变压器，每台变压器容量为 1000kVA。高压进线为两路 10kV，用 YJV22-10kV-3×240 电缆引入到高

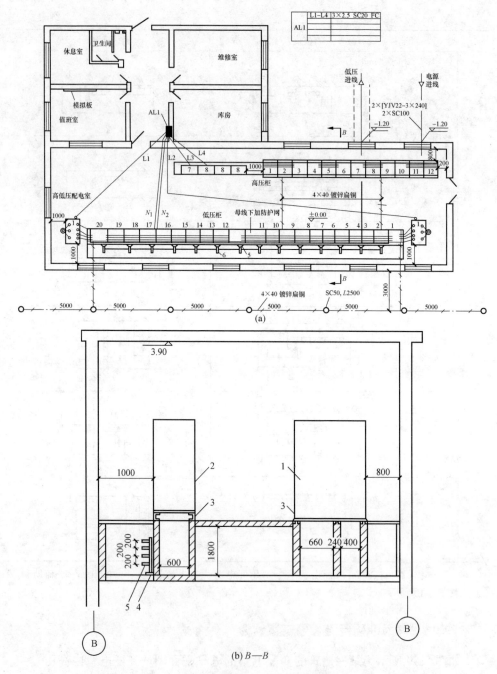

图 2-39　配电室电气平面图

1—高压柜；2—低压配电柜；3—槽钢；4—立柱；5—托臂

压进线柜1、5，进线柜为手车式，内装隔离开关；高压2、11号柜是互感器柜，内装电压互感器和避雷器；3、10是主进线柜，装有真空断路器；4、9是计量柜，内装电压互感器和电流互感器，作为高压计量用；5、8是高压出线柜，装有真空断路器、电流互感器和放电开关等，如图2-40所示。输出到变压器的高压电缆为YJV22-10kV-3×240。高压6、7号柜是高压母线联络柜。高压柜左侧还有四面直流控制屏，其作用是：提供二次控制用的直流电源、变配电的继电保护及中央信号功能。

低压配电系统共有20个低压柜，1、20号柜为低压总开关柜，采用抽屉式低压柜，变压器低压侧道用低压紧密式母线槽，容量为1500A。低压供电为三相五线制（TN-S系统）。低压进线柜装有空气断路器和电流互感器，用于分合电路、计量和继电保护，如图2-41所示。9、10、12号和13号低压柜为静电电容器柜，用于供电系统功率因数补偿。柜内装有空气断路器和交流接触器、电流互感器等。低压输出配电柜有13台，采用抽屉式，用于照明、动力供电。11号柜为联络柜，当A段系统或B段系统发生故障时，通过联络柜自动切换。

技能41　掌握二次接线原理图的识读

1. 类型

二次电路图是用来反映变配电系统中二次设备的继电保护、电气测量、信号报警、控制及操作等系统工作原理的图样。二次电路图的绘制方法，通常有集中表示法和展开表示法。

（1）集中表示法绘制的原理图中，仪表、继电器、开关等电器在图中以整体绘出，各个回路（电流回路、电压回路、信号回路等）都综合地绘制在一起，使看图者对整个装置的构成有一个明确的整体概念。

（2）展开表示法是将整套装置中的各个环节（电压环节、电流环节、保护环节、信号环节等）分开表示，独立绘制，而仪表、继电器等的触点、线圈分别画在各个所属的环节中，同时在每个环节旁标注功能、特征和作用等，便于分析电气原理图。

2. 形式及特点

（1）集中式原理图（整体式）。该原理图中电器的各个元件都是集中绘制的，如图2-42所示为10kV线路的定时限过电流保护集中式原理图。

集中式原理图的特点如下。

1）集中式二次原理图是以器件、元件为中心绘制的图，图中器件、元件都以集中的形式表示，如图中的线圈与触点绘制在一起。设备和元件之间的连接关系比较形象直观，使看图者对二次系统有一个明确的整体概念。

型号		1	2	3	4	5	6	7	8	9	10	11	12
柜型号（手车柜）		12 改	19 改	07	JL	02	07	12	02	JL	07	19 改	12 改
母线	TMY-3(80×8)												
一次线路方案		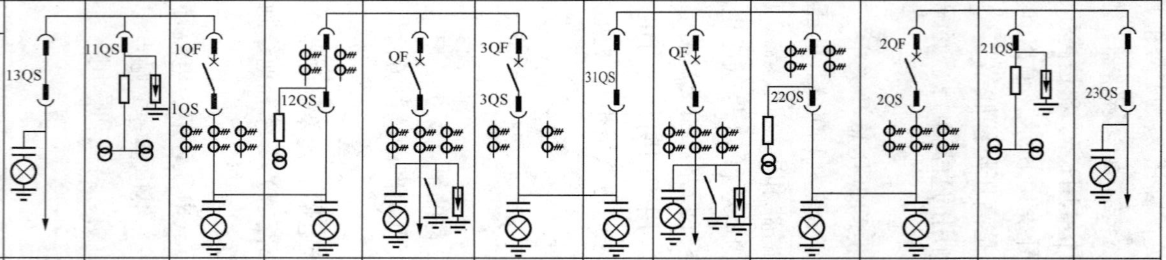13QS 11QS 1QF 1QS 12QS QF 3QF 3QS 31QS QF 22QS 2QF 2QS 21QS 23QS											
	真空断路器 ZN28-10/1250-31.5			1		1	1		1		1		
主要电气设备	断路器电磁操作机构自带												
	高压熔断器 XRNP-12kV-1A		3		3					3		3	
	避雷器 Y5W2-12.7/45		3			3			3			3	
	电压互感器 JDZ-10		2		1					1		2	
	电流互感器 LZZJB9-10			3×(150/5)	2×(150/5)	3×(75/5)	2×(75/5)		3×(75/5)	2×(150/5)	3×(150/5)		
	电流表 63L2-A			3	3	3	3		3	3	3		
	电压表 63L2-V		1		1					1		1	
	电压表接相开关 LW2-5.5F4-X		1		1					1		1	
	接地开关 JN1-101					1			1				
	带电显示器 CSNJ-10/T	1		1	1	1	1	1	1	1	1		1
	操作机构 CD17			1		1	1		1		1		
电缆信号规格													
二次线路图号													
配电柜用盒		进线隔离	互感器	主进线	计量	变压器	母线分断	分断隔离	变压器	计量	主进线	互感器	进线隔离
备注													

图 2-40　高压系统图

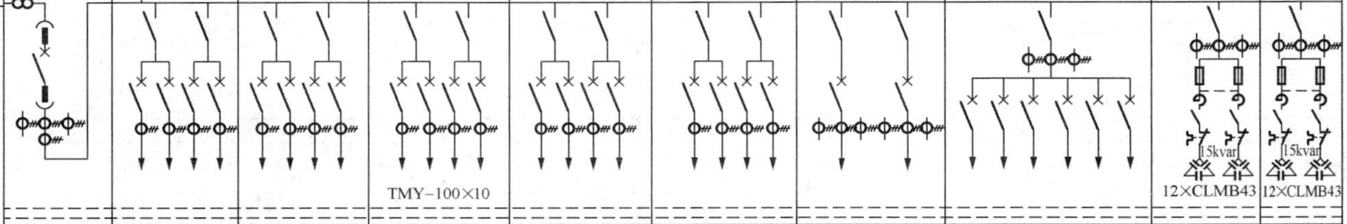

1000kVA
TMY−100×10
15kvar
15kvar
12×CLMB43
12×CLMB43

柜编号	1	2				3				4				5				6				7		8						9	10
柜型号 GBD−1	03B	40				40				40				40				40				42		41						90	91
母线 TNY−3×[120×10]	ⓋⒶⒶⒶ 1000kVA	ⒶⒶⒶⒶ				ⒶⒶⒶⒶ				ⒶⒶⒶⒶ				ⒶⒶⒶⒶ				ⒶⒶⒶⒶ				ⒶⒶⒶⒶⒶ		ⒶⒶⒶ						⊘ⒶⒶⒶ kvar·h	ⒶⒶⒶ
一次线路方案																															
分路编号 N		1	2	3	4	5	6	7	8	9	10	11	12	13	14	15	16	17	18	19	20	21	22	23	24	25	26	27	28		
柜宽 /mm	1000	800				800				800				800				800				800		800						1000	1000
刀开关 QA−1000				2			2					2			2							1									
刀开关 QA−630																				2			1								
刀开关 QA−400																										1				1	1
刀开关 QA−200																															
低压断路器 M20	1600A																														
低压断路器 ME1000		630A	500A	630A	500A																	800A									
低压断路器 GM−630							500A		500A														500A								
低压断路器 GM−400						400A		400A		400A	300A	400A	300A	400A			400A	300A	300A												
低压断路器 GM−225															180A	180A				180A	180A										
低压断路器 GM−100																								100A	100A						
交流接触器 CJ40																															
电流互感器 LMZJ,JMZ,−0.5	2000/5	600/5	500/5	600/5	500/5	400/5	500/5	400/5	500/5	400/5	300/5	400/5	300/5	400/5	200/5	200/5	400/5	300/5	300/5	200/5	200/5	800/5	500/5			300/5				400/5	400/5
电流表 62−A	3	1	1	1	1	1	1	1	1	1	1	1	1	1	1	1	1	1	1	1	1	3	3			3				3	3
电压表62−V,0~450V	1																														
信号灯AD11−30/220V																								1	1	1	1	1	1		
设备容量 P_s/kW	2036																														
计算容量 P_{js}	820kW																													180kvar	180kvar
缆线型号规格																															
用电处所	进线																													电容器	电容器

图 2-41　低压系统图（一）

图 2-41 低压系统图 （二）

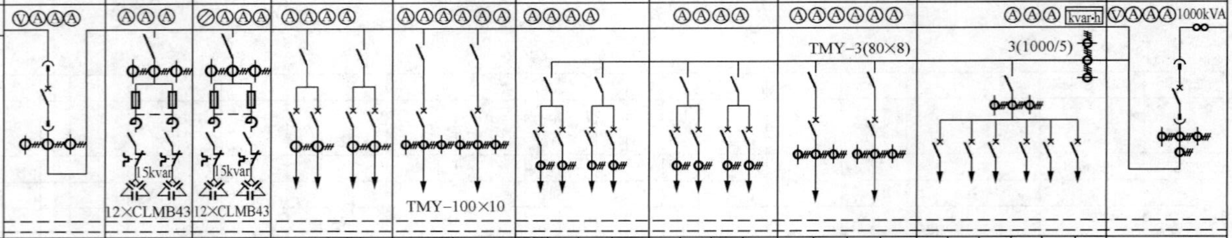

柜编号	11	12	13	14	15	16	17	18	19	20
柜型号 GBD-1	03	91	90	40	42	40	40	42	41	04
母线 TMY-3[120×10]		12×CLMB43 12×CLMB43			TMY-100×10			TMY-3(80×8)	3(1000/5)	1000kVA
一次线路方案										
分路编号 N				29 30 31 32	33 34	35 36 37 38	39 40 41 42	43 44 45 46	47 48 49 50 51 52	
柜宽/mm	1000	1000	1000	800	800	800	800	600	800	1000
刀开关 QA-100		1	1	2	2	2	2	2		
刀开关 QA-630									1	
刀开关 QA-400										
刀开关 QA-200										
低压断路器 M20	1600A									1600A
低压断路器 ME1000										
低压断路器 GM-630				630A 500A 500A	1000A 800A	400A 400A 300A 300A	500A 500A 500A 300A	800A 800A		
低压断路器 GM-400									200A 200A 140A	
低压断路器 GM-225									80A 80A 50A	
低压断路器 GM-100										
交流接触器 C140										
电流互感器 LMXJ₁,LMZ₁-0.5	2000/5	400/5	400/5	600/5 500/5 600/5 500/5	800/5	400/5 400/5 300/5 300/5	500/5 500/5 500/5 300/5	800/5	300/5	2000/5
电流表 62-A	3	3	3	1 1 1 1	3	3 3 1 1	1 1 1 1	3	3	3
电压表 62-V, 0~450V	1	1	1							1
信号灯 ADI1-30/220V	2								1 1 1 1	
设备容量 P_s/kW									2100	
计算容量 P_{js}		180kvar	180kvar						830	
缆线型号规格		180kvar	180kvar							
用电处所	母联	电容器							进线	进线

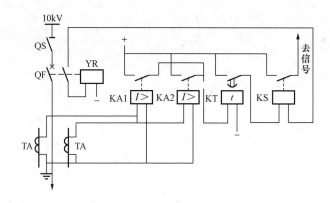

图 2-42　10kV 线路定时限过电流保护集中式原理图

2）为了更好地说明二次线路对一次线路的测量、监视和保护功能，在绘制二次线路中要将有关的一次线路、一次设备绘出，为了区别一次线路和二次线路，一般一次线路用粗实线表示，二次线路用细实线表示，使图面更加清晰、具体。

3）所有的器件和元件都用统一的图形符号表示，并标注统一的文字符号说明。所有电器的触点均以原始状态（即电器均不带电、不激励、处于不工作状态）绘出。如继电器的线圈不通电，铁芯未吸合；手动开关均断开位置，操作手柄置零位，无外力时的触点的状态。

4）为了突出表现二次系统的工作原理，图中没有给出二次元件的内部接线图，引出线的编号和接线端子的编号也可省略；控制电源只标出"＋、－"极性，没有具体表示从何引来，信号部分也只标出去信号，没有画出具体接线，简化电路，突出重点。但这种图还不具备完整的使用功能，尤其不能按这样的图去接线、查线，特别是对于复杂的二次系统，设备、元件的连接线很多，用集中式表示，对绘制和阅读都比较困难。因此，在二次原理图的绘制中，较少采用集中表示法，而是用展开法来绘制。

（2）展开式原理图。将电器的各个元件按分开式方法表示，每个元件分别绘制在所属电路中，并可按回路的作用、电压性质、高低等组成各个回路（交流回路、直流回路、跳闸回路、信号回路等）。如图 2-43 所示。

展开式原理图一般按动作顺序从上到下水平布置，并在线路旁注明功能、作用，使线路清晰，易于阅读，便于了解整套装置的动作顺序和工作原理，在一些复杂的图纸中，展开式原理图的优点更为突出。展开式原理图的特点如下所述。

1）展开式原理图是以回路为中心，同一电器的各个元件按作用分别绘制在不同的回路中。如电流继电器 KA 的线圈串联在电流回路中，其触点绘制在时间继电器回路中。

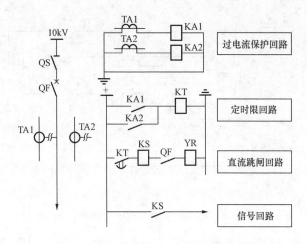

图 2-43　定时限过电流保护展开式原理图

2）同一个电器的各个元件应标注同一个文字符号，对于同一个电器的各个触点也可用数字来区分，如 KM：1、KM：2 等。

3）展开式原理图可按不同的功能、作用、电压高低等划分为各个独立回路，并在每个回路的右侧注有简单的文字说明，分别说明各个电路及主要元件的功能、作用等。

4）线路可按动作顺序，从上到下，从左到右平行排列。线路可以编号，用数字或文字符号加数字表示，变配电系统中线路有专用的数字符号表示。

3. 分析方法

（1）首先要了解本套原理图的作用，把握住图样所表现的主题。例如，定时限过电流保护原理图，这个线路的作用是过电流保护和定时限跳闸。明确这两个作用后，就可很快地理解电流继电器和时间继电器的作用和动作原理。

（2）要熟悉国家规定的图形符号和文字符号，了解这些符号所代表的具体意义。可对照这些符号查对设备明细表，弄清其名称、型号、规格、性能和特点，将图纸上抽象的图形符号转化为具体的设备，有助于对电路的理解。

（3）原理图中的各个触点都是按原始状态（线圈未通电、手柄置零位、开关未合闸、按钮未按下）绘出，但看图时不能按原始状态分析。因很难理解原理图，要选择某一状态来分析。如定时限过电流保护线路的跳闸过程的分析，一定要在工作状态，即断路器 QF 的辅助触点在闭合状态下，线路发生过电流，跳闸线圈才能通电跳闸。

（4）电器的各个元件在线路中是按动作顺序从上到下、从左到右布置的，分析时可按这一顺序进行。

（5）任何一个复杂的线路都是由若干个基本电路、基本环节组成。看图时应分成若干个环节，一个环节一个环节地分析，即化整为零看环节，最后结合各个环节的作用，综合起来分析整个电路的作用，即积零为整看电路。

技能 42　掌握二次安装接线图的识读

1. 屏面布置图

二次屏的屏面布置图是二次设备在屏上安装的依据。屏面布置图中的设备尺寸及设备间距都要按比例准确地绘出，屏面设备的排列布置一般应满足下列要求。

（1）便于观察。在运行中需经常监视的仪表，一般布置在离地面 1.8m 上下；属于同一电路的相同性质的仪表，布置时应互相靠近；信号设备的布置要显而易辨。

（2）便于操作和调整。控制开关、调节手轮、按钮的高度一般距地面 0.8～1.5m。

（3）检修试验安全、方便。

（4）设备布置要紧凑合理、协调美观。

如图 2-44 所示为 110kV 线路控制屏的屏面布置图。电流表、功率表位于最上几排，距地面高度为 1.5～2.2m。下面为光字牌、转换开关、同期开关等。再下面为模拟母线、隔离开关位置指示器、信号灯具以及控制开关等。为了便于运行管理和设计，通常将二次设备、器具和接线，划分为不同的安装单位，或称单元。通常将属于可独立运行的一个一次电路的二次设备，划分为一个安装单元。如图 2-44所示，110kV 线路的控制屏有两个安装单元。

如图 2-45 所示为继电保护屏的屏面布置图。图中，一些不需经常观察的继电器，皆布置在屏的上部，而运行中需要监视和检查的继电器，应位于屏的中部，离地面高度约为 1.5m。通常按电流继电器、电压继电器、中间继电器的顺序，由上而下依次排列。下面放置较大的继电器和信号继电器。最下面布置连接片和试验部件。

2. 端子排和屏后接线图

（1）接线端子及端子排。在各种控制、保护、信号等二次屏屏后的左、右两侧，均装设有接线端

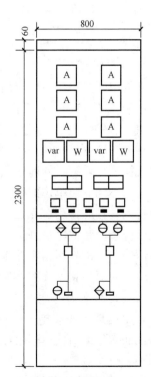

图 2-44　控制屏屏面布置图

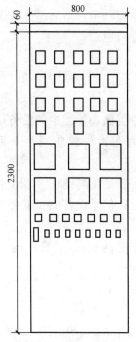

图 2-45 继电保护屏
屏面布置图

子排，它由各种形式的接线端子组合而成。是二次接线中专用来接线的配件，凡屏内设备与屏外设备及屏顶小母线接连时，必须经过端子排；同一屏内不同安装单位的设备互相连接时，也要经过端子排；而同一屏内同一安装单位的设备互相连接时，则不需经过端子排。根据结构形式和用途，接线端子可以分成下列几种类型。

1）一般端子，又称普通端子。用于同一个回路导线的直接连接，为最常用的端子。其导电片如图 2-46（a）所示。

2）连接端子。通过绝缘座上部的中间缺口，用导电片把相邻的端子连在一起，用于连接有分支的二次回路导线。其外形如图 2-46（b）所示，导电片如图 2-46（c）所示。

3）试验端子。用于运行试验时不允许断开的电流互感器回路。如图 2-46（e）所示。

4）连接型试验端子。它同时具有试验端子和连接端子的作用，和试验端子相似。所不同的是其绝缘座上部的中间有一缺口，应用在彼此连接的电流试验回路中。

5）特殊端子。用于需方便断开的二次回路中，如图 2-46（d）所示。

6）终端端子。用于固定或分离不同安装单元的端子。

如图 2-46（f）所示为端子排的表示方法。在端子排中，每个端子要按一定的规律进行排列，同时还要按排列顺序进行编号。端子排的排列应遵照的原则是：①不同安装单位的端子应分别排列，不得混杂在一起；②端子排一般采用竖向排列，且应排列在靠近本安装单位设备的那一侧；③每一个安装单位端子排的端子应按一定次序排列，以便于寻找端子。其排列次序为：交流电流回路、交流电压回路、信号回路、控制回路、其他回路。

（2）屏后接线图。屏后接线图标明了屏上设备引出端子之间的连接情况，以及设备与端子排之间的连接情况。屏后接线图是二次屏组装过程中配线的依据，也是现场安装施工、调试试验和运行时的重要参考图样。它是以展开图、屏面布置图和端子排图为依据绘制的。绘制屏后接线图的基本原则和方法如下。

1）屏后接线图是背视图，看图者的位置应在屏后，所以左右方向正好与屏面布置图相反。

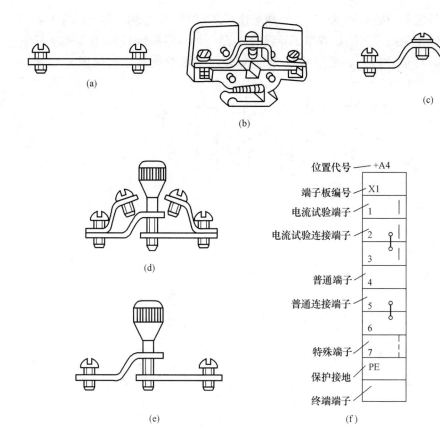

图 2-46　接线端子形式及端子排表示方法

（a）端子导电片；（b）连接端子；（c）连接端子导电片；（d）特殊端子；（e）试验端子；（f）端子排

2）屏上各设备的实际尺寸已由平面布置图决定，所以画屏后接线图时，设备外形可采用简化外形，如方形、圆形、矩形等表示，必要时也可采用规定的图形符号表示。图形不要按比例绘制，但要保证设备间的相对位置正确。各设备的引出端子应注明编号，并按实际排列顺序画出。设备内部接线一般不必画出，或只画出有关的线圈和触点。从屏后看不见的设备轮廓，其边框应用虚线表示。

3）设备与设备、设备与端子排等之间，连接导线的表示方法有两种。一种是连续线表示法：表示两端子之间导线的线条是连续的，如图 2-47（a）所示。这种表示法线条较多，只适用于较简单接线的情况。另一种是中断线表示法：表示两端子之间导线的线条是中断的，在中断处采用"相对编号法"。如甲乙两端子相连，则在甲处标乙，在乙处标甲，如图 2-47（b）所示。由图可见，端子排

X2 的 11 号端子与继电器 K5 的 2 号端子连接；X2 的 12 号端子与 K5 的 8 号端子连接等。中断线表示法，省略了导线的线条，使接线图清晰，故在工程实际中应用广泛。对于导线组、二次电缆及线束等，可用单线表示，如图 2-47 (c) 所示。

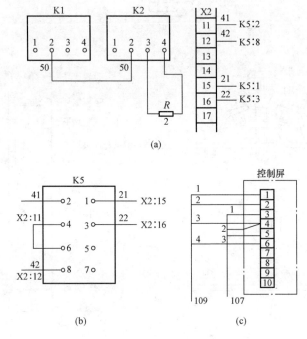

图 2-47　连接导线的表示方法

(a) 连接导线的连续表示法；(b) 连接导线的中断线表示法；

(c) 导线组和电缆的表示法

4）屏上设备间的连接线，应尽可能以最短线连接，不应迂回曲折。

如图 2-48 所示，10kV 线路定时限过电流保护的原理图和继电保护屏屏后接线图。

如图 2-48 (b) 所示为 10kV 线路定时过电流保护的展开图，如图 2-48 (c) 所示为依据该展开图绘制的安装接线图，它包括屏侧端子接线、屏体背面的设备安装接线和屏顶设备的接线。对照展开图和屏后接线图可以看到，屏上有熔断器 FU1、FU2，继电器 KA1、KA2、KT、KS 和连接片 XB 共 7 个项目。设备项目代号分别用简化编号法编为 1、2、3、4、5、6、7。屏顶部分有控制回路小母线＋、－，信号回路辅助小母线＋703，"信号未复归"光字牌小母线 M716 四条母线，和控制回路熔断器 FU、FU2。屏左侧装有 15 个端子组成的端子排 X1。

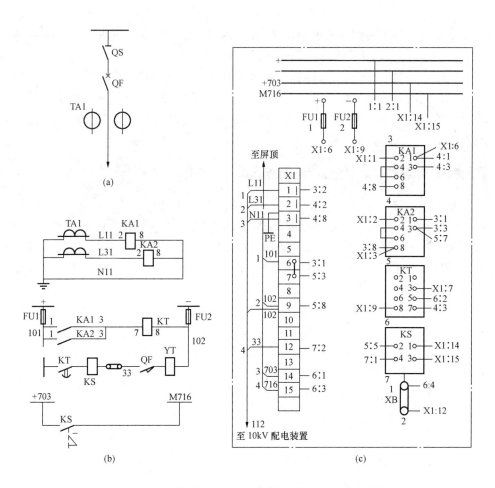

图 2-48　10kV 线路定时限过电流保护原理图及屏后接线图
（a）一次系统示意图；（b）展开式原理接线图；（c）屏后接线图

　　交流电流回路有一组电流互感器 TA1，TA1 接成不完全星形，通过 112 号控制电缆的三根芯线 1、2、3 号连接到端子排的 1、2、3 试验端子上。然后通过编号为 L11、L31、N11 的导线分别接到 3：2、4：2、4：8 设备端钮上。其中 3：2 表示连接到屏上项目代号为 3 的端钮 2，余者类推。

　　控制电源从屏顶直流控制小母线"＋"、"－"，经熔断器 FU1、FU2 分别引到端子排 X1 的 6、9 端子，其导线编号为 101、102。X1 端子排的 6 号端子与屏内项目代号 3 的端钮 1 连接，在屏上通过项目 3 的端钮 1 和项目代号 4 的端钮 1 相接，并标出相对标记。从原理图上可见，KA1 和 KA2 的触点并联后再和 KT 连接，所以在屏后接线图上，项目 3 和 4 的端钮 3 并联，然后由项目 4 的端钮 3 旁标出 5：7，即与项目 5 的端钮 7 相连，并通过项目 5 的 8 号端钮接通了"－"

控制小母线。从屏顶信号辅助小母线＋703 和光字牌中间辅助小母线 M716 到端子排 X1 的 14、15 端子和项目 6 端钮 1、3 连接。

如图 2-48 (c) 所示，采用相对编号法画出的导线连接，由编写的标号可以清楚地找到所需连接的接线端子。在屏上实际安装配线时，远端编号的数字写于特制的胶木套箍或塑料套上，然后套在连接导线的两端。以便于运行和检修时查对。

技能 43　掌握操作电源接线图的识读

1. 用途

变配电站的操作电源，是保证各种二次回路正常工作的基本能源。操作电源有直流电源和交流电源两大类。直流操作电源用于大、中型变配电站，通常以蓄电池组、复式整流装置或带电容器储能的硅整流装置供电。交流操作电源用于小型变配电站，以站用变压器、电流互感器及电压互感器供电。操作电源应保证供电的高度可靠性，同时要具有足够的容量，以保证正常运行及故障状态下的供电。

2. 类型

(1) 带镉镍电池的硅整流直流系统。变配电站常用的镉镍电池直流系统，一般由镉镍电池组、硅整流设备和直流配电设备组成，其接线如图 2-49 (a) 所示。该装置带有一组镉镍电池和两套硅整流装置。

镉镍电池组接线如图 2-49 (b) 所示。运行时开关 S 投入，如无联锁接线时，X1、X2 端子短接，电压继电器线圈 KV 接在硅整流器Ⅱ与二极管 VD1 之间。正常

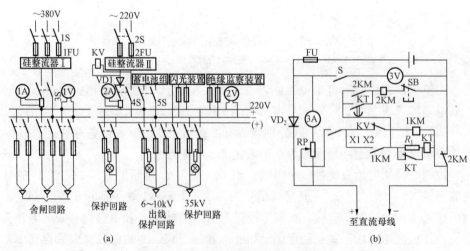

图 2-49　带镉镍电池的硅整流直流系统

(a) 带镉镍电池的硅整流直流系统；(b) 镉镍电池组接线

情况下，硅整流器Ⅱ有直流电压输出，2KM 动断触点闭合，电池组接入直流母线以浮充方式工作。当硅整流器Ⅱ失去直流电压时，KV 动断触点闭合，中间继电器 1KM 动作，并接通时间继电器 KT，在一定延时后使直流接触器 2KM 动作，其动断触点断开蓄电池组，以防止过度放电。回路中电压表 3V 指示电池组端电压，电流表 3A 指示浮充电流。通过调节 RP 电阻可改变浮充电流，以保证电池组端电压不超过允许值。

带镉镍电池的硅整流直流系统，供电可靠性高，但投资相对较大，一般用于重要的用户变配电站。

（2）带电容储能装置的硅整流直流系统。该直流系统在正常运行时，直流电源由硅整流器供给，当系统故障，即交流电源电压降低或消失时，由电容储能装置放电使保护装置跳闸。这种系统的优点是投资省、运行维护方便。缺点是可靠性不如蓄电池。带有单台硅整流装置的电容储能直流系统接线如图 2-50 所示。对于单电源的不重要变配电站，一般用这种直流系统，其合闸母线与控制母线分开。由于在整流装置内，合闸母线前装有快速熔断器 RD，合闸回路发生故障不会影响控制、保护回路工作，提高了保护、控制母线的可靠性。对于较重要的变配电站，可以采用具有两组硅整流装置的带电容储能的直流系统，具体情况可参见有关资料，此处从略。

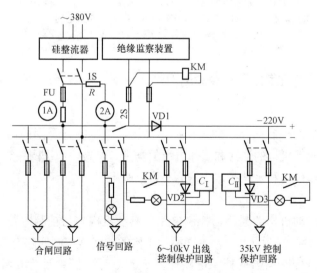

图 2-50　带电容储能的硅整流直流系统

（3）交流操作电源。交流操作的断路器应采用交流操作电源，同一变配电站内所有保护继电器、控制设备、信号装置及其他二次元件均应采用交流形式。这种操作电源可分电流源和电压源两种。电流源取自电流互感器，主要供电给继电保护和跳闸回路。电压源取自变配电站的所用变压器或电压互感器，通常前者作为正常工作电源，后者因其容量小，只作为保护油浸式变压器内部故障的瓦斯保护的交流操作电源。根据高压断路器跳闸线圈的供电方式，可分直接动作式如图 2-51（a）所示、中间电流互感器动作式如图 2-51（b）所示和去分流跳闸式如图 2-51（c）所示。采用交流操作电源可使二次回路简化，投资减小，且工作可靠性高、维护方便。但交流操作电源不适于比较复杂的二次回路。

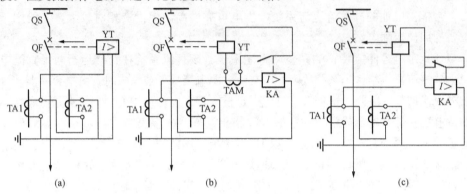

图 2-51　交流操作的过电流保护原理接线图

（a）直接动作式；（b）中间电流互感器动作式；（c）去分流跳闸式

QF—断路器；TA1、TA2—电流互感器；KA—电流继电器（GL 型）；

YT—断路器跳闸线圈；TAM—中间电流互感器

1. 概述

高压断路器的控制回路，即操作控制高压断路跳闸与合闸的回路。它的构成决定于断路器操动机构的形式和操作电源的类别。电磁操作机构只能采用直流操作电源，弹簧操作机构和手动操作机构为交直流两用。

2. 类型

（1）电磁操动机构的断路器控制电路。操动机构中与控制电路相连的是合闸线圈（YC）和跳闸线圈（YT）。不同操动机构的断路器控制回路有着很大的区别。采用电磁操动机构断路器的控制电路如图 2-52 所示。图中±为直流电源小母线、M100（＋）是闪光小母线，当 M100（＋）通过某一中间回路与电源的负极接通时，会出现电位高低交替变化；M708 为事故音响小母线，当 M708 通过某一中间回路接到电源的负极时，会启动事故信号装置，发出事故音响信号；－700 为信号电源小母线；FU1～FU4 为熔断器，R 为附加电阻；KM 为合闸接触器；YC、YT

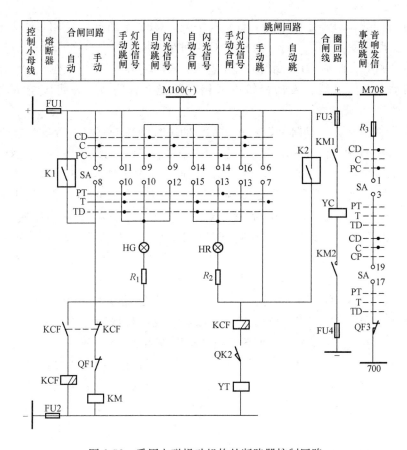

控制小母线	熔断器	合闸回路		灯光信号手动跳闸	自动跳闸	闪光信号	闪光信号自动合闸	灯光信号手动合闸	跳闸回路		合闸回路	圈线	事故跳闸	音响发信
		自动	手动						手动跳	自动跳				

图 2-52 采用电磁操动机构的断路器控制回路

为合、跳闸线圈；K1、K2 分别为自动装置和继电保护装置的相应触点；SA 采用 LW2-2-1a、4、6a、40、20、20/F8 型的控制开关；QF 为断路器的辅助触点。回路工作过程如下。

1）合闸操作。手动合闸前，断路器处于跳闸位置，QF1、QF3 闭合、QF2 断开、SA 处于"跳闸后"位置，SA11-10 通，绿灯 GN 发平光。将 SA 操作手柄顺时针方向扭 90°到"预备合闸"位置，此时 CN 经 SA9-10 接至闪光小母线 M100（＋）上，GN 闪光，说明合闸回路完好；将 SA 手柄顺时针方向扭 45°到"合闸"位置，SA5-8 接通，合闸接触器 KM 加上全电压励磁动作，KM1、KM2 闭合，使 YC 励磁动作，操动机构使断路器合闸，同时 QF1 断开，CN 熄灭、QF2 闭合，此时 SA16-13 通，红灯 RD 发平光；运行人员见 RD 发平光后，松开 SA 手柄，SA 回到"合闸后"位置，此时 RD 仍发平光。

自动合闸前，断路器是断开的，SA 处于"跳闸后"状态，其触点 11-10，

14-15 通，此时 QF1 是闭合的，GN 发平光，QF2 是断开的，RD 不发光。当自动装置动作使 K1 闭合时，短接了 GN 回路，KM 加上全电压励磁动作，使断路器合闸。合闸后 QF1 断开，CN 熄灭，QF2 闭合，RD 闪光，同时自动装置将启动中央信号装置发出警铃声和相应的光字牌信号，表明该断路器自动投入。

2）跳闸操作。手动跳闸时，将 SA 手柄由合闸后的垂直位置反时针方向扭 90°到"预备跳闸"位置，SA13-14 通，RD 闪光，核对无误。将 SA 手柄反时针方向扭 45°到"跳闸"位置，SA6-7、10-11 通，全电压加到 YT 上使 YT 励磁动作，操动机构使断路器跳闸，QF2 断开，RD 熄灭，QF1 闭合，GN 发平光；运行人员见 CN 发平光后，松开 SA 手柄到"跳闸后"位置，CN 仍发平光。

自动跳闸前，断路器处于合闸位置，SA 处于"合闸后"状态，其触点 9-10、13-16、1-3 通，由于 QF2 是闭合的，RD 发平光，QFI、QF3 是断开的，没有绿灯和音响信号发出。当一次回路发生故障相应继电保护动作后，K2 闭合，短接了 RD 回路，使 YT 加上电压励磁动作，断路器跳闸，QF2 断开，RD 熄灭，QF1 闭合，GN 闪光，QF3 闭合，接通事故信号启动回路，由中央事故信号装置发出事故音响信号，表明该断路器已事故跳闸。

3）防止跳跃。所谓断路器的跳跃现象是指断路器在短时间内发生多次合、分的现象。特别是断路器合闸到永久性故障线路上时，SA 的触点 5-8 接通，使断路器合闸。合闸瞬间，故障反应于继电保护装置，K2 闭合使断路器跳闸；此时运行人员仍将手柄维持在"合闸"位置，SA5-8 使断路器立即又合上，接着继电保护装置又使断路器跳闸，如此循环，形成了断路器的跳跃现象，一直到 SA 手柄弹回，SA5-8 触点断开为止。断路器的跳跃是不允许的，因为：①短时间内多次投、切故障电流，断路器灭弧室不能熄弧而有可能产生爆炸；②多次分、合闸的冲击，可能损坏断路器；③多次连续短路电流的冲击，使电网的工作受到严重的影响。为此，一般必须装设必要的防跳设施。

断路器的防止跳跃，要求每次合闸操作时，只允许一次合闸，跳闸后只要手柄在"合闸"位置（或自动装置的触点 K1 在闭合状态），则应对合闸操作回路进行闭锁，保证不再进行第二次合闸。防跳可采用机械和电气的闭锁措施，图 2-52 是装有跳跃闭锁继电器进行防跳的控制电路。防跳继电器 KCF 具有两个线圈：电流启动线圈和电压保持线圈。当手动合闸于故障线路上时，短路使继电保护出口中间继电器触点 K2 闭合，启动 YT 跳开断路器，同时 KCF 启动，其动断触点断开，闭锁 KM 不能再动作，动合触点闭合，只要 SA5-8 接通，KCF 电压线圈始终带电吸合，闭锁 KM，直至运行人员松手，SA5-8 断开为止。

（2）弹簧操动机构的断路器控制电路。该电路如图 2-53 所示。图中 M 为蓄能电动机，其他设备符号含义与图 2-53 相同。电路的工作原理与电磁操动机构的断路器相比，除有相同之处以外，还有以下特点。

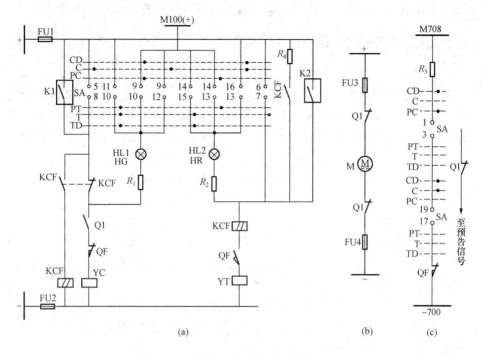

图 2-53　弹簧操动机构的断路器控制电路
(a) 控制回路；(b) 弹簧储能回路；(c) 信号启动回路

1) 在其合闸回路中串有操动机构的辅助动合触点 Q1。只有在弹簧拉紧、Q1 闭合后，才允许合闸。

2) 当弹簧未拉紧时，操动机构的两对辅助动断触点 Q1 闭合，启动蓄能电动机 M，使合闸弹簧拉紧。弹簧拉紧后，两对动断触点 Q1 断开，合闸回路中的辅助动合触点 Q1 闭合，电动机 M 停止转动。此时，进行手动合闸操作，合闸线圈 YC 带电，使断路器利用弹簧存储的能量进行合闸，合闸弹簧在释放能量后，又自动储能，为下次动作作准备。

电气防跳电路前已叙述，现讨论防跳继电器 KCF 的动合触点经电阻 R_4 与保护出口继电器触点 K2 并联的作用。断路器由继电保护动作跳闸时，其触点 K2 可能较辅助动合触点 QF 先断开，从而烧毁触点 K2。KCF 的动合触点与之并联，在保护跳闸的同时防跳继电器 KCF 动作并通过另一对动合触点自保持。这样即使保护出口继电器触点 K2 在辅助动合触点 QF 断开之前就复归了，也不会由触点 K2 切断跳闸回路电流，从而保护了 K2 触点。R_4 是一个 1～4Ω 的电阻，对跳闸口路无多大影响。当继电保护装置出口回路串有信号继电器线圈时，电阻 R_4 的阻值应大于信号继电器的内阻，以保证信号继电器可靠动作。当继电器保护装置出口回路无串接信号继电器时此电阻可以取消。

技能 45　掌握信号回路接线图的识读

1. 概述

在变配电站中，为了监视各电气设备和系统的运行状态及进行事故分析处理，经常采用信号装置。信号的类型按表示方法可分为灯光信号和音响信号；按用途可分为位置信号、事故信号和预告信号。位置信号是指示开关电器、控制电器位置状态的信号；当电气设备发生事故时，应使故障回路的断路器立即跳闸，并发出事故信号，事故信号由音响信号和灯光信号两部分组成。音响信号一般是指蜂鸣器或电喇叭发出较强的音响，引起值班人员的注意，同时断路器位置指示灯发出闪光指明事故对象；当电气设备出现不正常的运行状态时，并不使断路器立即跳闸，但要发出预告信号，帮助值班人员及时地发现故障及隐患，以便采取适当的措施加以处理，以防故障扩大。预告信号也有音响和灯光两部分构成，即由警铃发出的音响信号和标有故障性质的光字牌灯光信号。常见的预告信号有变压器过负荷、断路器跳合闸线圈断线、变压器轻瓦斯保护动作、变压器油温过高、变压器通风故障、电压互感器二次回路断线、交直流回路绝缘损坏（发生一点接地）及直流电压过高或过低等。

2. 类型

（1）事故信号装置。

1）如图 2-54 所示是中央复归不能重复动作的事故信号装置。这种信号装置适用于高压出线较少的中小型变配电站。当任一台断路器自动跳闸后，断路器的辅助触点即接通事故音响信号。在值班员听到事故信号后，按下 SB2 按钮即可解除事故音响信号，但控制屏上断路器的闪光信号却继续保留着。图中 SB1 为音响信号的试验按钮。这种信号装置不能重复动作，即第一台断路器自动跳闸后，值班员虽已解除事故音响信号，而控制屏上的闪光信号依然存在。假设这时又有一台断路器自动跳闸，事故音响信号将不会动作，因为中间继电器触点 KM3-4 已将 KM 线圈自保持，KM1-2 是断开的，所以音响信号不会重复动作。只有将第一个断路器的控制开关 SA1 的手柄旋至对应的"跳闸后"位置时，另一断路器自动跳闸时才会发出事放音响信号。

2）如图 2-55 所示是中央复归能重复动作的事故音响信号装置。其中 KU 为 ZC-23 型信号脉冲继电器，KR 为干簧继电器，脉冲变流器 TA 一次侧并联的二极管 VD_1 和电容 C 用于抗干扰，TA 二次侧并联的二极管 VD_2，起单向旁路作

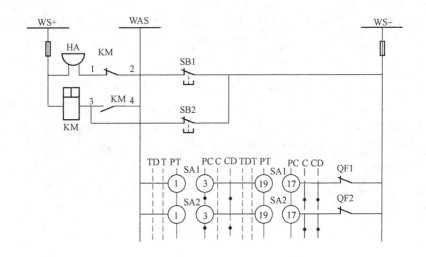

图 2-54 中央复归不能重复动作的事故信号装置
WS—信号小母线；WAS—事故音响信号小母线；SA1、SA2—控制开关；
SB1—试验按钮；SB2—音响解除按钮；KM—中间继电器；HA—蜂鸣器

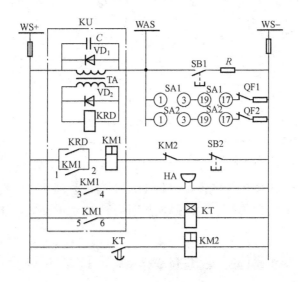

图 2-55 中央复归能重复动作的事故音响信号装置

用，当 TA 的一次电流突然减小时在二次侧感应的反向电流经 VD_2 旁路，不流过干簧继电器 KR 的线圈。例如，当某台断路器（如 QFI）自动跳闸时，因其辅助触点与控制开关 SA1 不对应而使事故音响信号小母线 WAS 与信号小母线 WS-接通，从而使脉冲变流器 TA 的一次电流突增，其二次侧感应电动势使干簧继电器 KR 动作。KRD 的动合触点闭合，使中间继电器 KM1 动作，其动合触点 KM1 的 1-2 闭合使 KM1 自保持；其动合触点 KM1 的 3-4 闭合，使电笛 HA 发出音响信号；其动合触点 KM1 的 5-6 闭合，启动时间继电器 KT，KT 达到整定的时限后触点闭合，接通中间继电器 KM2，其动断触点断开使 KM1 失电，从而解除，HA 的音响信号。当另一台断路器（如 QF2）又自动跳闸时，脉冲变流器 TA 的一次电流产生一个增量，其二次侧又感应出一个电动势使干簧继电器 KR 再次动作，从而使 HA 再次发出事故音响信号，因此这种装置称为"重复动作"的音响信号装置。

　　由于以上两种装置及其音响解除按钮均装在控制室的中央信号屏上，因此称作"中央复归"的"中央信号"。

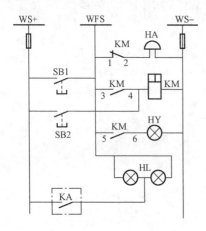

图 2-56　中央复归不能重复
动作的预告信号装置

　　（2）预告信号装置。如图 2-56 所示是中央复归不能重复动作的预告信号装置。当系统中发生不正常工作状态时，相应继电器触点 KA 闭合，同时启动预告音响信号电铃 HA 和光字牌 HL，值班员得知预告信号后，按下按钮 SB2，中间继电器 KM 动作，其触点 KM1-2 断开，解除电铃 HA 的音响信号，KM3-4 闭合，使 KM 自保持，KM5-6 闭合，黄色信号灯 YE 亮，提醒值班员出现了不正常的工作状态，而且尚未解除。当不正常工作状态被消除后，继电器触点 KA 返回，光字牌 HL 的灯光和黄色信号灯 YE 同时熄灭。但在头一个不正常工作状态未消除时，

如果出现另一个不正常工作状态，电铃 HA 小会重复动作。中央复归能重复动作的预告音响信号装置的基本工作原理与图 2-56 所示中央复归能重复的事故音响信号装置相似。

技能 46　掌握测量回路接线图的识读

1. 电流测量线路

　　在 6～10kV 高压变配电线路、380V/220V 低压配电线路中测量电流，一般要装接电流互感器。常用的测量方式如图 2-57 所示。

　　（1）一相电流测量线路。当线路电流比较小时，可将电流表直接串入线路，如图 2-57（a）所示，在电流较大时，一般在线路中安装电流互感器，电流表串接在电流互感器的二次侧，通过电流互感器测量线路电流，如图 2-57（b）

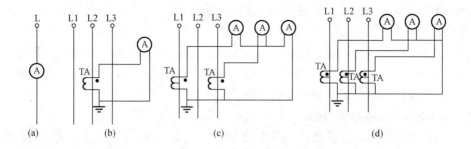

图 2-57　电流测量线路

(a)、(b) 一相电流测量电路；(c) 两相电流测量线路；(d) 三相电流测量线路

所示。

（2）两相 V 形联结测量线路。如图 2-57（c）所示，在两相线路中接有两只电流互感器，组成 V 形联结，在两个电流互感器的二次侧接有三只电流表（三表二元件）。两个电流表与两个电流互感器二次侧直接连接，测量这两相线路的电流，另一个电流表所测的电流是两个电流互感器二次测电流之和，正好是未接电流互感器那相的二次电流（数值）。三个电流表通过两个电流互感器测量三相电流。这种接线适用于三相平衡的线路中。

（3）三相联结测量线路。如图 2-57（d）所示，为三表三元件电流测量电路，三只电流表分别与三个电流互感器的二次侧连接，分别测量三相电流。这种接法广泛用于负荷不论平衡与否的三相电路中。

2. 电压测量线路

低压线路电压的测量，可将电压表直接并接在线路中，如图 2-58（a）所示。高压配电线路电压的测量，一般要加装电压互感器，电压表通过电压互感器来测量线路电压。

（1）单相电压互感器测量线路。如图 2-58（b）所示，为单相电压测量线

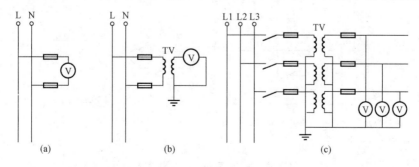

图 2-58　电压测量线路

路，电压表接在单相电压互感器的二次测，通过电压互感器测量线路间的电压，适用于高压线路的测量。

（2）三相联结电压测量线路图。如图2-58（c）所示，为三相联结电压测量线路，三只电压表分别与三台单相电压互感器二次侧连接，分别测量三相电压，适用于三相电路的电压测量和绝缘监视。

3. 功率、电能测量线路

（1）单相功率测量线路。如图2-59所示，图2-59（a）是直接测量线路，电流线圈串入被测电路，电压线圈并入被测电路。"＊"为同名端；图2-59（b）是单相功率表的电压线圈和电流线圈分别经电压互感器和电流互感器接入。

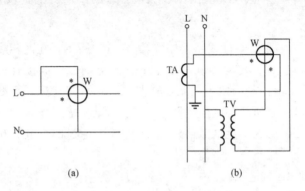

图 2-59　单相功率表测量线路

（2）三相有功电能表的测量线路。如图2-60所示，是三相二元件有功电能表线路，表头的电压线圈和电流线圈经电压互感器和电流互感器接入。图2-60（a）为集中表示法，图2-60（b）为分开表示法。

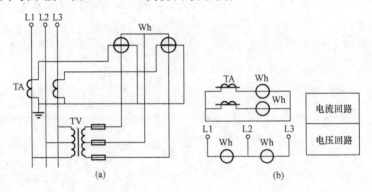

图 2-60　三相有功电流表测量线路
（a）集中表示法；（b）分开表示法

1. 定时限过电流保护

定时限过电流保护装置是指电流继电器的动作时限是固定的，与通过它的电流的大小无关，其接线如图 2-61 所示。

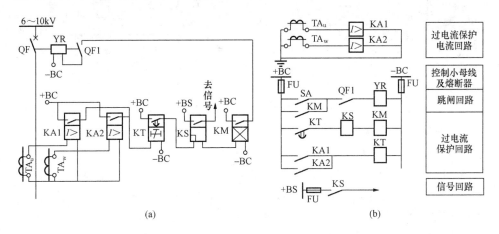

图 2-61　定时限过电流保护装置

(a) 原理接线图；(b) 展开图

电流继电器 KA1、KA2，是保护装置的测量元件，用来鉴别线路的电流是否超过整定值；时间继电器 KT，是保护装置的延时元件，用延时的时间来保证装置的选择性，控制装置的动作；信号继电器 KS，是保护装置的显示元件，显示装置动作与否和发出报警信号；KM 中间继电器，是保护装置的动作执行元件，直接驱动断路器跳闸。

正常运行时，过电流继电器不动作，KA1、KA2、KT、KS、KM 的触点都是断开的。断路器跳闸线圈 YR 电源断路，断路器 QF 处在合闸状态。

当在保护范围内发生故障或过电流时，电流继电器 KA1、KA2 动作，触点闭合，启动时间继电器 KT，经过 KT 的预定延时后，其触点启动信号继电器 KS 和中间继电器 KM，接通 YR 电源，断路器 QF 跳闸，同时信号继电器 KS 触点闭合，发出动作和报警信号。

2. 反时限过电流保护

反时限过电流保护装置是指电流继电器的动作时限与通过它的电流的大小成反比。其接线如图 2-62 所示。

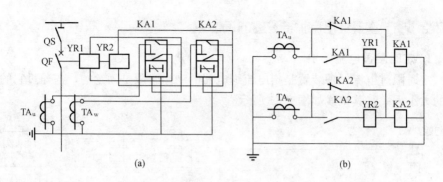

图 2-62　反时限过电流保护装置

(a) 原理接线图；(b) 展开图

反时限过电流保护装置采用感应型继电器 KA1、KA2 就可以实现。由于 GL 型电流继电器本身具有时限、掉牌、功率大、触点数量多等特点，可以省下时间继电器、信号继电器、中间继电器。正常运行时，过电流继电器不动作，KA1、KA2 的触点都是断开的。断路器跳闸线圈 YR1、YR2 断路，断路器 QF 处在合闸状态。

当在保护范围内发生故障或过电流时，电流继电器 KA1、KA2 动作，经一定时限后其动合触点先闭合，动断触点后打开，跳闸线圈 YRI、YRZ 的短路分流支路被动断触点断开，操作电源被动合触点接通，断路器 QF 跳闸，其信号牌自动掉落，显示继电器动作、当故障切除后，继电器返回，信号掉牌用手动复位。

3. 电流速断保护

电流速断保护是一种瞬时动作的过电流保护，其动作时限仅仅为继电器本身固有的动作时间，它的选择性不是依靠时限，而是依靠选择适当的动作电流来解决。电流速断保护装置同定时限过电流保护装置相比，少一组时间继电器。

4. 单相接地保护

(1) 无选择绝缘监视装置。如图 2-63 所示是无选择绝缘监视装置的接线。在变电站母线上装一套三相五柱式电压互感器。电压互感器二次侧有

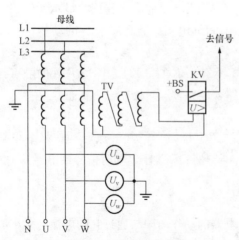

图 2-63　无选择绝缘监视装置

两组线圈，一组接成星形，在它的引出线上接三个电压表，反映各相电压。另一组接成开口三角形，并在开口处接一过电压继电器 KV，反映接地时出现的零序过电压。

在正常运行时，系统三相电压对称，三个电压表数值相等，开口三角形两端的电压为零，继电器不动作。当系统某一相绝缘损坏发生单相接地时，接地相的相电压变为零，电压表指示零；其他两相的对地电压升高 3 倍，电压表数值升高，同时开口三角形两端电压很高使电压继电器 KV 动作，发出接地故障信号。值班人员可以根据故障相指示，逐一断开出线的故障相上的开关，当系统接地消失（三相电压表指示相同），则被断开的线路就是故障线路。该装置只适用于线路数目不多，并且允许短时停电的电网中。

（2）有选择性的零序电流保护。是一种利用零序电流使继电器动作来指示接地故障线路的保护装置。

1）架空线路一般采取由三个电流互感器接成零序电流滤过器的接线方式，如图 2-64 所示。三相电流互感器的二次电流相量相加后流入继电器。

当系统正常及三相对称运行时，三相电流的相量和为零，故流入继电器的电流为零，一旦系统发生单相接地故障，三个继电器分别流入零序电流 10，故检测出 310，大于继电器的动作电流，继电器动作并发出信号。

2）电缆线路一般采用零序变流器（零序电流互感器）保护的接线方式，如图 2-65 所示。

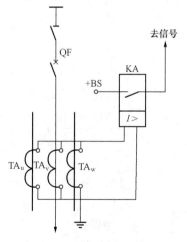

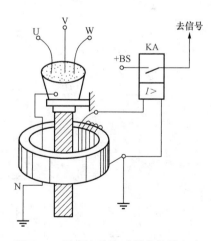

图 2-64　零序电流滤过器的接线方式　　图 2-65　零序电流互感器的接线方式

当系统正常及三相对称短路时，变流器中没有感应出零序电流，继电器不动。一旦系统发生单相接地故障，有接地电容电流通过，此电流在二次侧感应出零序电流，使继电器动作并发出信号。注意电缆头的接地引线必须穿过零序电流互感器后再实行接地，否则保护装置不起作用。

5. 变压器保护

变压器的内部故障主要有线圈对铁壳绝缘击穿（接地短路），匝间或层间短路，高低压各相线圈短路。变压器的外部故障主要有各相出线套管间短路（相间短路）、接地短路等。不正常运行方式有由外部短路和过负荷引起的过电流、不允许的油面降低、温度升高。

（1）瓦斯保护。当变压器内部故障时，短路电流所产生的电弧将使绝缘物和变压器油分解而产生大量的气体，利用这种气体来实现的保护装置叫瓦斯保护。配电变压器容量在 800kVA，车间变压器在 400kVA 以上的变压器应设置瓦斯保护。瓦斯保护主要有瓦斯继电器构成，安装在变压器油箱和储油柜之间，如图 2-66 所示。瓦斯保护的原理接线图如图 2-67 所示。

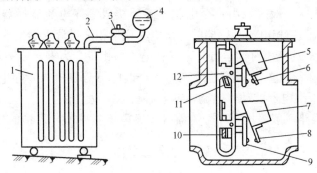

图 2-66　瓦斯保护

1—变压器；2—连通管；3—气体继电器；4—储油柜；5—上油杯；

6—上动触点；7—下油杯；8—下动触点；9—下静触点；

10—下油杯平衡锤；11—上油杯平衡锤；12—支架

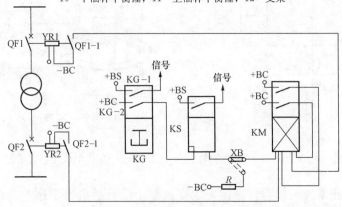

图 2-67　瓦斯保护的原理接线

气体继电器触点 KG-1 由开口杯控制，构成轻瓦斯保护，其继电器动作后发出警报信号，但不跳闸。气体继电器的另一触点 KG-2 由挡板控制，构成重瓦斯保护，其动作后经信号继电器 KS 启动中间继电器 KM，KM 的两个触点分别使断路器 QF1、QF2 跳闸。为了防止变压器内严重故障时油流速不稳定，造成重继电器触点时断时通的不可靠动作的情况，必须选用具有自保持电流线圈的出口中间继电器 KM。在保护动作后，借助断路器的辅助触点 QF1-1、QF2-1 来解除出口回路的自保持。在变压器加油或换油后，以及气体继电器试验时，为防止重瓦斯保护误动作，可以利用切换片 XB，使重瓦斯保护暂时接到信号位置。瓦斯保护可以用做防御变压器油箱内部故障和油面降低的主保护，瞬时给出信号或控制跳闸。瓦斯保护的灵敏性比差动保护要好。

（2）差动保护。反映变压器两侧电流差值而动作的保护装置，如图 2-68 所示。

将变压器两侧的电流互感器串联起来，接成环路，电流继电器并联在环路上，流入继电器的电流等于两侧电流互感器二次侧电流之差，即 $\dot{I}_j = \dot{I}_1 - \dot{I}_2$。适当选择变压器两侧电流互感器的变比和联结，使系统在正常运行和外部短路时，$\dot{I}_j = \dot{I}_1 - \dot{I}_2 = 0$，保护装置不动。当保护区内部发生短路时，对于单电源供电的变压器，$\dot{I}_2 = 0$，$\dot{I}_j = \dot{I}_1 - \dot{I}_2 = \dot{I}_1$，继电器保护动作，瞬时将变压器两侧的断路器跳开。差动保护装置的范围是变压器两侧电流互感器安装地点之间的区域。差动保护可以防御变压器油箱内部故障和引出线的相间短路、接地短路，瞬时作用于跳闸。

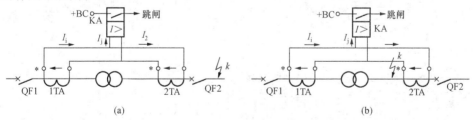

图 2-68　变压器差动保护的原理接线
（a）外部故障，保护不动作；（b）内部故障，保护动作

技能 48　掌握变配电站二次接线识读

如图 2-69 所示为某 10kV 变电站变压器柜二次回路接线图。由图可知，其一次侧为变压器配电柜系统图，二次侧回路为分控制回路、保护回路、电流测量和信号回路图等。

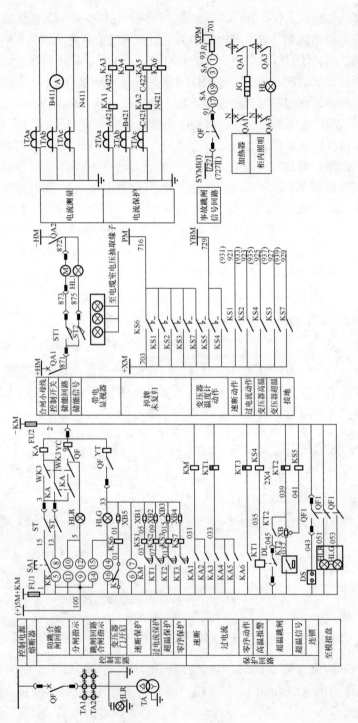

图 2-69　10 kV 变电站变压器柜二次接线图

控制回路中防跳合闸回路通过中间继电器 KA 及 WK3 实现互锁；为防止变压器开启对人身构成伤害，控制回路中设有变压器门开启联动装置，并通过继电器线圈 KS6 将信号送至信号屏。

保护回路主要包括过电流保护、速断保护、零序保护和超温保护等。过流保护的动作过程为：当电流过大时，继电器 KA3、KA4、KA5 动作，使时间继电器 KT1 通电，其触点延时闭合使真空断路器跳闸，同时信号继电器 KS2 向信号屏显示动作信号；速断保护通过继电器 KA1、KA2 动作，使 KM 得电，迅速断开供电回路，同时通过信号继电器 KS1 向信号屏反馈信号；当变压器高温时，WJ1 闭合，继电器 KS4 动作，高温报警信号反馈至信号屏，当变压器超高温时，WJ2 闭合，继电器 KS5 动作，高温报警信号反馈至信号屏，同时 KT2 动作，实现超温跳闸。

测量回路主要通过电流互感器 TA1 采集电流信号，接至柜面上电流表。信号回路主要包括掉牌未复位、速断动作、过流动作、变压器超温报警及超温跳闸等信号，主要采集各控制回路及保护回路信号，并反馈至信号屏，使值班人员能够监控及管理。

第三章

供配电线路工程图识读

1. 放射式接线

从电源点用专用开关及专用线路直接送到用户或设备的受电端，沿线没有其他负荷分支的接线称为放射式接线，也称专用线供电。

当配电系统采用放射式接线时，引出线发生故障时互不影响，供电可靠性较高，切换操作方便，保护简单。但其有色金属消耗量较多，采用的开关设备较多，投资大。这种接线多为用电设备容量大、负荷性质重要、潮湿及腐蚀性环境的场所供电。

放射式接线主要有单电源单回路放射式、单电源双回路放射式双电源双回路放射式和具有低压联络线的放射式 4 种接线。具体分类如下。

（1）单电源单回路放射式。如图 3-1 所示，该接线的电源由总降压变电站的 6～10kV 母线上引出一回线路直接向负荷点或用电设备供电，沿线没有其他负荷，受电端之间无电的联系。此接线方式适用于可靠性要求不高的二级、三级负荷。

（2）单电源双回路放射式。如图 3-2 所示，同单电源单回路放射式接线相比，该接线采

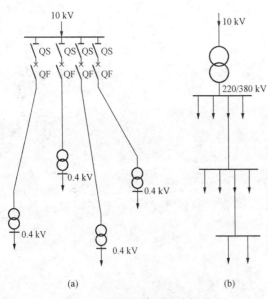

图 3-1 单电源单回路放射式

(a) 高压；(b) 低压

用了对一个负荷点或用电设备使用两条专用线路供电的方式，即线路备用方式。此接线方式适用于二级、三级负荷。

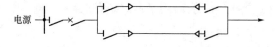

图 3-2　单电源双回路放射式

（3）双电源双回路放射式（双电源双回路交叉放射式）。如图 3-3 所示，两条放射式线路连接在不同电源的母线上，其实质是两个单电源单回路放射的交叉组合。此接线方式适用于可靠性要求较高的一级负荷。

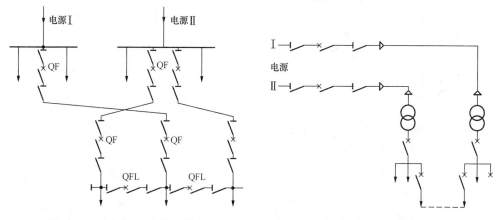

图 3-3　双电源双回路的放射式　　　　图 3-4　具有低压联络线的放射式

（4）具有低压联络线的放射式。如图 3-4 所示，该接线主要是为了提高单回路放射式接线的供电可靠性，从邻近的负荷点或用电设备取得另一路电源，用低压联络线引入。互为备用单电源单回路加低压联络线放射式适用于用户用电总容量小，负荷相对分散，各负荷中心附近设小型变电所（站），便于引电源。与单电源单回路放射式不同之处，高压线路可以延长，低压线路较短，负荷端受电压波动影响较前者小。此接线方式适用于可靠性要求不高的二级、三级负荷。若低压联络线的电源取自另一路电源，则可供小容量的一级负荷。

2. 树干式接线

（1）概述。树干式接线是指由高压电源母线上引出的每路出线，沿线要分别连到若干个负荷点或用电设备的接线方式。

树干式接线的特点是：一般情况下，其有色金属消耗量较少，采用的开关设备较少；其干线发生故障时，影响范围大，供电可靠性较差；这种接线多用于用电设备容量小而分布较均匀的用电设备。

117

（2）类型。

1）直接树干式。如图 3-5 所示，在由变电站引出的配电干线上直接接出分支线供电。直接树干式接线一般适用于三级负荷。

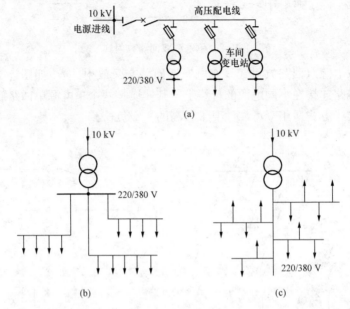

(a)

图 3-5　直接树干式

(a) 高压树干式；(b) 低压母线放射式的树干式；(c) 低压"变压器-干线组"的树干式

2）单电源链串树干式。如图 3-6 所示，在由变电站引出的配电干线分别引入每个负荷点，然后再引出走向另一个负荷点，干线的进出线两侧均装设开关。该接线一般适用于二级、三级负荷。

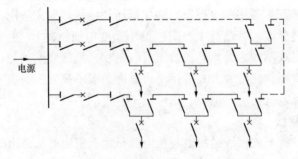

图 3-6　单电源链串树干式

3）双电源链串树干式。如图 3-7 所示，在单电源链串树干式的基础上增加了一路电源。该接线适用于二级、三级负荷。

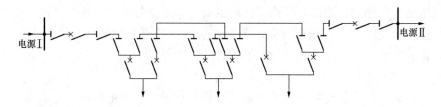

图 3-7 双电源链串树干式

3. 环网式接线

如图 3-8 所示为环网式接线网。环网式接线的可靠性比较高，接入环网的电源可以是一个，也可以是两个甚至多个。为加强环网结构，即保证某一条线路故障时各用户仍有较好的电压水平，或保证在更严重的故障（某两条或多条线路停运）时的供电可靠性，一般可采用双线环式结构；双电源环形线路在运行时，往往是开环运行的，即在环网的某一点将开关断开。此时环网演变为双电源供电的树干式线路。开环运行的目的，主要考虑继电保护装置动作的选择性，缩小电网故障时的停电范围。

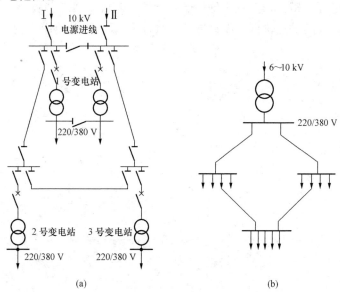

图 3-8 环网式接线图

(a) 高压；(b) 低压

开环点的选择原则是：开环点两侧的电压差最小，一般使两路干线负荷容量尽可能地相接近。

环网内线路的导线通过的负荷电流应考虑故障情况下环内通过的负荷电流，

导线截面要求相同，因此，环网式线路的有色金属消耗量大，这是环网供电线路的缺点；当线路的任一线段发生故障时，切断（拉开）故障线段两侧的隔离开关，将故障线段切除后，即可恢复供电；开环点断路器可以使用自动或手动投入。

双电源环网式供电，适用于一级、二级负荷供电；单电源环网式适用于允许停电 0.5h 以内的二级负荷。

技能 50　了解架空电力线路的构成

1. 概述

架空电力线路工程电力网中的线路上可分为送电线路（又称输电线路）和配电线路。架设在升压变电站与降压变电站之间的线路，称为送电线路，是专门用于输送电能的。从降压变电站至各用户之间的 10kV 及以下线路，称为配电线路，是用于分配电能的。配电线路中又分为高压配电线路和低压配电线路。1kV 以下线路为低压架空线路，1～10kV 为高压架空线路。架空电力线路的构成主要有导线、电杆、横担、金具、绝缘子、导线、基础及接地装置等，如图 3-9 所示。架空电力线路的造价低、架设方便、便于检修，所以使用广泛。目前工厂、

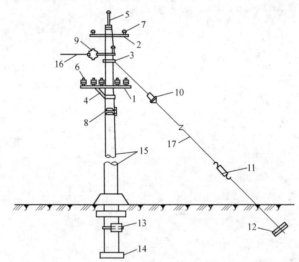

图 3-9　架空电力线路的组成

1—低压横担；2—高压横担；3—拉线抱箍；4—横担支撑；5—高压杆头；6—低压针式绝缘子；7—高压针式绝缘子；8—低压蝶式绝缘子；9—悬式蝶式绝缘子；10—拉紧绝缘子；11—花篮螺栓；12—地锚（拉线盒）；13—卡盘；14—底盘；15—电杆；16—导线；17—拉线

建筑工地、由公用变压器供电的居民小区的低压输电线路很多采用架空电力线路。

2. 构成

（1）导线。其主要作用是传导电流，还要承受正常的拉力和气候影响（风、雨、雪、冰等）。

架空导线结构上可分为单股导线、多股导线和复合材料多股绞线三大类。单股导线直径最大不超过 4mm，截面一般在 10mm² 以下。

架空线常用的导线是铝绞线、钢芯铝绞线等，铝绞线用于低压线路，钢芯铝绞线用于高压线路，低压线路也常用绝缘铜导线作架空线路。在 35kV 以上的高压线路中，还要架装避雷线。常用的避雷线为镀锌钢绞线。

架空导线型号由汉语拼音字母和数字两部分组成，字母在前，数字在后。L—铝导线，T—铜导线，G—钢导线，GL—钢芯铝导线；后面再加字母时，J—多股绞线，不加字母 J 表示单股导线。字母后面的数字表示导线的标称截面积，单位是 mm²。钢芯铝绞线字母后面有两个数字，斜线前的数字为铝线部分的标称截面积，斜线下面为钢芯的标称截面。各种导线型号表示方法见表 3-1。

表 3-1　　　　　　　　　　　　　导线型号表示方法举例

导线种类	代表符号	导线型号举例	型 号 含 义
单股铝线	L	L-10	标称截面 10mm² 的单股铝线
多股铝绞线	LJ	LJ-16	标称截面 16mm² 的多股铝绞线
钢芯铝绞线	LGJ	LGJ-35/6	铝线部分标称截面 35mm²，钢芯部分标称截面 6mm² 的钢芯铝绞线
单股铜线	T	T-6	标称截面 6mm² 的单股铜线
多股铜绞线	TJ	TJ-50	标称截面 50mm² 的多股铜绞线
钢绞线	GJ	GJ-25	标称截面 25mm² 的钢绞线

架空线路的导线一般采用铝绞线。当高压线路档距或交叉档距较长，杆位高差较大时，宜采用钢芯铝绞线。为了安全，在人口密集的居民区街道、厂区内部和建筑物稠密地区应采用绝缘导线。从 10kV 线路到配电变压器高压侧套管的高压引下线应用绝缘导线，不能用裸导线。由配电变压器低压配电箱（盘）引到低压架空线路上的低压引上线采用硬绝缘导线，低压进户、接户线也必须采用硬绝缘导线。

架空导线在运行中除了承受自身重量的荷载以外，还承受温度变化及冰、风等外荷载。这些荷载可能使导线承受的拉力大大增加，甚至造成断线事故。导线截面越小，承受外荷载的能力越低。为保证安全，我国有关规程和国家标准规定了架空导线最小允许截面，见表 3-2。

表 3-2　　　　　　　　　　架空导线的最小允许截面　　　　　　　　　　mm²

导线种类	3～10kV 线路居民区、非居民区		0.4kV 线路	接户线
铝绞线及铝合金线	35	25	16	绝缘线 4.0
钢芯铝绞线	25	16	16	—
铜线	16	16	3.2	绝缘铜线 2.5

　　3～10kV 架空配电线路的导线，一般采用三角或水平排列；多回路线路的导线，宜采用三角、水平混合排列或垂直排列。低压配电线路架空导线，一般采用水平排列。对于高压架空配电线路导线的排列顺序、城镇（从靠建筑物一侧向马路侧依次为 L1 相、L2 相、L3 相）；野外（一般面向负荷侧从左向右依次排列为 L1 相、L2 相、L3 相）。对于低压架空配电线路导线的排列顺序：城镇（若采用二线供电方式时，应把中性线安装在靠建筑物一侧，若采用三相四线制供电方式时，则从靠近建筑物一侧向马路侧依次排列为 L1 相、L2 相、L3 相）；野外（面向负荷侧从左向右依次排列为 L1 相、L2 相、L3 相、中性线，中性线不应高于相线）。

　　架空配电线路的线间距离，应根据运行经验确定。如无可靠运行资料时，不应小于表 3-3 中所列数值。

表 3-3　　　　　　　　　　架空配电线路线间的最小距离　　　　　　　　　　m

导线排列方式	档　距								
	40 及以下	50	60	70	80	90	100	110	120
采用针式绝缘子或瓷横担的 3～10kV 线路，不论导线的排列形式	0.6	0.65	0.7	0.75	0.85	0.9	1.0	1.05	1.15
采用针式绝缘子的 3kV 以下线路，不论导线排列形式	0.3	0.4	0.45	0.5	—	—	—	—	—

　　10kV 绝缘线主要采用交联聚乙烯绝缘，有两种型号：一种是铜芯交联聚乙烯绝缘线；另一种是铝芯交联聚乙烯绝缘线。

　　低压塑料绝缘线有以下几种：JV 型和 JY 型（铜芯聚乙烯绝缘线）、JLV 型和 JLY 型（铝芯聚乙烯绝缘线）、JYJ 型（铜芯交联聚乙烯绝缘线）、JLYJ 型（铝芯交联聚乙烯绝缘线）等。

（2）电杆。按材质分为木电杆、铁塔和钢筋混凝土电杆三种。

木电杆运输和施工方便，价格便宜，绝缘性能较好，但是机械强度较低，使用年限较短，日常的维修工作量偏大。目前除在建筑施工现场作为临时用电架空线路外，其他施工场所中用的不多。

铁塔一般用于 35kV 以上架空线路的重要位置上。钢筋混凝土电杆是用水泥、砂、石子和钢筋浇制而成。

钢筋混凝土电杆的使用年限长，维护费用小，节约木材，是目前我国城乡 35kV 及以下架空线路应用最广泛的一种。钢筋混凝土电杆多为环形电杆，分为环形钢筋混凝土电杆和环形预应力混凝土电杆两种。环形预应力混凝土电杆由于使用钢筋截面小，杆身壁薄，节约钢材，减轻杆的重量，造价也相应降低。因此在城乡及工矿企业中广泛应用。

1）低压线路混凝土电杆，绝大部分是用机械化成批生产的拔梢杆，梢径一般是 150mm，拔梢度是 1/75，杆高 8～10m。

2）高压线路混凝土电杆大部分也用拔梢杆，梢径一般是 190mm，也有 230mm 的，拔梢度是 1/75，杆高有 10、11、12、13、15m 几种。13 及以下的电杆不分段，15m 的电杆可以分段，超过 15m 的电杆一般都分段。钢筋混凝土电杆如图 3-10 所示，其规格见表 3-4。

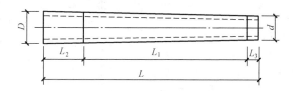

图 3-10　钢筋混凝土电杆

表 3-4　　　　　　　　　　　钢筋混凝土电杆规格

电杆长（mm）			梢径（mm）			
L	L_1	L_2	$\phi150$	$\phi170$	$\phi190$	$\phi310$
8	6.45	1.30	√	√	√	√
9	7.25	1.50	√	√	√	√
10	8.05	1.70	√	√	√	√
11	8.85	1.90	—	√	√	√
12	9.75	2.00	—	√	√	√
13	10.55	2.20	—	—	√	√
15	12.25	2.50	—	—	√	√

电杆按其在线路中的作用和地位一般可分为六种结构形式，见表 3-5。

表 3-5 电杆的结构形式

项　目	内　　容	示意图
直线杆 （中间杆）	位于线路的直线段上，只承受导线的垂直荷重和侧向的风力，不承受沿线路方向的拉力。线路中的电线杆大多数为直线杆，约占全部电杆数的80%	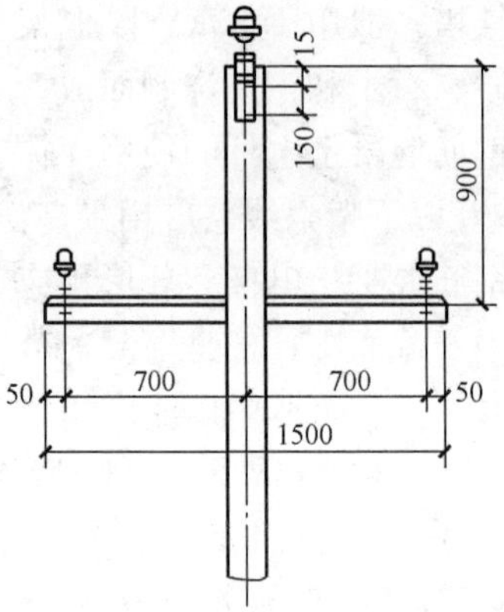
耐张杆 （承力杆）	位于线路直线段上的数根直线杆之间，或位于有特殊要求的地方（架空线路需分段架设处），这种电杆在断线事故和架线紧线时，能承受一侧导线的拉力，将断线故障限制在两个耐张杆之间，并且能够给分段施工紧线带来方便。所以耐张杆的机械强度（杆内铁筋）比直线杆要大得多	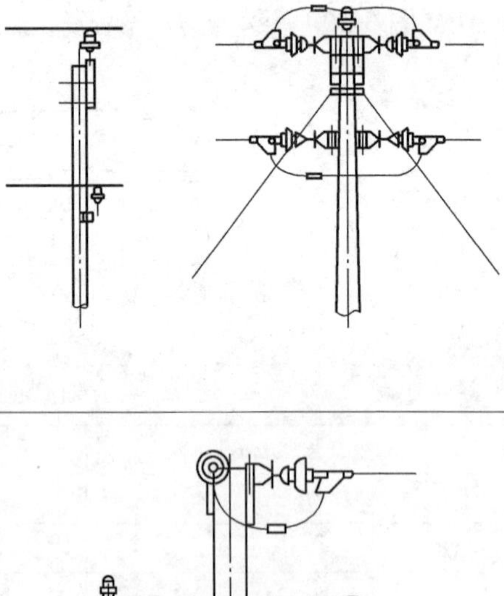
转角杆	位于线路改变方向的地方，它的结构应根据转角的大小而定，转角的角度有15°、30°、60°、90°。转角杆可以是直线杆型的，也可以是耐张杆型的，要在拉线不平衡的反方向一面装设拉力	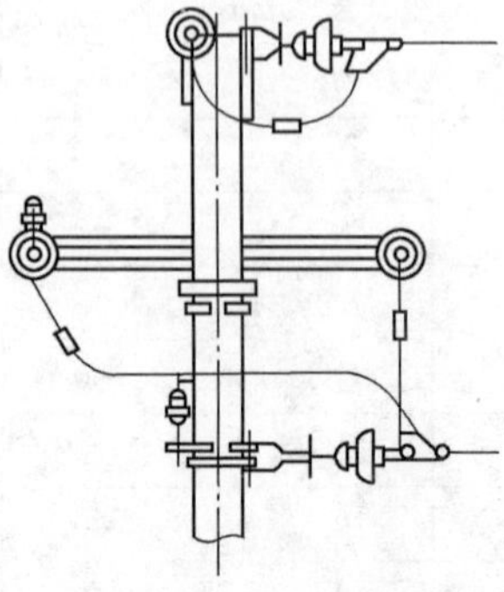

项　目	内　　容	示意图
终端杆	位于线路的终端与始端，在正常情况下，除了受到导线的自重和风力外，还要承受单方向的不平衡力	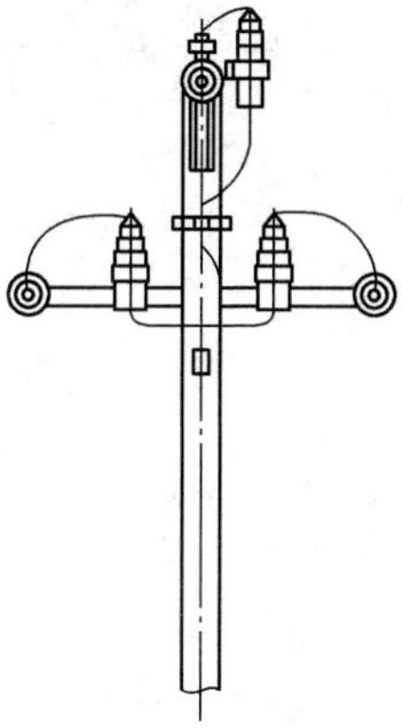
跨越杆	用于铁道、河流、道路和电力线路等交叉跨越处的两侧。由于它比普通电线杆高，承受力较大，故一般要加人字或十字拉线补充加强	同耐张杆
分支杆	位于干线与分支线相连处，在主干线路方向上有直线杆和耐张杆型；在分支方向侧则为耐张杆型，能承受分支线路导线的全部拉力	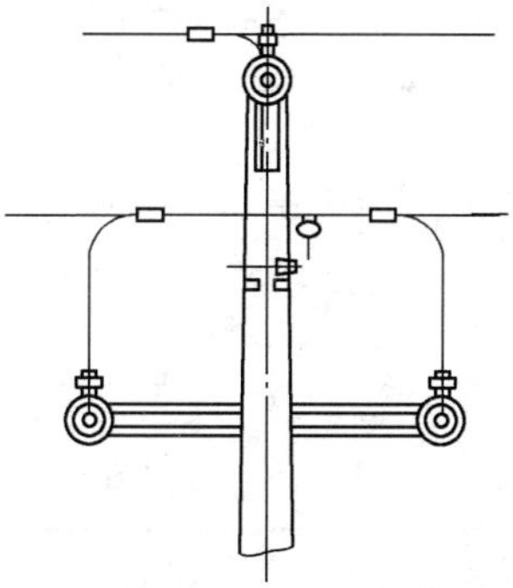

各种杆型在线路中的特征及应用，如图 3-11 所示。

（3）绝缘子。用来固定导线，并使导线对地绝缘，此外绝缘子还要承受导线的垂直荷重和水平拉力，所以绝缘子应有良好的电气绝缘性能和足够的机械强度。

架空线路常用的绝缘子有针式绝缘子、蝶式绝缘子、悬式绝缘子及瓷横担等，见表 3-6。绝缘子有高压（6、10、35kV）和低压（1kV 以下）之分。

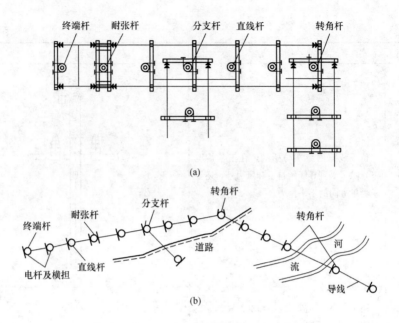

图 3-11 各种杆型在线路中的特征及应用

（a）各种电杆的特征；（b）各种杆型在线路中应用

表 3-6 绝缘子的种类

项 目	内 容
针式绝缘子	针式绝缘子的基本型号为 P，主要用在直线杆上。例如 P-10T 代表针式、10kV、T 代表铁横担用
蝶式绝缘子	蝶式绝缘子的基本型号为 E，主要用在耐张杆上
悬式绝缘子	悬式绝缘子（代号 X）可串起来，成为绝缘子串，用在耐张杆上呈悬吊式，电压越高，绝缘子的片数越多
瓷横担	瓷横担（代号 CD）近年来较常用于 10～35kV 线路，它的优点是电气性能较好，运行可靠，结构简单，安装维护方便；缺点是机械强度低，从而影响了它的使用范围

常用的绝缘子有低压绝缘子、高压绝缘子、耐张杆用绝缘子，分别如图 3-12 ～图 3-14 所示。

（4）金具。在敷设架空线路中，横担的组装、绝缘子的安装、导线的架设及电杆拉线的制作等都需要一些金属附件，这些金属附件统称为线路金具。常用的线路金具有横担固定金具（穿心螺栓、环形抱箍等）、线路金具（挂板、线夹等）、拉线金具（心形环、花篮螺栓等），如图 3-15、图 3-16 所示。

（5）横担。是装在电杆上端，用来固定绝缘子架设导线的，有时也用来固定开关设备或避雷器等，并使导线间有一定的距离，因此横担要有一定的强度和长

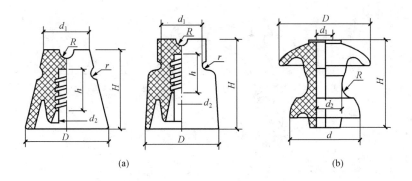

图 3-12　低压绝缘子

（a）低压针式绝缘子；（b）低压蝶式绝缘子

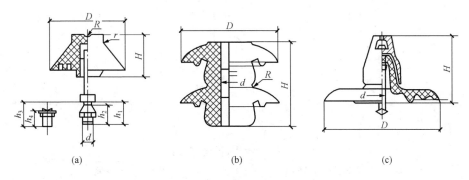

图 3-13　高压绝缘子

（a）高压针式绝缘子；（b）高压蝶式绝缘子；（c）高压悬式绝缘子

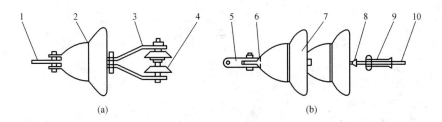

图 3-14　耐张杆用绝缘子

（a）一个蝶式和一个悬式；（b）二片悬式绝缘子串

1—平行挂板；2—槽型高压悬式绝缘子（XP-4C 或 X-3C）；3—大曲挂板 S；4—高压蝶式绝
缘子（E-10 或 E-6）；5—直角挂板；6—球头挂环；7—球型连接高压悬式绝缘子（两个 XP-
4C）；8—碗头挂板；9—耐张线夹；10—导线

度。高、低压架空配电线路的横担主要是角钢横担、木横担和瓷横担三种，常用
的钢横担和木横担的规格见表 3-7。

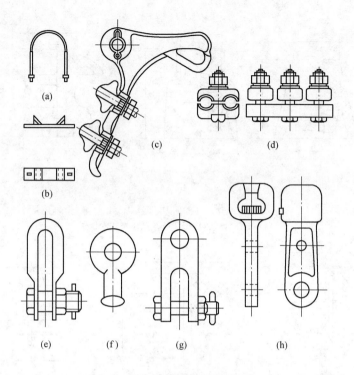

图 3-15　架空线路常用金具

（a）抱箍；（b）M 形抱铁；（c）耐张线夹；（d）并沟线夹；（e）U 形挂环；

（f）球头挂环；（g）直角挂板；（h）碗头挂板

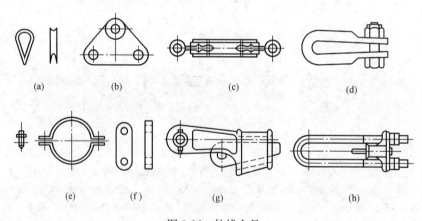

图 3-16　拉线金具

（a）心形环；（b）双拉线连板；（c）花篮螺栓；（d）U 形拉线挂环；

（e）拉线抱箍；（f）双眼板；（g）楔形线夹；（h）可调式 UT 线夹

横担种类	高 压	低 压
铁横担	小于 63×5	小于 50×5
木横担（圆形截面）	直径 120	直径 100
木横担（方形截面）	100×100	80×80

（6）拉线。在架空线路中是用来平衡电杆各方向的拉力，防止电杆弯曲或倾倒，所以在承力杆（转角杆、终端杆、耐张杆）上均装设拉线。

常用的拉线有：普通拉线（尽头拉线，主要用于终端杆上，起拉力平衡作用），转角拉线（用于转角杆上，起拉力平衡作用），人字拉线（二侧拉线用于基础不牢固和交叉跨越高杆或较长的耐张杆中间的直线杆，保持电杆平衡，以免倒杆、断杆），高桩拉线（水平拉线用于跨越道路、河道和交通要道处，高桩拉线要保持一定高度，以免妨碍交通），自身拉线（弓形拉线），为了防止电杆受力不平衡或防止电杆弯曲，因地形限制不能安装普通拉线，可采用自身拉线。各种拉线如图 3-17 所示。

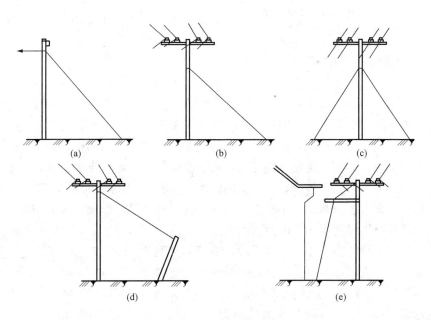

图 3-17 拉线的种类

（a）普通拉线；（b）转角拉线；（c）人字拉线；（d）高桩拉线；（e）自身拉线

1. 高压架空电力线路

如图 3-18 所示是一条 10kV 高压架空电力线路工程平面图。

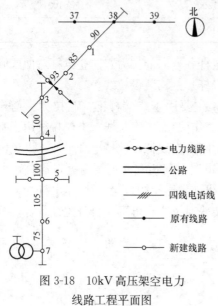

图 3-18　10kV 高压架空电力线路工程平面图

由于 10kV 高压线都是三条导线，所以图中只画单线，不需表示导线根数。图中 37、38、39 号为原有线路电杆，从 38 号杆分支出一条新线路，自 1 号杆到 7 号杆，7 号杆处装有一台变压器 T。数字 90、85、93 等是电杆间距，高压架空线路的杆距一般为 100m 左右。新线路上 2、3 号杆之间有一条电力线路，4、5 号杆之间有一条公路和路边的电话线路，跨越公路的两根电杆为跨越杆，杆上加双向拉线加固。5 号杆上安装的是高桩拉线。在分支杆 38 号杆、转角杆 3 号杆和终端杆 7 号杆上均装有普通拉线，其中转角杆 3 号杆在两边线路延长线方向装了一组拉线和一组撑杆。

2. 低压架空电力线路

如图 3-19 所示是 380 V 低压架空电力线路工程平面图。

这是一个建筑工地的施工用电总平面图，它是在施工总平面图上绘制的。低压电力线路为配电线路，要把电能输送到各个不同的用电场所，各段线路的导线根数和截面积均不相同，需在图上标注清楚。图 3-19 中待建建筑为工程中将要施工的建筑，计划扩建建筑是准备将来建设的建筑。每个待建建筑上都标有建筑面积和用电量，如 1 号建筑的建筑面积为 8200m²，用电量为 176kW，P_{js} 表示计算功率。图右上角是一个小山坡，画有山坡的等高线。电源进线为 10kV 架空线，从场外高压线路引来。电源进线使用铝绞线（LJ），LJ-3×25 为 3 根 25mm² 导线，接至 1 号杆。在 1 号杆处为两台变压器，图中 2×SL7-250kVA 是变压器的型号，SL7 表示 7 系列三相油浸自冷式铝绕组变压器，额定容量为 250kVA。从 1 号杆到 14 号杆为 4 根 BLX 型导线（BLX-3×95＋1×50），其中 BLX 表示橡胶绝缘铝导线，其中 3 根导线的截面为 95mm²，1 根导线的截面为 50mm²。14 号杆为终端杆，装一根拉线。从 13 号杆向 1 号建筑做架空接户线。1 号杆到 2 号杆上为两层线路，一路为到 5 号杆的线路，4 根 BLX 型导线（BLX-3×35＋

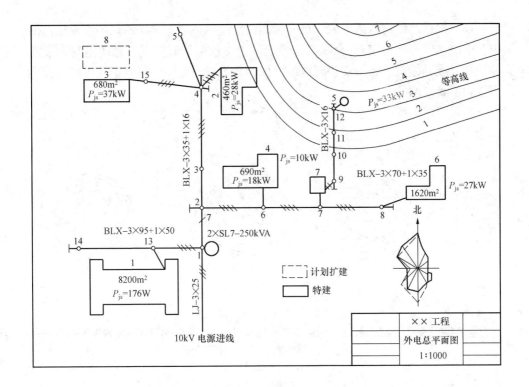

图 3-19　380V 低压架空电力线路工程平面图

1×16），其中 3 根导线截面为 $35mm^2$、1 根导线截面为 $16mm^2$；另一路为横向到
8 号杆的线路，4 根 BLX 型导线（$BLX-3\times70+1\times35$），其中 3 根导线截面为
$70mm^2$、1 根导线截面为 $35mm^2$。1 号杆到 2 号杆间线路标注为 7 根导线，这是
因为在这一段线路上两层线路共用 1 根中性线，在 2 号杆处分为 2 根中性线。2
号杆为分杆，要加装二组拉线，5 号杆、8 号杆为终端杆也要加装拉线。线路在
4 号杆分为三路：第一路到 5 号杆；第二路到 2 号建筑物，要做 1 条接户线；最
后一路经 15 号杆接入 3 号建筑物。为加强 4 号杆的稳定性，在 4 号杆上装有两
组拉线。5 号杆为线路终端，同样安装了拉线。在 2 号杆到 8 号杆的线路上，从
6 号杆、7 号杆和 8 号杆处均做接户线。从 9 号杆到 12 号杆是给 5 号设备供电的
专用动力线路，电源取自 7 号建筑物。动力线路使用 3 根截面为 $16mm^2$ 的 BLX
型导线（$BLX-3\times16$）。

技能 52　了解电力电缆的类型

1. 类型

（1）根据导体材料的不同，可分为铜芯和铝芯两类。

131

（2）根据绝缘材料的不同，可分为油浸纸绝缘电缆、聚氯乙烯绝缘聚氯乙烯护套电缆（即全塑电缆）、交联聚乙烯绝缘聚氯乙烯护套电缆、橡皮绝缘聚氯乙烯护套电缆、橡皮绝缘橡皮护套电缆（橡套软电缆）等，油浸纸绝缘电缆又分为滴流和不滴流两类。

（3）根据电缆线芯数量的不同，可分为单芯、2芯、3芯、4芯和5芯几类，如图3-20所示。

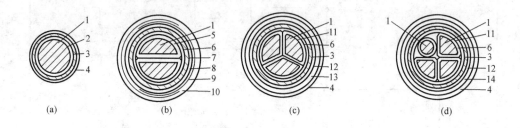

图 3-20　各种电力电缆的截面

(a) 单芯纸绝缘铅包电力电缆；(b) 2芯电缆结构示意图；(c) 3芯纸绝缘铅包钢丝铠装电力电缆；

(d) 3+1芯纸绝缘铅包钢带铠装电力电缆

1—线芯；2—绝缘；3—铅层；4—护套；5—相绝缘；6—带绝缘；7—金属护套；8—内垫层；

9—钢带铠装；10—外护层；11—芯绝缘；12—衬层；13—钢丝层；14—钢带层

（4）根据保护层的性质可分为铠装电缆和无铠装电缆，铠装电缆又分为钢带铠装、粗钢丝铠装和细钢丝铠装三类。

（5）根据线芯按截面形状可分为圆形、半圆形和扇形三种，如图3-21所示。

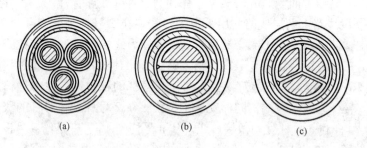

图 3-21　电缆线芯截面形状

(a) 圆形；(b) 半圆形；(c) 扇形

2. 型号

（1）电缆的型号是由许多字母和数字排列组合而成的，型号中字母的排列顺序和字符含义见表3-8和表3-9。

表 3-8 电缆型号字母含义

类 别	导 体	绝 缘	内护套	特 征
电力电缆（省略不表示） K：控制电缆 P：信号电缆 YT：电梯电缆 U：矿用电缆 Y：移动式软缆 H：市内电话缆 UZ：电钻电缆 DC：电气化车辆用电缆	T：铜线（可省） L：铝线	Z：油浸纸 X：天然橡胶 (X) D：丁基橡胶 (X) E：乙丙橡胶 V：聚氯乙烯 Y：聚乙烯 YJ：交联聚乙烯 E：乙丙胶	Q：铅套 L：铅套 H：橡套 (H) P：非燃性 HP：氯丁胶 V：聚氯乙烯护套 Y：聚乙烯护套 VF：复合物 HD：耐寒橡胶	D：不滴油 F：分相 CY：充油 P：屏蔽 C：滤尘用或重型 G：高压

表 3-9 外护层代号含义

第一个数字		第二个数字	
代号	铠装层类型	代号	外护层类型
0	无	0	无
1	钢带	1	纤维线包
2	双钢带	2	聚氯乙烯护套
3	细圆钢丝	3	聚乙烯护套
4	粗圆钢丝	4	—

（2）表 3-10～表 3-12 列出了几种常用电力电缆的型号和用途，表 3-13 列出了常用电力电缆外护层的形式及其适用场合，可供选用时参考。

表 3-10 聚氯乙烯绝缘电力电缆的型号和用途

型 号		名 称	主 要 用 途
铜芯	铝芯		
VV	VLV	铜（铝）芯聚氯乙烯绝缘聚氯乙烯护套电力电缆	适用于室内、电缆沟内、电缆托架上和穿管敷设，电缆不能承受压力和拉力
VY	VLY	铜（铝）芯聚氯乙烯绝缘聚乙烯护套电力电缆	
VV22	VLV22	铜（铝）芯聚氯乙烯绝缘内钢带铠装聚氯乙烯护套电力电缆	适用于直接埋地敷设，能承受一定的正压力，但不能承受拉力
VV23	VLV23	铜（铝）芯聚氯乙烯绝缘内钢带铠装聚乙烯护套电力电缆	

型号		名　　　称	主　要　用　途
铜芯	铝芯		
VV32	VLV32	铜（铝）芯聚氯乙烯绝缘内细钢丝铠装聚氯乙烯护套电力电缆	适用于大落差及垂直敷设，也可直埋，电缆能承受一定的正压力及拉力
VV33	VLV33	铜（铝）芯聚氯乙烯绝缘内细钢丝铠装聚乙烯护套电力电缆	
VV42	VLV42	铜（铝）芯聚氯乙烯绝缘内粗钢丝铠装聚氯乙烯护套电力电缆	适用于垂直敷设，并可敷设在水中、海底，电缆能承受较大的正压力和拉力
VV43	VLV43	铜（铝）芯聚氯乙烯绝缘内粗钢丝铠装聚乙烯护套电力电缆	

表 3-11　　　　交联聚乙烯绝缘聚氯乙烯护套电力电缆的型号和用途

型号		名　　　称	主　要　用　途
铜芯	铝芯		
YJV	YJLV	铜（铝）芯交联聚乙烯绝缘、聚氯乙烯护套电力电缆	敷设在室内、沟道中、管子内、也可埋在土壤中，不能承受机械外力作用，但可承受一定的敷设牵引
YJVF	YJLVF	铜（铝）芯交联聚乙烯绝缘、分相聚氯乙烯护套电力电缆	
YJV22	YJLV22	铜（铝）芯交联聚乙烯绝缘、聚氯乙烯护套内钢带铠装电力电缆	敷设于土壤中，能承受机械外力作用，但不能承受大的拉力
YJV32	YJLV32	铜（铝）芯交联聚乙烯绝缘、聚氯乙烯护套内细钢丝铠装电力电缆	敷设在水中或落差较大的土壤中，能承受相当的拉力
YJV42	YJLV42	铜（铝）芯交联聚乙烯绝缘、聚氯乙烯护套内粗钢丝铠装电力电缆	敷在水中能承受较大的拉力

表 3-12　　　　橡套软电缆及橡皮绝缘电力电缆的型号和用途

型号	名　称	主　要　用　途	截面/芯数
YQ	轻型橡套电缆	连接交流 250V 及以下轻型移动设备	0.3～0.75mm² 1芯、2芯、3芯
YQW		连接交流 250V 及以下轻型移动设备，具有耐气候及一定的耐油性能	
YZ	中型橡套电缆	连接交流 500V 及以下的各种移动电气设备	0.5～6mm² 2芯、3芯、(3+1)芯
YZW		连接交流 250V 及以下的各种移动电气设备，具有耐气候及一定的耐油性能	

型 号	名 称	主 要 用 途	截面/芯数
YC	重型橡套电缆	连接交流 500V 及以下的各种移动电气设备,能承受较大的机械外力作用	2.5~120mm² 1 芯、2 芯、3 芯、(3+1) 芯
YCW		连接交流 500V 及以下的各种移动电气设备,能承受较大的机械外力作用,具有耐气候及一定的耐油性能	
XV XLV	橡皮绝缘聚氯乙烯护套电力电缆	橡皮绝缘、聚氯乙烯护套电力电缆,可用于室内、电缆沟、管道中敷设,不能承受机械外力作用	1.5~240mm² 1~4 芯
XV29 XLV29		橡皮绝缘、聚氯乙烯护套内钢带铠装电力电缆,可敷设在地下,电缆能承受机械外力作用,但不能承受大的拉力	

表 3-13 电力电缆外护层的形式及其适用场合

护套类别	铠装	代号	敷设方式							环境条件					备注
			室内	电缆沟	隧道	竖井	管道	埋地	水下	易燃	位移	多砾石	一般腐蚀	严重腐蚀	
聚氯乙烯绝缘聚氯乙烯护套	无	V	O	O	O		O			O			O	O	不延燃
	钢带	22		O	O			O		O		O		O	
	细钢丝	32				O		O		O	O	O		O	
	粗钢丝	42				O		O	O	O	O	O		O	
聚氯乙烯绝缘聚乙烯护套	无	Y	O	O	O		O			O			O	O	不吸水
	钢带	23		O	O			O		O		O		O	
	细钢丝	33				O		O		O	O	O		O	
	粗钢丝	43				O		O	O	O	O	O		O	
交联聚乙烯绝缘聚氯乙烯护套	无	V	O	O	O		O						O	O	载流量大
	无	VF	O	O	O		O						O	O	
	钢带	22		O	O			O					O		O	
	细钢丝	32				O		O				O	O		O	
	粗钢丝	42				O		O	O			O	O		O	

注 O 表示适用。

(3)除了电力电缆,常用电缆还有控制电缆、信号电缆、电视射频同轴电缆、电话电缆、光缆、移动式软电缆等。

电力电缆是在绝缘导线的外面加

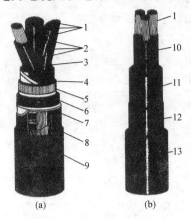

图 3-22　电力电缆的外形结构

(a) 油浸纸绝缘电力电缆；

(b) 交联聚氯乙烯绝缘电力电缆

1—铝芯（或铜芯）；2—油浸纸绝缘层；3—麻筋（填充物）；4—油浸纸（绕包绝缘）；5—铝包（或铅包）；6—纸带（内护层）；7—麻包（内护层）；8—钢铠（外护层）；9—麻包（外护层）；10—交联聚氯乙烯绝缘层；11—聚氯乙烯绝缘护套（内护层）；12—钢铠（或铝铠）；13—聚氯乙烯外护套

上增强绝缘层和防护层的导线，一般由许多层构成。电力电缆主要由线芯导体、相绝缘、带绝缘、铠装、护套等部分组成，如图 3-22 所示。

一根电缆内可以有若干根芯线，电力电缆一般为单芯、双芯、三芯、四芯和五芯，控制电缆为多芯。线芯的外部是绝缘层。多芯电缆的线芯之间加填料（黄麻或塑料），多线芯合并后外面再加一层绝缘层，其绝缘层外是铝或铅保护层，保护层外面是绝缘护套，护套外有些还要加钢铠防护层，以增加电缆的抗拉和抗压强度，钢铠层外还要加绝缘层。由于电缆具有较好的绝缘层和防护层，敷设时不需要再另外采用其他绝缘措施。电缆的线芯结构及绞线的单线数分别见表 3-14 及表 3-15。

表 3-14		线　芯　结　构		
标称截面（mm²）	线芯材料	额定电压 1～3kV	额定电压 6～10kV	
		各种类型	黏性浸渍电缆	不滴油电缆
16≤	铝	单根圆形硬铝线	单根圆形硬铝线	
	铜	单根圆形软铜线	单根圆形软铜线	
25～50	铝	单根软铝线或绞合线芯	单根软铝线或绞合线芯	
25～35	铜	单根软铜线或绞合线芯	绞合线芯	绞合线芯 单根软铜线芯
70≥	铝	绞合线芯	绞合线芯	
50≥	铜			

表 3-15   **绞线的单线根数**

标称截面（mm²）	圆形线芯根数（≥）	扇形或半圆形线芯根数（≥）
25 及 35	7	12
50 及 70	19	15
95	19	18
120	19	24
150	19	30
185	37	36
240	37	36
300	37	—
400	37	—
500	37	—
630	61	—
800	61	—

技能 54 了解电力电缆的选择

（1）最大工作电流作用下的线芯温度不得超过按电缆使用寿命确定的允许值，持续工作回路的线芯工作温度，应符合表 3-16 的规定。

表 3-16   **常用电力电缆最高允许温度**

电缆类型	电压（kV）	最高允许温度（℃）	
		额定负荷时	短路时
黏性浸渍纸绝缘	1～3	80	250
	6	65	
	10	60	175
	35	50	
不滴流纸绝缘	1～6	80	250
	10	65	
	35	65	175
交联聚乙烯绝缘	≤10	90	250
	>10	80	
聚氯乙烯绝缘	—	70	160
自容式充油	63～500	75	160

注 1. 对发电厂、变电站以及大型联合企业等重要回路铝芯电缆，短路最高允许温度为 200℃。

2. 含有锡焊中间接头的电缆，短路最高允许温度为 160℃。

（2）最大短路电流作用时间产生的热效应，应满足热稳定条件。对非熔断器保护的回路，满足热稳定条件可按短路电流作用下线芯温度不超过允许值。

（3）连接回路在最大工作电流作用下的电压降，不得超过该回路允许值。

（4）较长距离的大电流回路或 35kV 以上高压电缆还应按"年费用支出最小"原则选择经济截面。

（5）铝芯电缆截面不宜小于 $4mm^2$。

（6）水下电缆敷设当线芯承受拉力且较合理时，可按抗拉要求选用截面。

（7）对于干线或某些场所的电缆支线规格，应考虑发展的需要，同时要与保护装置相配合。若选出的电缆截面为非标准截面时，应按上限选择。

（8）电力电缆型号的选择，应根据环境条件、敷设方式、用电设备的要求和产品技术数据等因素来确定，以保证电缆的使用寿命。一般应按下列原则考虑。

1）在一般环境和场所内宜采用铝芯电缆；在振动剧烈和有特殊要求的场所，应采用铜芯电缆；规模较大的重要公共建筑宜采用铜芯电缆。

2）埋地敷设的电缆，宜采用有外护层的铠装电缆；在无机械损伤可能的场所，也可采用塑料护套电缆或带外护层的铅（铝）包电缆。

3）在可能发生位移的土壤中（如沼泽地、流砂、大型建筑物附近）埋地敷设电缆时，应采用钢丝铠装电缆，或采取措施（如预留电缆长度，用板桩或排桩加固土壤等）消除因电缆位移作用在电缆上的应力。

4）在有化学腐蚀或杂散电流腐蚀的土壤中，不宜采用埋地敷设电缆。如果必须埋地时，应采用防腐型电缆或采取防止杂散电流腐蚀电缆的措施。

5）敷设在管内或排管内的电缆，宜采用塑料护套电缆，也可采用裸铠装电缆或采用特殊加厚的裸铅包电缆。

6）在电缆沟或电缆隧道内敷设的电缆，不应采用有易燃和延燃的外护层，宜采用裸铠装电缆、裸铅（铝）包电缆或阻燃塑料护套电缆。

7）架空电缆宜采用有外被层的电缆或全塑电缆。

8）当电缆敷设在较大高差的场所时，宜采用塑料绝缘电缆、不滴流电缆或干绝缘电缆。

9）靠近有抗电磁干扰要求的设备及设施的线路或自身有防外界电磁干扰要求的线路，可采用非铠装电缆。

10）室内明敷的电缆，宜采用裸铠装电缆；当敷设于无机械损伤及无鼠害的场所，允许采用非铠装电缆。

11）沿高层或大型民用建筑的电缆沟道、隧道、夹层、竖井、室内桥架和吊顶敷设的电缆，其绝缘或护套应具有非延燃性。

12）三相四线制系统中应采用四芯电力电缆，不应采用三芯电缆另加一根单芯电缆或以导线、电缆金属护套作中性线。如用三芯电缆另加一根导线，当三相负荷不平衡时，相当于单芯电缆的运行状态，容易引起工频干扰，在金属护套和铠装中，由于电磁感应将产生电压和感应电流而发热，造成电能损失。对于裸铠装电缆，还会加速金属护套和铠装层的腐蚀。

13）在三相系统中，不得将三芯电缆中的一芯接地。

技能 55　了解电力电缆的敷设

1. 要求

（1）同一路由少于 6 根的 35kV 及以下电力电缆，在不易有经常性开挖的地段及城镇道路边缘宜采用直埋敷设。

（2）在有爆炸危险场所明敷的电缆、露出地坪上需加以保护的电缆及地下电缆与公路、铁路交叉时，应采用穿管敷设；地下电缆通过房屋、广场及规划将作为道路的地段，宜采用穿管敷设。

（3）在厂区、建筑物内地下电缆数量较多但不需采用隧道时，城镇人行道开挖不便且电缆需分期敷设时，同时又不属于有化学腐蚀液体或高温熔化金属溢流的场所，或在载重车辆频繁经过的地段，或经常有工业水溢流、可燃粉尘弥漫的厂房内等情况下，宜用电缆沟。同一通道的地下电缆数量众多，电缆沟不足以容纳时应采用隧道。

（4）同一通道的地下电缆数量众多，且位于有腐蚀性液体或经常有地面水流溢的场所，或含有 35kV 以上高压电缆，或穿越公路、铁道等地段，宜用隧道。

（5）垂直走向的电缆，宜沿墙、柱敷设，当数量较多，或含有 35kV 以上高压电缆时，应采用竖井。在地下水位较高的地方、化学腐蚀液体溢流的场所，厂房内应采用支持式架空敷设；建筑物或厂区不适于地下敷设时，可用架空敷设。

（6）电缆敷设要符合施工规范要求。电缆型号、电压和规格应符合设计；电缆绝缘良好；对油浸纸电缆应进行潮湿判断；直埋电缆与水底电缆应经直流耐压试验。电缆敷设时，在电缆终端头与电缆接头附近应留有备用长度。直埋电缆还应在全长上留少量裕度，并作波浪型敷设。在转弯处敷设时，不应小于电缆最小允许弯曲半径，见表 3-17。

表 3-17　　　　　　　　　　　电缆最小允许弯曲半径

电 缆 种 类	最小允许弯曲半径
无铅包钢铠护套的橡胶绝缘电力电缆	10D
有钢铠护套的橡胶绝缘电力电缆	20D
聚氯乙烯绝缘电力电缆	10D
交联聚氯乙烯绝缘电力电缆	15D
多芯控制电缆	16D

（7）敷设电缆时，如电缆存放地点在敷设前24h内的平均温度以及敷设现场的温度低于表3-18的数值时，应采取措施，否则不宜敷设。

表 3-18　　　　　　　　　　　电缆最低允许敷设温度

电缆类型	电缆结构	最低允许敷设温度（℃）
油浸纸绝缘电力电缆	充油电缆	−10
	其他油纸电缆	0
橡胶绝缘电力电缆	橡胶或聚氯乙烯护套	−15
	裸铅套	−20
	铅护套钢带铠装	−7
塑料绝缘电力电缆	—	0
控制电缆	耐寒护套	−20
	橡胶绝缘聚氯乙烯护套	−15
	聚氯乙烯绝缘聚氯乙烯护套	−10

2. 类型

（1）直接埋地敷设。电缆直接埋地敷设，是电缆敷设方法中应用最广泛的一种。当沿同一路径敷设的室外电缆根数为 8 根及以下，且场地有条件时，电缆宜采用直接埋地敷设。电缆直埋地敷设无需复杂的结构设施，既简单，又经济，电缆散热也好，适用于电力电缆敷设距离较长的场所。但采用直埋敷设时应避开含有酸、碱强腐蚀或杂散电流电化学腐蚀严重影响地段。电缆直接埋地的做法如图3-23所示，其中电缆沟最大边坡坡度比（$H : L_3$），见表3-19。

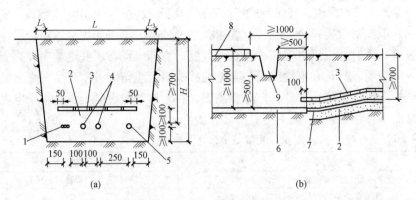

图 3-23　电缆直接埋地敷设

1—控制电缆；2—砂或软土；3—保护板；4—10kV 及以下电力电缆；5—35kV 电力电缆；

6—保护管；7—电缆；8—公路；9—排水沟

表 3-19 　　　　　　　　　　电缆沟最大边坡坡度比 ($H：L_3$)

土壤名称	边坡坡度	土壤名称	边坡坡度
砂土	1：1	含砾石卵石土	1：0.67
黏土	1：0.33	粉质黏土	1：0.50
干黄土	1：0.25	泥炭岩白垩土	1：0.33
粉质砂土	1：0.67		

直接埋地电缆，一般应使用铠装电缆。

电缆埋入深度一般为电缆外皮至地面不小于0.7m，农田中不小于1m，电缆外皮至地下构筑物的基础不小于0.3m。

直埋敷设于冻土地区时，宜埋入冻土层以下，当无法深埋时可在土壤排水性好的干燥冻土层或回填土中埋设，也可采取其他防止电缆受到损伤的措施。直埋敷设的电缆，严禁位于地下管道的正上方或下方。电缆与电缆或管道、道路、构筑物等相互间容许最小距离，应符合表3-20的要求。

表 3-20　　　电缆之间，电缆与管道、道路、建筑物之间平行交叉时的最小净距

项　目		最小净距（m）	
		平行	交叉
电力电缆间及其与控制电缆间	≤10kV	0.10	0.50
	>10kV	0.25	0.50
控制电缆间		—	0.50
不同使用部门的电缆间		0.50	0.50
热管道（管沟）及热力设备		2.00	0.50
油管道（管沟）		1.00	0.50
可燃气体及易燃液体管道（沟）		1.00	0.50
其他管道（管沟）		0.50	0.50
铁路路轨		3.00	1.00
电气化铁路路轨	交流	3.00	1.00
	直流	10.00	1.00
公路		1.50	1.00
城市街道路面		1.00	0.70
杆基础（边线）		1.00	—
建筑物基础（边线）		0.60	—
排水沟		1.00	0.50

注　1. 电缆与公路平行的净距，当情况特殊时可酌减。

　　2. 当电缆穿管或者其他管道有保温层等防护设施时，表中净距应从管壁中防护设施的外壁算起。

直埋敷设的电缆与铁路、公路或街道交叉时，应穿保护管，且保护范围超出路基、街道路面两边以及排水沟边 0.5m 以上。直埋敷设的电缆引入构筑物，在贯穿墙孔处应设置保护管，且对管口实施阻水。

电缆铅包皮对大地电位不宜大于 1V，并作适当防蚀处理。

电缆直埋敷设时，电缆沟底必须具有良好的土层，不应有石块或其他硬质杂物，否则应铺以 100mm 厚的软土或砂层。电缆敷设好后，上面应铺以 100mm 厚的软土和砂层，然后盖以混凝土保护板，覆盖宽度应超出电缆直径两侧各 50mm。电缆从地下或电缆沟引出地面时，地面上 2m 的一段应用金属管或罩加以保护，其根部应伸入地面下 0.1m。敷设在郊区及空旷地带的电缆线路，在沿电缆路径的直线间隔约 100m、转弯处或接头部位，应竖立明显的方位标志或标桩。

(2) 排管敷设。电缆排管敷设是按照一定的孔数和排列预制好的水泥管块，再用水泥砂浆浇筑成一个整体，然后将电缆穿入管中，这种敷设方法就称为电缆排管敷设，如图 3-24 所示。

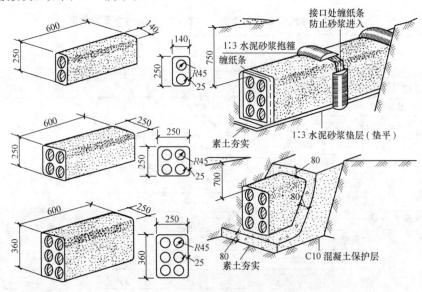

图 3-24 电缆排管敷设示意图

电缆排管敷设方式适用于电缆数量不多，但道路交叉较多、路径拥挤，且不宜采用直埋或电缆沟敷设的地段。电缆排管可采用钢管、硬质聚氯乙烯管、石棉水泥管和混凝土管块等。

(3) 沟（隧道）敷设。当平行敷设电缆根数较多时，可采用在电缆沟或电缆隧道内敷设的方式。

这种方式一般用于工厂厂区内。电缆隧道可以说是尺寸较大的电缆沟，是用砖砌或用混凝土浇灌而成的，沟顶部用钢筋混凝土盖板盖住。沟内装有电缆支架，电缆均挂在支架上如图 3-25 所示，支架可以为单侧也可为双侧。电缆沟尺寸见表 3-21，电缆支架的布置要符合表 3-22 的要求。电缆沟和电缆隧道内要设电缆井，便于电缆接头施工及维修。有些小电缆沟就在地面下，沟底距离地面500mm，电缆直接摆放在沟底，维修时可以不下到电缆井内进行操作，只需把手伸入电缆井中，这种井叫手孔井。

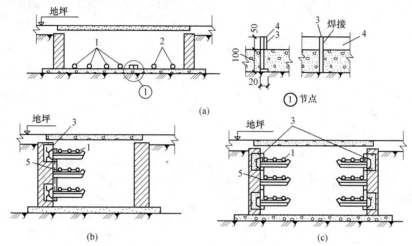

图 3-25　电缆在电缆沟（隧道）内敷设示意图

(a) 无支架；(b) 单侧支架；(c) 双侧支架

1—电力电缆；2—控制电缆；3—接地线；4—接地线支持件；5—支架

表 3-21　　　　　　　　　　　　**电缆沟尺寸**　　　　　　　　　　mm

沟宽 L	层架 a	通道 A	沟深 h
1000	200/300	500	700
1000	200	600	900
1200	300	600	1100
1200	200/300	700	1300

表 3-22　　　　　　　　　　**电缆支架的允许跨距**　　　　　　　　m

电 缆 特 征	敷设方式	
	水　平	垂　直
未含金属套、铠装的全塑小截面电缆	0.4*	1.0
除上述情况外的中、低压电缆	0.8	1.5
35kV 以上高压电缆	1.5	3.0

* 能维持电缆较平直时该值可增加 1 倍。

（4）明敷设。电缆明敷设电缆明敷设是直接敷设在构架上，可以像在电缆沟中一样，使用支架，也可以使用钢索悬挂或用挂钩悬挂，如图 3-26～图 3-28 所示。

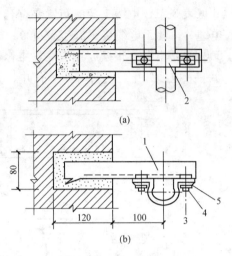

(a)

(b)

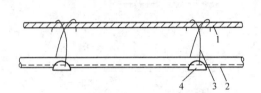

图 3-26　电缆在钢索上悬挂敷设示意图

1—钢索；2—电缆；3—钢索挂钩；4—铁托片

图 3-27　电缆在角钢支架上敷设示意图

(a) 垂直敷设；(b) 水平敷设

1—角钢支架；2—夹头（卡子）；3—六角螺栓；
4—六角螺母；5—垫圈

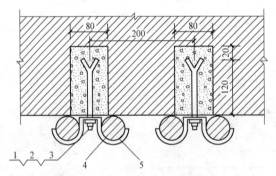

图 3-28　电缆在墙上敷设示意图

1—地角螺栓；2—六角螺母；3—垫圈；4—电缆；
5—夹头（卡子）

（5）桥架敷设。电缆桥架分为梯阶式、托盘式和槽式，如图 3-29 所示。电缆桥架的安装方式，如图 3-30 所示。托盘式桥架空间布置，如图 3-31 所示。槽式电缆桥架的敷设是在专用支架上先放电缆槽，放入电缆后可以在上面加盖板，既美观又清洁。

（6）水下敷设。水下电缆路径选择，应满足电缆不易受机械性损伤、能实施可靠防护、敷设作业方便、经济合理等要求。电缆宜敷设在河床稳定、流速较缓、岸边不易被冲刷、海底无石山或沉船等障碍、少有沉锚和拖网渔船活动的水域；电缆不宜敷设在码头、渡口、水工构筑物近旁、疏浚挖泥区和规划筑港地带。

144

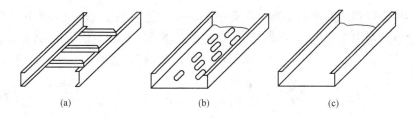

(a)　　　　　　　　(b)　　　　　　　　(c)

图 3-29　电缆桥架

(a) 梯阶式；(b) 托盘式；(c) 槽式

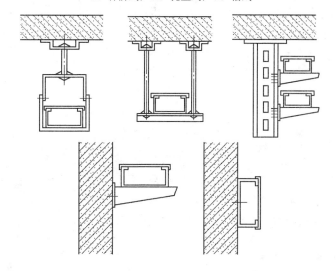

图 3-30　电缆桥架安装方式示意图

水下电缆不得悬空于水中，应埋设于水底。在通航水道等需防范外部机械力损伤的水域，电缆应埋置于水底适当深度，并加以稳固覆盖保护；浅水区埋深不宜小于 0.5m，深水航道的埋深不宜小于 2m。

水下电缆相互间严禁交叉、重叠。相邻的电缆应保持足够的安全间距。主航道内，电缆相互间距不宜小于平均最大水深的

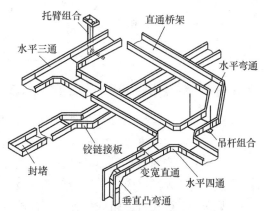

图 3-31　托盘式电缆桥架空间布置示意图

1.2 倍，引至岸边间距可适当缩小；在非通航的流速未超过 1m/s 的小河中，同回路单芯电缆相互间距不得小于 0.5m，不同回路电缆间距不得小于 5m。水下的

电缆与工业管道之间水平距离，不宜小于 50m；受条件限制时，不得小于 15m。

水下电缆引至岸上的区段，应有适合敷设条件的防护措施。岸边稳定时，应采用保护管、沟槽敷设电缆，必要时可设置工作井连接，管沟下端宜置于最低水位下不小于 1m 的深处；岸边未稳定时，还宜采取迂回形式敷设以预留适当备用长度的电缆；水下电缆的两岸，应设有醒目的警告标志。

（7）电缆头。由于电缆的绝缘层结构复杂，为了保证电缆连接后的整体绝缘性及机械强度，在电缆敷设时要使用电缆头，在电缆连接时要使用电缆中间头，在电缆起止点要使用电缆终端头，电缆干线与直线连接时要使用分支头，如图 3-32、图 3-33 所示。

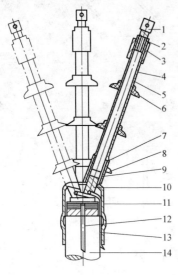

图 3-32　10kV 交联电缆热缩式
终端头局部解剖示意图

1—接线端子；2—密封管；3—填充胶；4—主绝缘层；5—热缩绝缘管；6—单孔雨裙；7—应力管；8—三孔雨裙；9—外半导电层；10—铜屏蔽带；11—分支套；12—铠装地线；13—铜屏蔽地线；14—外护层

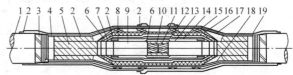

图 3-33　10kV 交联电缆热缩式中间
接头解剖示意图

1—外护层；2—绝缘带；3—铠装；4—内衬层；5—铜屏蔽带；6—半导电带；7—外半导电层；8—应力带；9—主绝缘层；10—线芯导体；11—连接管；12—内半导电管；13—内绝缘管；14—外绝缘管；15—外半导电管；16—铜网；17—铜屏蔽地线；18—铠装地线；19—外护套管

技能 56　掌握电力电缆线路工程图识读

如图 3-34 所示，为 10kV 电缆线路工程的平面图，图中标出了电缆线路的走向、敷设方法、各段线路的长度及局部处理方法。

电缆采用直接埋地敷设，电缆从××路北侧 1 号电杆引下，穿过道路沿路南侧敷设，到××大街转向南，沿街东侧敷设，终点为造纸厂，在造纸厂处穿过大街，按规范要求在穿过道路的位置要穿混凝土管保护。

如图 3-34 所示，右下角为电缆敷设方法的断面图。A-A 剖面是整条电缆埋地敷设的情况，采用铺沙子盖保护板的敷设方法，剖切位置在图中 1 号位置左侧。剖面 B-B 是电缆穿过道路时加保护管的情况，剖切位置在图中 1 号杆下方

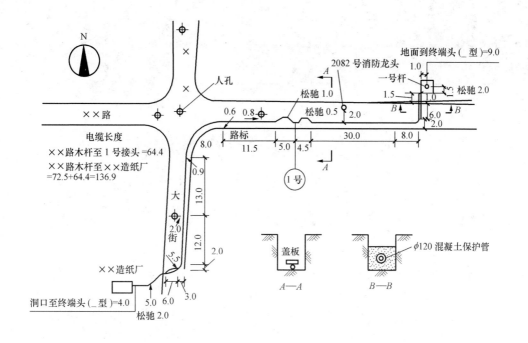

图 3-34　电缆线路工程平面图

路面上。这里电缆横穿道路时使用的是直径 120mm 的混凝土保护管，每段管长 6m，在图右上角电缆起点处和左下角电缆终点处各有一根保护管。电缆全长 136.9m，其中包含了在电缆两端和电缆中间接头处必须预留的松弛长度。图 3-39 中间标有 1 号的位置为电缆中间接头位置，1 号点向右直线长度 4.5m 内做了一段弧线，这里要有松弛量 0.5m，这个松弛量是为了将来此处电缆头损坏修复时所需要的长度。向右直线段 30m＋8m＝38m，转向穿过公路，路宽 2m＋6m＝8m，电杆距路边 1.5m＋1.5m＝3m，这里有两段松弛量共 2m（两段弧线）。电缆终端头距地面为 9m。电缆敷设时距路边 0.6m，这段电缆总长度为 64.4m。从 1 号位置向左 5m 内做一段弧线，松弛量为 1m。再向左经 11.5m 直线段进入转弯向下，弯长 8m。向下直线段 13m＋12m＋2m＝27m 后，穿过大街，街宽 9m。造纸厂距路边 5m，留有 2m 松弛量，进厂后到终端头长度为 4m。这一段电缆总长为 72.5m，电缆敷设距路边的 0.9m 与穿过道路的斜向增加长度相抵不再计算。

第四章

动力及照明工程图识读

1. 供电系统图

供电系统图又称配电系统图，简称系统图，是用国家标准规定的电气图用图形符号，概略地表示照明系统或分系统的基本组成、相互关系及其主要特征的一种简图。最主要的是表示其电气线路的连接关系，能集中地反映出安装容量、计算电流、安装方式、导线或电缆的型号规格、敷设方式、穿管管径、保护电器的规格型号等。

2. 平面布置图

平面布置图简称平面图，是用国家标准规定的建筑和电气平面图图形符号及有关文字符号表示照明区域内照明灯具、开关、插座及配电箱等的平面位置及其型号、规格、数量、安装方式，并表示线路的走向、敷设方式及其导线型号、规格、根数等的一种技术图样。照明平面图，应包括建筑门窗、墙体、轴线、主要尺寸，标注房间名称、绘制配电箱、灯具、开关、插座、线路等平面布置，标明配电箱编号，干线、分支线回路编号、相别、型号、规格、敷设方式等。平面图中的建筑平面是完全按照比例绘制的，电气部分的导线和设备不能完全按照比例绘制形状和外形尺寸，而是采用图形符号和标注的方法绘制，设备和导线的垂直距离和空间位置一般也不用剖、立面图表示，而是采用标注标高或附加必要的施工说明来表示。

3. 大样图

对于标准图集或施工图册上没有的需自制或有特殊安装要求的某些元器件，则需在施工图设计中提出其大样图，大样图应按照制图要求以一定比例绘制，并标注其详细尺寸、材料及技术要求，便于按图制作施工。

4. 施工说明

施工说明只作为施工图的一种补充文字说明，主要是施工图上未能表述的一些特定的技术内容。

5. 设备材料表

通常按设备、照明灯具、光源开关、插座、配电箱及导线材料等，分门别类列出。表中需有编号、名称、型号规格、单位、数量及备注等栏。但是依据《建筑工程设计文件编制深度规定》，设计文件只要求列出主要电气设备表。主要电气设备一般包括变压器、开关柜、发电机及应急电源设备、落地安装的配电箱，插接式母线等，以及其他系统主要设备。

技能 58　熟悉动力及照明工程图的识读方法

（1）首先应阅读工程说明，了解工程概况及施工中的注意事项。

（2）阅读干线系统图，了解整个配电系统的组成和各配电箱（柜）的相互关系。

（3）了解建筑物的基本情况，如房屋结构、房间分布及其功能，各类电器设备在建筑物内的分布及安装位置，了解其型号规格、性能、对安装的技术要求。对于设备的性能、特点及安装技术要求，往往通过阅读相关的技术资料及施工验收规范来了解。如在施工图中，照明开关的高度未明确时，则依据《建筑电气工程施工质量验收规范》GB 50303—2002 执行，开关安装位置应便于操作，开关边缘距门框的距离宜为 0.15～0.2m，开关高度宜为 1.3m；拉线开关距地高度宜为 2～3m，层高小于 3m 时，拉线开关距顶不小于 0.1m，拉线出口应垂直向下。

（4）在了解了以上各项内容后，读平面图时，应对照配电箱系统图，了解各支路负荷分配和连接情况，明确各设备属于哪个支路的负荷，弄清设备之间的相互关系。读平面图时，一般从配电箱开始，一条支路一条支路地看。如果这个问题解决不好，就无法进行实际的配线施工。

（5）平面图是施工单位用来指导施工的依据，也是施工单位用来编制施工方案和工程预算的依据。设备、灯具的安装方法义往往在平面图上不加表示，这个问题就需要通过阅读安装大样图及图集解决。将阅读平面图和施工图集结合起来，就能编制出可行的施工方案和准确的施工预算。

（6）平面图只表示设备的和线路的平面位置，很少反映空间高度，在阅读平面图时，应建立起空间概念。这对造价技术人员特别重要，可以防止在编制工程预算时，造成垂直敷设管线的漏算。

（7）相互对照、综合看图。为避免建筑电气设备及线路与其他没备管线在安装时发生位置冲突，在阅读平面图时，要对照阅读其他建筑设备安装图。

（8）了解设备的一些特殊要求，做出适当的选择。如低压电器外壳防护等级、防触电保护的灯具分类、防爆电器等的特殊要求。

技能 59　了解动力配电系统类型及要求

1. 类型

(1) 消防用电设备的配电。消防动力包括消火栓泵、喷淋泵、正送风机、防排烟机、消防电梯、防火卷帘门等。由于建筑消防系统在应用上的特殊性，因此要求它的供电系统要绝对安全可靠，并便于操作与维护。根据我国消防法规规定，消防系统供电电源应分为主工作电源及备用电源，并按不同的建筑等级和电力系统有关规定确定供电负荷等级。一类高层建筑的消防用电应按一级负荷处理，即由不同的高压电网供电，形成一用一备的电源供电方式；二类高层建筑的消防用电应按二级负荷处理，即由同一电网的双回路供电，形成一用一备的供电方式。有时为加大备用电源容量，确保消防系统不受停电事故影响，还配备柴油发电机组。因此，消防系统的供配电系统应由变电站的独立回路和备用电源（柴油发电机组）的独立回路，在负载末端经双电源自动切换装置供电，以确保消防动力电源的可靠性、连续性和安全性。消防设备的配电线路可以采用普通电线电缆，但应穿金属管、阻燃塑料管或金属线槽敷设配电线路，无论是明敷还是暗敷，都要采取必要的防火、耐热措施。

(2) 空调动力设备的配电。在高层建筑的动力设备中，空调设备是最大的一类动力设备，这类设备容量大、种类多，包括空调制冷机组（或冷水机组、热泵）、冷却水泵、冷冻水泵、冷却塔风机、空调机、新风机、风机盘管等。空调制冷机组（或冷水机组、热泵）的功率很大，大多在 200kW 以上，有的超过500kW。因此，其配电可采用从变电站低压母线直接引到机组控制柜的方式。冷却水泵、冷冻水泵的台数较多，且留有备用，单台设备容量在几十千瓦，多数采用减压启动。一般采用两级放射式配电方式，从变电站低压母线引来一路或几路电源到泵房动力配电箱，再由动力配电箱引出线至各个泵的启动控制柜。空调机、新风机的功率大小不一，分布范围较广，可以采用多级放射式配电；在容量较小时亦可采用链式配电方式或混合式配电方式，应根据具体情况灵活考虑。而风机盘管为 220V 单相用电设备，数量多、单机功率小，只有几十瓦到一百多瓦，一般可以采用类似照明灯具的配电方式，一个支路可以接若干个风机盘管或由插座供电。

(3) 电梯的配电。电梯是建筑内重要的垂直运输设备，必须安全可靠，可分为客梯、自动扶梯、景观电梯、货梯及消防电梯等。由于运输的轿厢和电源设备在不同的地点，虽然单台电梯的功率不大，但为了确保电梯的安全及电梯间互不影响，所以，每台电梯宜由专用回路以放射式方式配电并应装设单独的隔离电器和短路保护电器。电梯轿厢的照明电源、轿顶电源插座和报警装置的电源，可以从电梯的动力电源隔离电器前取得，但应另外装设隔离电器和短路保护电器。电梯机房及滑轮间、电梯井道及底坑的照明和插座线路，应与电梯分别配电。对于电梯的负荷等级，应符合现行《民用建筑电气设计规范》JGJ 16—2008、《供配电系统设计规范》GB 50052—2009 及其他有关规范的规定，并按负荷分级确定电源及配电方式。电梯的电源一般引至机房电源箱，自动扶梯的电源一般引至高端地坑的扶梯控制箱，消防电梯应符合消防设备的配电要求。

（4）给水排水装置的配电。建筑内除了消防水泵外，还有生活水泵、排水泵及加压泵等。生活水泵大都集中于泵房设置，一般从变压站低压出线引单独电源送至泵房动力配电箱，再以放射式配电至各泵控制设备；而排水泵位置比较分散，可采用放射式接线至各泵的控制设备。

2. 设计要求

动力配电系统在设计时，应分别绘制动力配电系统图、电动机控制原理图和动力配电平面图。动力配电系统中一般采用放射式配线，一台电动机一个独立回路。在动力配电系统图中应标注配电方式、开关、熔断器、交流接触器、热继电器等电气元件，还应有导线型号、截面积、配管及敷设方式等，在系统中也可附材料表和说明。一般异步电动机均采用交流接触器控制电路。应根据动力设备的控制要求，来设计异步电动机的控制原理图，如异步电动机连续运行控制电路、异步电动机两地控制电路、异步电动机多台顺序启动控制电路等。

3. 装置组成

动力配电装置动力配电装置（箱或柜）内由刀开关、熔断器或空气断路器、交流接触器、热继电器、按钮、指示灯和仪表等组成。电气元件的额定值由动力负荷的容量决定，配电箱的尺寸根据这些电气元件的大小来确定。配电箱（或柜）有铁制、塑料制等，一般分为明装、暗装或半暗装。为了操作方便，配电箱中心距地面的高度为 1.5m，动力负荷容量大或台数较多时，应采用落地式配电柜或控制台，并在柜底下留沟槽或用槽钢支起以便管路的敷设连接。配电柜有柜前操作、维护，靠墙设立的，也有柜前操作、柜后维护的，一般要求柜前有大于 1.8m 的操作通道，柜后应有不少于 0.8m 的维修通道。

技能 60　了解照明供电系统类型及要求

1. 照明方式

（1）一般照明。指不考虑特殊局部的需要，为照亮整个场地而设置的均匀照明。

（2）分区一般照明。指根据需要，提高某一特定区域照度的一般照明。

（3）局部照明。指为满足某个局部位的特殊需要而设置的照明。

（4）混合照明。指一般照明与局部照明组成的照明。

2. 照明种类

（1）正常照明。正常照明是指在正常情况下使用的室内外照明。

（2）应急照明。应急照明是指因正常照明的电源发生故障而启用的照明。

1）备用照明。是在当正常照明因故障熄灭后，将会造成爆炸、火灾和人身伤亡等严重事故的场所所设的供继续工作用的照明，或在火灾时为了保证救火能正常进行而设置的照明。

2）安全照明。是用于当正常照明发生故障而使人们处于危险状态的情况下，为能继续进行工作而设置的照明。

3）疏散照明。是在正常照明因故障熄灭后，为了避免引起工伤事故或通行时发生危险而设置的照明。

（3）值班照明。值班照明是指在非工作时间内，为需要值班的场所提供的照明。

（4）警卫照明。警卫照明是指为保障人员安全，或对某些有特殊要求的厂区、仓库区、设备等的保卫，用于警戒而设置的照明。

（5）障碍照明。障碍照明是指为了保障航空飞行安全以及船舶航行安全而在高大建筑物上装设的障碍标志照明。

3. 光源类型

常用的照明电光源按发光原理可分为热辐射光源和气体放电光源两大类。热辐射光源有白炽灯和卤钨灯（含碘钨灯）；气体放电光源有荧光灯和高强气体放电灯（含高压汞灯、高压钠灯、金属卤化物灯和氙灯等）。

4. 光源选择要求

（1）照明光源宜采用荧光灯、白炽灯、高强气体放电灯。

（2）当悬挂高度在 4m 及以下时，宜采用荧光灯；当悬挂高度在 4m 以上时，宜采用高强气体放电灯，若不宜采用高强气体放电灯，也可以采用白炽灯。

（3）在下列工作场所的照明光源，可选用白炽灯：局部照明的场所、防止电磁波干扰的场所、频闪效应影响视觉效果的场所、经动合闭灯的场所。

（4）应急照明应采用能瞬时可靠点燃的白炽灯、荧光灯等。当应急照明作为正常照明的一部分经常点燃且不需切换电源时，可采用其他光源。

（5）对显色性要求较高的场所（如美术馆、商店等）应选用平均显色指数 Ra 不小于 80 的光源，当采用一种光源不能满足光色或显色性要求时，可采用两种光源形式的混光光源。

（6）从节能观点考虑，高大厂房中宜采用高光效、长寿命的高强气体放电灯或其混光照明。

（7）一般场所与光源颜色及显色指数有密切的关系，光源的颜色分类及其适用场所见表 4-1，光源的显色类别及其适用场所见表 4-2。

表 4-1 光源的颜色分类及其适用场所

光源的颜色分类	相关色温（K）	颜色特征	适用场所举例
Ⅰ	<3300	暖	居室、餐厅、酒吧、陈列室等
Ⅱ	3300～5300	中间	教室、办公室、会议室、阅览室等
Ⅲ	>5300	冷	设计室、计算机房

表 4-2 光源的显色类别及其适用场所

光源颜色分类	一般显色指数 Ra	光源示例	适用场所举例
Ⅰ	≥80	荧光灯、卤钨灯、稀土节能荧光灯、三基色荧光灯、高显色高压钠灯	美术展厅、化妆室、客厅、餐厅、多功能厅、高级商店营业厅等
Ⅱ	60≤Ra<80	荧光灯、金属卤化物灯	教室、办公室、会议室、阅览室、候车室、自选商店等
Ⅲ	40≤Ra<60	荧光高压汞灯	行李房、库房等
Ⅳ	<40	高压钠灯	颜色要求不高的库房、室外道路照明等

5. 照明供电系统一般要求

（1）对电压质量的要求。

1）电压偏移要求。照明灯具端电压的允许偏移不得高于额定电压的 5%，且不应低于额定电压的以下数值：对视觉要求较高的室内照明为 25%；一般工作场所的室内照明、室外照明为 5%，但极少数远离变电站的场所，允许偏移 10%。

2）事故照明、道路照明、警卫照明及电压 12～36V 的照明为 10%。

3）电压波动要求。电压波动是指电压的快速变化。当照明供电网络中存在冲击性负荷时，会引起电压波动，电压波动能引起光源光通量的波动，从而引起被照物体的照度、亮度的波动，进而影响视觉，所以电力电压波动必须限制。正常照明一般可与其他电力负荷共用变压器供电，但不宜与供给较大冲击性负荷的变压器合用供电。必要时（如照明负荷较大）可设照明专用变压器供电。

（2）其他要求。

1）在无具体设备连接的情况下，民用建筑中的每个插座可按 100W 计算。

2）照明系统中的每一单相负荷回路，电流不宜超过 16A。灯具为单独回路时，数量不宜超过 25 个，但花灯、彩灯、大面积照明等回路除外。

3）对于气体放电灯宜采用分相接入法，以降低频闪效应的影响。

4）重要厅室的照明供电，可采用两个电源自动切换的方式或两个电源各带一半负荷的方式供电。

（3）照明的供电方式及控制方式。

1）照明线路的供电一般采用单相交流 220V 两线制，当负荷电流超过 30A 时，应采用三相四线制供电。

2）照明的控制方式及开关的安装位置，主要遵循在安全的前提下便于使用、管理和维修的原则。照明配电装置应靠近供电的负荷中心，略偏向电源侧，一般宜用二级控制方式。大空间场所照明（如大型商场、厂房等）可采用分组，在分配电箱内控制，但在出入口应装部分开关；一般房间照明开关装于入口处门侧墙上内侧；偶尔出入的房间开关宜装于室外。

3）道路照明在负荷小的情况下采用单相供电，在负荷大的情况下采用三相四线供电。并应注意三相负荷的平衡。各独立工作地段或场所的室外照明，由于用途和使用时间不同，应采用就地单独控制的供电方式。除了每个回路应有保护设施外，每个照明装置还应设单独的熔断器保护。

（4）照明负荷计算。

1）对于一般工程，可采用单位面积耗电量法进行估算。根据工程的性质和要求，查有关手册选取照明装置单位面积的耗电量，再乘以相应的面积，即可得到所需照明供电负荷的估算值。

2）需进行准确计算时，则应根据实际安装或设计负荷汇总，并考虑一定的照明负荷同时系数，确定照明计算负荷，以供电流计算之用。

（5）照明供电网络设计要求。

1）室内正常照明。一般由动力与照明共用的电力变压器供电，二次电压为 380/220V。如果动力负荷会引起对照明不允许的电压偏移或波动，在技术经济合理的情况下，对照明可采用有载自动调压电力变压器、调压器，或照明专用变压器供电；在照明负荷较大的情况下，照明也可采用单独的变压器供电（如高照度的多层厂房、大型体育设施等）。在电力负荷稳定的生产厂房、辅助生产厂房以及远离变电站的建筑物和构筑物中（如公共和一般的住宅建筑），可采用动力与照明合用供电线路的方式，但应在电源进户处将动力、照明线路分开。当建筑物内设低压配电屏、低压侧采用放射式配电系统时，照明电源一般可接在低压配电屏的照明专用线上。

2）室内备用照明。对于特别重要的照明负荷，宜在负荷末级配电盘采用自动切换电源的方式，也可采用由两个专用回路各带约50%的照明灯具的配电方式。当无第二路电源时，可采用自备快速启动发电机作为备用电源，某些情况下也可采用蓄电池作备用电源。备用照明应接于与正常照明不同的电源。为了减少和节省照明线，一般可从整个照明中分出一部分作为备用照明。此时，工作照明和备用照明同时使用，但其配电线路及控制开关应分开装设。若备用照明不作为正常照明的一部分同时使用，则当正常照明因故障停电时，备用照明电源应自动投入。备用照明可采用以下供电方式：引入10kV（或6kV）电源为专供电源仅装设一台变压器时，与正常照明在变电站低压配电屏上或母线上分开；装设两台及以上变压器时，宜与正常照明分别接于不同的变压器；建筑物内不设变压器时，应与正常照明电源分别引自附近不同的变压器，并不得与正常照明共用一个总开关；当供电条件不具备两个电源或两个回路时，可采用蓄电池组或带有直流逆变器的应急照明灯。

3）室外照明。室外照明线路应与室内照明线路分开供电；道路照明、警卫照明的电源宜接自有人值班的变电站低压配电屏的专用回路上。负荷小时，可采用单相供电；负荷大时，可采用三相供电，并应注意各相负荷分配均衡；当室外照明的供电距离较远时，可采用由不同地区的变电站分区供电的方式。

6. 照明装置安全要求

（1）防触电保护。防止与正常带电体接触而遭电击的保护称为直接接触保护（正常工作时的电击保护），其主要措施是设置使人体不能与带电部分接触的绝缘、必须的遮栏等措施或采用安全电压。预防人体与正常时不带电，而异常时带电的金属构件（如灯具外壳）接触而采取的保护，称为间接接触保护（故障情况下的电击保护），其主要方法是将电源自动切断，或采用双重绝缘的电气产品，或使人不至于触及不同电压的两点，或采用等电位联结等。在照明系统中，正常工作和故障情况下的电击保护可采取的方式是：①采用安全电压。如手提灯及电缆隧道中的照明等都采用36V安全电压。但此时电源变压器（220/36V）的一、二次绕组间必须有接地屏蔽层或采用双重绝缘；二次回路中的带电部分必须与其他电压回路的导体、大地等隔离。②保护接地。我国低压网络多采用TN或TT接地形式。系统中性点直接接地，设备发生故障（绝缘损坏）时能形成较大的短路电流，从而使线路保护装置很快动作，切断电源。③采用残余电流保护装置（RCD—漏电保护）。在TN及TT系统中，当过电流保护不能满足切断电源的要求时（灵敏度不够），可采用残余电流保护。通过保护装置主回路各极电流的矢量和称为残余电流。正常工作时，残余电流值为零；但人接触到带电体或被保护的线路及设备绝缘损坏时，会产生残余电流。对于直接接触保护，采用 30mA 及以下的数值作为残余电流保护装置的动作电流；对于间接接触保护，则采用通用人体接触电压极限值 UL（50V）除以接地电阻所得的商，作为该装置的动作电流。

（2）照明装置及线路的电气安全措施。

1）安装高度低于 25m 时，照明装置及线路的外露可导电部分，必须与保护地线（PE 线）或保护中性线（PEN 线）实行电气联结。

2）在 TN -C 系统中，灯具的外壳应以单独的保护线（PE 线）与保护中性线（PEN 线）相连。不允许将灯具的外壳与支接的工作中性线（N 线）相连。

3）采用硬质塑料管或难燃塑料管的照明线路，宜敷设专用保护线（PE 线）。

4）爆炸危险场所的照明装置，须敷设专用保护接地线（PE 线）。在 TN-S 系统中，N 线上严禁接入可独立操作的开关或熔断器。

5）在 TN-C 系统中，PEN 线严禁接入开关设备。

技能 61　　了解导线根数的计算方法

各线路的导线根数及其走向是照明平面图的主要表现内容之一。要真正认识每根导线及导线根数的变化原因，首先了解接线的方法，所有导线的连接必须要在接线盒内进行，保护管内不得进行导线的连接；接线盒的设置部位一般是在灯具安装处、开关处、管线拐弯处。长距离管线的适当位置可依据需要设置接线（过线）盒。其次是需要了解灯具的控制方式，分清哪个开关控制哪一盏灯，特别应注意多个开关安装在一起、一个开关控制多个灯及双控开关控制一盏灯的情况。要弄清楚导线的根数，还应了解接线的方法，相线经过开关，再接到灯具光源的一个引出线上，经光源后，再由另一个引出线，经中性线回到电源的中性点。保护线一般是在必要时直接与灯具的接地端子连接的。

以一个最简单的例子，来了解一下照明平面图。如图 4-1（a）所示为某住宅两个卧室的照明平面图，图中 3 表示 3 根导线。三套灯具的控制方式为带阳台的卧室采用双控开关，在门口及床头控制，阳台灯具在阳台门的室内侧控制，另一卧室的灯具在卧室门口控制。为便于读图，如图 4-1（b）所示为三个灯具及其控制开关的接线示意图，图中虚线部分为接线盒，为了表达清楚，将接线盒尺寸放大。工程中，接线盒安装在墙或顶棚上，开关一般直接固定在接线盒上，灯具通过胀管、吊件等方式安装，导线由接线盒引到灯具内，完成接线。支路上所有导线的连接均在接线盒内进行，不可在保护管内进行导线连接；当一个接线盒的进出管线超过 4 根时，应采用大型盒。

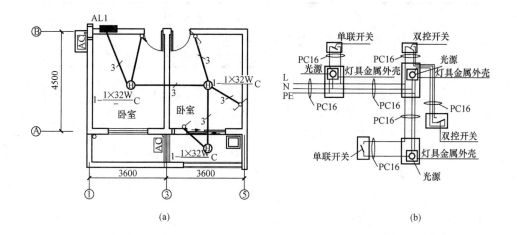

图 4-1　某住宅两个卧室的照明平面与接线图

(a) 照明平面图；(b) 接线示意图

1. 穿保护管暗敷设

（1）穿保护管暗敷设，把穿线管敷设在墙壁、楼板、地面等的内部，要求管路短、弯头少、不外露。暗敷设一般采用阻燃硬质塑料穿线管或金属管。敷设时，保护层厚度不小于15mm，配管时应注意，根据管路的长度、弯头数量等因素，在管路的适当部位留拉线盒，设置接线盒及拉线盒的原则如下。

1）安装电器及开关的部位设置接线盒。

2）线路分支处或导线规格改变处应设置接线盒。

3）水平管设置接线盒的原则：无弯曲时，长度每超过 30m 设一个；一个弯曲时，长度每超过 20m 设一个；两个弯曲时，长度每超过 15m 设一个；三个弯曲时，长度每超过 8m 设一个。

4）垂直敷设的管路，在下列情况下应设固定导线用的接线盒：导线截面 50mm^2 及以下，长度每超过 30m；导线截面 70～95mm^2，长度每超过 20m；导线截面 120～240mm^2，长度每超过 18m。

5）管线通过建筑物的变形缝沉降缝处，缝两端设接线盒作补偿装置。穿保护管明敷设，多数是沿墙、柱及各种构架的表面用管卡固定，其安装固定可采用塑料胀管、膨胀螺栓或角钢支架。固定点与终点、转弯中心、电器或接线盒边缘的距离视管子规格宜为 150～500mm，中间固定点符合表 4-3 规定：

表 4-3	管卡的最大距离				
导管种类	穿线管公称直径（mm）				
	15～20	25～32	32～40	50～65	65 以上
	管卡间最大距离（m）				
壁厚大于 2mm 刚性钢导管	1.5	2.0	2.5	2.5	3.5
壁厚小于等于 2mm 刚性钢导管	1.0	1.5	2.0		
刚性绝缘导管	1.0	1.5	1.5	2.0	2.0

（2）穿管的注意事项。

1）穿管前应清除管内杂物和积水。管口应有保护措施。

2）导线应分色施工—PE 线严格采用黄绿相间线，N 线严格用蓝色，L1 相黄色，L2 相绿色，L3 相红色。

3）三相或单相的交流单芯电缆或电线，不得单独穿于钢管内，应将回路的所有导线敷设在同一金属管内，且管内不得有接头，避免涡流效应。

4）不同回路、不同电压等级的交流与直流电线不得穿于同一导管内。

5）爆炸危险环境的照明电线和电缆额定电压不得低于 750 V，且必须穿于钢管内。

2. 金属线槽配线

金属线槽由厚度为 1～2.5mm 的钢板制成，具有槽盖的金属线槽，可以在吊顶内敷设。金属线槽连接间隙应严密、平直、无扭曲变形，穿墙壁、楼板处不得进行连接，穿越变形缝处应进行补偿。

金属线槽内的导线敷设，不应出现挤压、扭结、损伤绝缘等现象，应将放好的导线按回路或系统整理成束，做好永久性的编号标记。线槽内的导线规格数量应符合设计规定；当设计无规定时，导线总截面积（包括绝缘层），强电不宜超过槽截面积的 20%，载流导体的数量不宜超过 30 根，弱电不宜超过槽截面积的 50%。还应注意多根导线在线槽内敷设时，载流量将会明显下降。导线的接头，应在线槽的接线盒内进行。值得注意的是，载流导线采用线槽敷设时，因为导线数量多，散热条件差，载流量会有明显的下降，设计施工时应充分注意这一点，否则将会给工程留下安全隐患。

金属线槽应可靠接地，金属线槽与 PE 线连接应不少于两处，线槽的连接处应做跨接。金属线槽不可作为设备的接地导体。

3. 树干式配电线路与配电箱连接

建筑电气中，经常采用的配电力方式是分区树干式。树干式配电回路包含多个配电箱，配电箱与干线之间的连接通常采用的方式有 T 接端子、电缆穿刺、预分支电缆、母线槽等方式，几种接线方式特点介绍如下。

（1）T接端子。不需要切断主干电缆的现场任意分支的工艺（但需剥去一定长度电缆芯线之绝缘层，不可带电作业），T接端子的导线夹与电缆芯线导电部分呈包容形的犬牙交错结构，接触牢靠；防火、耐燃烧性能优良；比选用插接式母线槽和预分支电缆造价低。

（2）电缆穿刺。节省大量成本费用；不占用有效面积；施工速度极快，省时又省工；不受各种恶劣环境影响，防护性能佳；力矩螺栓，可控制紧固力矩，保证高质量，稳定连接；任意分支，随意变更；无需剥去电缆绝缘层、无需截断主电缆即可做电缆分支，接头完全密封绝缘；密封结构：防水、防火、防震、防腐蚀、防电化、耐扭曲、无需维护、可延长绝缘导线的使用寿命。使用穿刺线夹时，应注意质量。劣质产品可能会出现短路现象。

（3）母线槽。具有体积小、结构紧凑、运行可靠、传输电流大、便于分接馈电、维护方便、能耗小、动热稳定性好等优点，价格昂贵、安装占地面积大、安装周期长、劳动强度大；因而一次投资很大是它的主要缺点。

（4）预分支电缆。电缆分支接头采用特殊设计的连接器进行压接，连接强度高，接触面积大，可保证导体连接的可靠性和接触电阻的要求；具有可靠性高、环境要求低、免维护等优点，缺点是需依据工程专门定做，供货周期长。

技能 63 掌握住宅楼配电及照明工程图识读

如图4-2所示，是一栋居民住宅楼，六层，分五个单元，砖混结构，电源为三相四线380/220 V引入，采用TN-C-S，电源在进户总箱重复接地。

1. 配电系统图的识读

如图4-2所示是这栋居民住宅楼照明配电线路的系统图，如图4-3所示是其标准层电气照明平面布置图。

（1）系统特点。系统采用三相四线制，架空引入，导线为三根35mm² 加一根25mm² 的橡皮绝缘铜线（BX）引入后穿直径为50mm的焊接钢管（SC）埋地（FC），引入到第一单元的总配电箱。第二单元总配电箱的电源是由第一单元总配电箱经导线穿管埋地引入的，导线为三根35mm² 加两根25mm² 的塑料绝缘铜线（BV），35mm² 的导线为相线，25mm² 的导线一根为N线，一根为PE线。穿管均为直径50mm的焊接钢管。其他三个单元总配电箱的电源的取得与上述相同。

（2）照明配电箱。照明配电箱分两种，首层采用XRB03-G1（A）型改制，其他层采用XRB03-G2（B）型改制，其主要区别是前者有单元的总计量电能表，并增加了地下室照明和楼梯间照明回路。XRB03-G1（A）型配电箱配备三相四

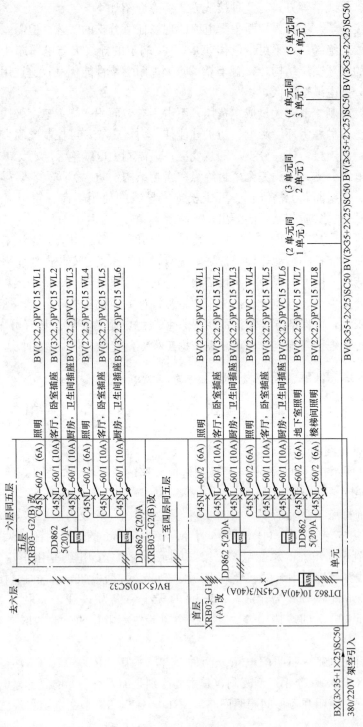

图 4-2 住宅楼照明配电线路系统图

160

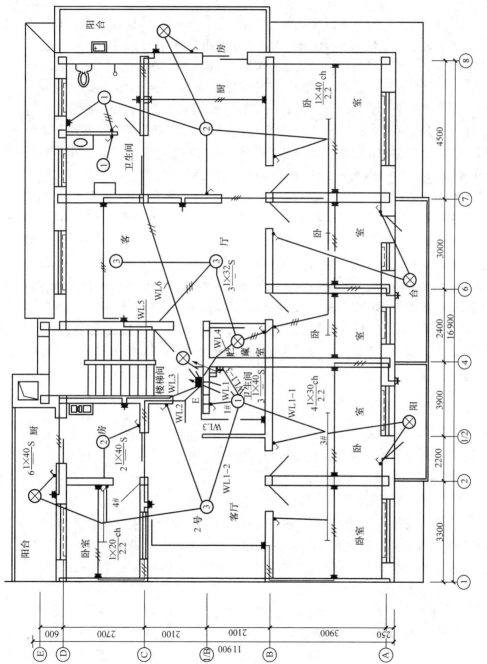

图 4-3 住宅楼标准电气层照明平面布置图

线总电能表一块，型号 DT862-10（40）A，额定电流 10 A，最大负载 40 A；配备总控三极低压断路器，型号 C45N/3P-40 A，整定电流 40 A。该箱有三个回路，其中两个配备电能表的回路分别是供首层两个住户使用的，另一个没有配备电能表的回路是供该单元各层楼梯间及地下室公用照明使用的。其中供住户使用的回路，配备单相电能表一块，型号 DD862-5（20）A，额定电流 5 A，最大负载 20 A，不设总开关。每个回路又分三个支路，分别供照明、客厅及卧室插座。厨房及卫生间插座，支路标号为 WL1～WL6。照明支路设双极低压断路器作为控制和保护用，型号 C45N-60/2P，整定电流 6 A；另外两个插座支路均设单极漏电开关作为控制和保护用，型号 C45NL-60/1P，整定电流 10 A。公用照明回路分两个支路，分别供地下室和楼梯间照明用，支路标号为 WL7 和 WL8。每个支路均设双极低压断路器作为控制和保护，型号为 C45N-60/2P，整定电流 6 A。从配电箱引自各个支路的导线均采用塑料绝缘铜线穿阻燃塑料管（PVC），保护管径 15mm，其中照明支路均为两根 2.5mm^2 的导线（一零一相），而插座支路均为三根 2.5mm^2 的导线，即相线、N 线、PE 线各一根。XRB03-G2（B）型配电箱不设总电能表，只分两个回路，供每层的两个住户使用，每个回路又分三个支路，其他内容与 XRB03-G1（A）型相同。该住宅为 6 层，相序分配上 A 相一～二层，B 相三～四层，C 相五～六层，因此由一层到六层竖直管路内导线是这样分配的：进户四根线，三根相线一根 N 线；一至二层管内五根线，三根相线，一根 N 线，一根 PE 线；二至三层管内四根线，二根相线（B、C），一根 N 线一根 PE 线；三至四层管内四根线，二根相线（B、C），一根 N 线，一根 PE 线；四至五层管内三根线，一根相线（C），一根 N 线，一根 PE 线；五至六层管内三根线，一根相线（C），一根 N 线，一根 PE 线。需要说明一点，如果支路采用金属保护管，管内的 PE 线可以省掉，而利用金属管路作为 PE 线。

2. 标准层照明平面图的识读

如图 4-3 所示，图中①～④轴号为例进行说明如下。

（1）根据设计说明中的要求，图中所有管线均采用焊接钢管或 PVC 阻燃塑料管沿墙或楼板内敷设，管径 15mm，采用塑料绝缘铜线，截面积 2.5mm^2，管内导线根数按图中标注，在黑线（表示管线）上没有标注的均为两根导线，凡用斜线标注的应按斜线标注的根数计。

（2）电源是从楼梯间的照明配电箱 E 引入的，分为左、右两户，共引出 WL1～WL6 六条支路，为避免重复，可从左户的三条支路看起。其中 WL1 是照明支路，共带有 8 盏灯，分别画有①、②、③及⊗的符号，表示四种不同的灯具。每种灯具旁均有标注，分别标出了灯具的功率、安装方式等信息。以阳台灯为例，标注为 $6\dfrac{1\times40}{}$S，表示此灯为平灯口，吸顶安装，每盏灯泡的功率为 40W，吸顶安装，这里的"6"表明共有这种灯 6 盏，分别安装于四个阳台，以及贮藏室和楼梯间。

（3）通过读图，还可以知道以下信息。

标为①的灯具安装在卫生间，标注为 $3\dfrac{1\times40}{}$S，表明共有这种灯 3 盏，玻璃灯罩，吸顶安装，每盏灯泡的功率为 40W。

标为②的灯具安装在厨房，标注为 $2\dfrac{1\times40}{}$S，表明共有这种灯 2 盏，吸顶安装，每盏灯泡的功率为 40W。

标为③的灯具为环形荧光灯，安装在客厅，标注为 $3\dfrac{1\times32}{}$S，表明共有这种灯 3 盏，吸顶安装，每盏灯泡的功率为 32 W。

卧室照明的灯具均为单管荧光灯，链吊安装（ch），灯距地的高度为 2.2m，每盏灯的功率各不相同，有 20、30、40W 三种，共 6 盏。

灯的开关均为单联单控翘板开关。

WL2、WL3 支路为插座支路，共有 13 个两用插座，通常安装高度为距地 0.3m，若是空调插座则距地 1.8m。

图中标有 1、2、3、4 号处，应注意安装分线盒。

图中楼道配电盘 E 旁有立管，里面的电线来自总盘，并送往上面各楼层以及为楼梯间各灯送电。

WL4、WL5、WL6 是送往右户的三条支路，其中 WL4 是照明支路。需要注意的是，标注在同一张图样上的管线，凡是照明及其开关的管线均是由照明箱引出后上翻至该层顶板上敷设安装，并由顶板再引下至开关上；而插座的管线均是由照明箱引出后下翻至该层地板上敷设安装，并由地板上翻引至插座上，只有从照明回路引出的插座才从顶板上引下至插座处。

需要说明的是，按照要求，照明和插座平面图应分别绘制，不允许放在一张图样上，真正绘制时需要分开。

技能 64　掌握办公楼动力及照明工程图识读

该办公楼为七层框架结构，一层层高 4.2m，地下车库和二层至七层层高 3.9m，建筑面积 8000m²。电源以地下电缆直埋方式引自院内变电站，三相四线制供电，为确保部分重要负荷的供电可靠性，另从变电站内不同母线段引来一路备用电源，备用电源在本楼配电室内手动切换。

1. 配电室系统图的识读

如图 4-4 所示，是办公楼首层配电室低压配电系统图，由图可知，这是一个低压供电的配电系统，容量较大、回路较多。

由系统图可以看出，系统有 5 台低压开关柜，采用 GGDZ 系列，电源引入为两个回路，有一个为备用电源，系统送出 6 个回路，另有备用回路两个，无功补偿回路一个，总容量 507.9 kW，无功补偿容量 160 kvar。

(1) 进户电源两路，主电源采用两根聚氯乙烯绝缘钢带铠装聚氯乙烯护套电力电缆进户，这两根电缆型号为 VV 22 (3×185＋1×95)，经断路器引至进线柜 (AA1) 中的隔离刀闸上闸口；备用电源用 1 根电缆进户，这根电缆型号为 VV 22 (3×185＋1×95)，经断路器倒送引至 AA1 的傍路隔离刀闸上闸口。这 3 根电缆均为四芯铜芯电缆，相线 185mm²，零线 95mm²，由厂区配电站引来，380/220 V。

(2) 进线柜型号为 GGD2-15-0108D，进线开关隔离刀开关型号为 HSBX-1000/31，断路器型号为 DWX15-1000/3，额定电流 1000 A，电流互感器型号为 LMZ-0.66-800/5，即电流互感器一次进线电流为 800 A，二次电流 5 A。母线采用铝母线，型号 LMY-100/10，L 表示铝制，M 表示母线，Y 表示硬母线，100 表示母线宽 100mm，10 表示母线厚 10mm。

(3) 低压出线柜共 3 台，其中 AA3 型号为 GGD2-38B-0502D，AA4 型号为 GGD2-39C-0513D，AA 5 型号为 GGD2-38-0502D。

1) 低压柜 AA3 共两个出线回路，即 WPM1 和 WPM2。WPM1 为空调机房专用回路，容量 156 kW，其中隔离刀开关型号为 HD13BX-600/31，额定电流 600 A；断路器型号为 DWX15-400/3，额定电流 400 A；脱扣器整定电流 300 A；电流互感器 3 只，型号均为 LMZ-0.66-300/5；引出线型号为 VV22 (3×150＋2×70) 铜芯塑电缆，即 3 根相线均为 150mm²，N 线和 PE 线均为 70mm²。WPM2 为系统动力干线回路，供 1~6 层动力用，容量 113 kW，其中隔离刀开关型号为 HD13BX-600/31；断路器型号为 DWX15-400/3，整定电流 250 A；互感器 3 只型号均为 LMZ-0.66-300/5；引出线型号为 VV22 (3×120＋2×70) 铜芯塑电缆。

2) 低压柜 AA4 共 4 个出线回路，其中有一路备用。WPM3 为水泵房专用回路，容量 66.9 kW，隔离刀开关型号为 HD13BX-400/31；断路器型号为 DXZ10-200，额定电流 200 A；脱扣器整定电流 140 A；电流互感器一只，型号为 LMZ-0.66-200/5；引出线型号为 VV22 (4×150＋1×75) 铜芯导缆。WLM2 为消防中心专用回路，与 WPW3 共用一只刀开关；断路器型号为 DXZ10-100，整定电流 60A；互感器一台，型号为 LMZ-0.66-50/5；引出线型号为 VV22

図 4-4 某办公楼低压配电系统图

电源引入标注：
- LMY 100/10
- 由厂区配电站引来 VV22(3×185+1×95)×2　主电源
- VV22(3×185+1×95)　备用电源

项目	AA5 备用	AA5 WLM1	AA4 WLM3	AA4 WLM2	AA4 备用	AA4 WPM4	AA3 WPM2	AA3 WPM1	AA2	AA1
编号	AA5		AA4				AA3		AA2	AA1
型号	GGD2-38-0502D		GGD2-39C-0513D				GGD2-38B-0502D		GGJ2-01-0801D	GGD2-15-0801D
主电路方案 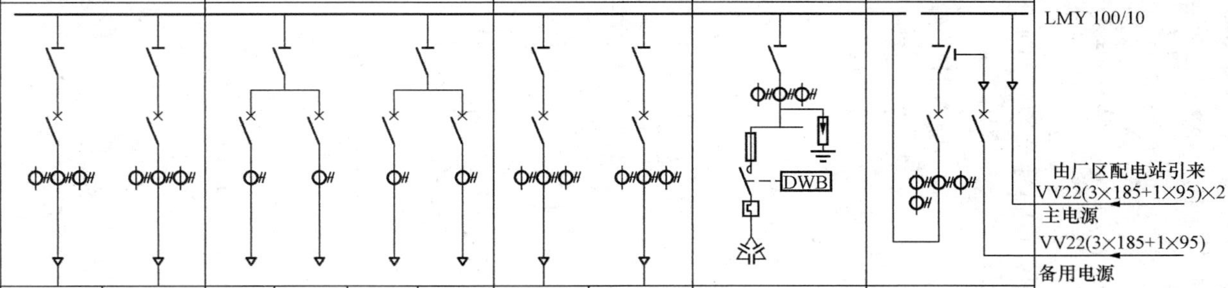	（主电路图）									
设备（回路）编号	备用	WLM1	WLM3	WLM2	备用	WPM4	WPM2	WPM1		引入线总柜
用途	备用	照明干线	水泵房	消防中心	备用	电梯	动力干线	空调机房	无功补偿	引入线总柜
容量/kW		153.5	66.9			18.5	113	156	160kvar	507.9
刀开关（HD13BX-）	600/31		400/31				600/31		400/31	HSBX-1000/31
断路器（DWX15-）	400/3		400/3				400/3			1000/3
断路器（DZX10-）			200	100	200	100				600
脱扣器额定电流/A	400	300	140	60	200	60	250	300		600 400 200
主接触器									CJ16-32×10	
主要设备 热继电器									JR16-60/32×10	
电流互感器（LMZ 0.66-）	300/5	300/5	200/5	50/5	200/5	100/5	300/5	300/5	400/5×3	800/5
熔断器									aM3-32×30	
避雷器									FYS-0.22×3	
电容器									BCMJ0.4-16-3×10	
管线电缆 VV-0.6kV	(4×150+1×75)		(3×70+2×35)	(5×6)		(5×10)	(3×120+2×70)	(3×150+2×70)		
备注（柜宽/mm）	800		800				800		1000	1000

165

（5×6）铜芯电缆。WPM4 为电梯专用回路，容量 18.5 kW，与备用回路共用一只刀开关，型号为 HD13BX-400/31；断路器型号为 DZX10-100，整定电流 60 A；电流互感器一只，型号为 LMZ-0.66-100/5；出线型号为 VV22（5×10）铜芯电缆。备用回路断路器型号为 DZX10-200 型，整定电流 200A；互感器型号为 LMZ0.66-200/5 型。

3）低压柜 AA5 引出两个回路，有一路备用，WLM1 为系统照明干线回路，与 AA3 引出回路基本相同，可自行分析。

（4）低压配电室设置一台无功补偿柜，型号为 GGJZ-01-0801D，编号 AA2，容量 160 kvar，隔离刀开关型号为 HD13BX-400/31，3 只电流互感器，型号为 LMZ-0.66-400/5。共有 10 个投切回路，每个回路熔断器 3 只，型号均为 aM3-32，接触器型号为 CJ16-32；热继电器型号为 JR16-60/32 型，额定电流 60A，热元件额定电流 32 A；电容器型号为 BCMJ0.4-16-3，B 表示并联，C 表示蓖麻油，MJ 表示金属化膜，0.4 表示耐压 0.4 kV，容量 16 kvar。刀开关下闸口设低压避雷器 3 只，型号为 FYS-0.22，是配电站用阀型避雷器，额定电压 0.22 kV。DWB 为功率因数自动调节器。

2. 电力配电系统图的识读

办公楼的动力设备包括电梯、空调、水泵以及消防设备等，下面以图 4-5 为例介绍电力配电系统图的识读方法。

如图 4-5 所示是一至七层的动力配电系统图，设备包括电梯和各层动力装置，其中电梯动力较简单，由低压配电室 AA4 的 WPM4 回路用电缆经竖井引至七层电梯机房，接至 AP-7-1 号箱上，箱型号为 PZ30-3003，电缆型号为 VV（5×10）铜芯塑缆。该箱输出两个回路，电梯动力 18.5 kW，主开关为 C45N/3P-50A 低压断路器，照明回路主开关为 C45N/1P-10A。

（1）动力母线是用安装在电气竖井内的插接母线完成的，母线型号为 CFW-3A-400A/4，额定容量 400A，三相加一根保护线。母线的电源是用电缆从低压配电室 AA3 的 WPM2 回路引入的，电缆型号为 VV（3×120+2×70）铜芯塑电缆。

（2）各层的动力电源是经插接箱取得的，插接箱与母线成套供应，箱内设两只 C45N/3P-32A、45N/3P-50A 低压断路器，括号内数值为电流整定值，将电源分为两路。

（3）以一层为例。电源分为两路，其中一路是用电缆桥架（CT）将电缆 VV（5×10）铜芯电缆引至 AP-1-1 号配电箱，型号为 PZ30-3004。另一路是用 5 根每根是 6mm² 导线穿管径 25mm 的钢管将铜芯导线引至 AP-1-2 号配电箱，型号为 AC701-1。

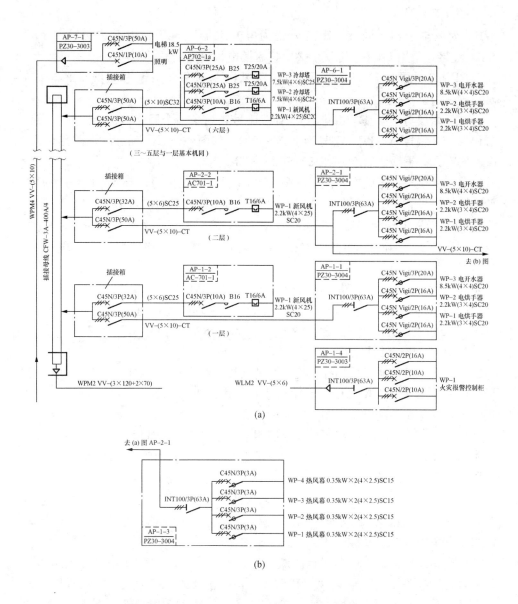

图 4-5　一至七层动力配电系统图

AP-1-1 号配电箱分为四路，其中有一备用回路，箱内有 C45N/3P-10A 的低压断路器，整定电流 10A，B16 交流接触器，额定电流 16A，以及 T16/6A 热继电器，额定电流为 16A，热元件额定电流为 6A。总开关为隔离刀开关，型号 INT100/3P-63A，第一分路 WP-1 为新水机 2.2kW，用铜芯塑线（3×4）SC20 引出到电烘手器上，开关采用 C45N Vigi/2P-16A，有漏电报警功能；第二分路

WP-2 为电烘手器，同上；第三分路为电开水器 8.5kW，用铜芯塑线（4×4）SC20 连接，采用 C45N Vigi/3P-20A，有漏电报警功能。

AP-1-2 号配电箱为一路 WP-1，新风机 2.2kW，用铜芯塑线（4×2.5）SC20 连接。

二至六层与一层基本相同，但 AP-2-1 号箱增了一个回路，这个回路是为一层设置的，编号 AP-1-3，型号为 PZ30-3004，如图 4-5（b）所示，四路热风幕，0.35kW×2，铜线穿管（4×2.5）SC15 连接。

（4）六层与一层略有不同，其中 AP-6-1 号与一层相同，而 AP-6-2 号增加了两个回路，即两个冷却塔 7.5kW，用铜塑线（4×6）SC25 连接，主开关为 C45N/3P-25A 低压断路器，接触器 B25 直接启动，热继电器 T25/20A 作为过载及断相保护。增加回路后，插接箱的容量也作了调整，两路均为 C45N/3P-50A，连接线变为（5×10）SC32。

（5）一层除了上述回路外，还从低压配电室 AA4 的 WLM2 引入消防中心火灾报警控制柜一路电源，编号 AP-1-4，箱型号为 P230-3003，总开关为 INT100/3P（63A）刀开关，分 3 路，型号均为 C45N/ZP（16A）。

3. 照明配电系统图的识读

一至七层的照明母线同样采用竖井内插接母线 CFW-3 A-400A，母线电源由低压配电室 AAS 的 WLM1 回路电缆引出，电缆型号为 VV（4×150＋1×75）铜芯塑电缆，照明配电系统图如图 4-6 所示。

（1）一层照明配电系统图。一层照明电源是经插接箱从插接母线取得的，插箱共分 3 路，其中 AL-1-1 号和 AL-1-2 号是供一层照明回路的，而 AL-1-3 号是供地下一层和二层照明回路的。

插接箱内的 3 路均采用 C45N/3P-50A 低压断路器作为总开关，三相供电引入配电箱，配电箱均为 PZ30-30 口，方框内数字为回路数，用 INT100/3P-63A 隔离刀开关为分路总开关。

配电箱照明支路采用单极低压断路器，型号为 C45N/1P-10A，泛光照明采用三极低压断路器，型号为 C45N/3P-20A，插座及风机盘管支路采用双极报警开关，型号为 DPN Vigi/IP＋N—1016A，备有回路也采用 DPN Vigi/1P＋N-10 型低压断路器。因为三相供电，所以各支路均标出电源的相序，从插接箱到配电箱均采用 VV（5×10）五芯铜塑电缆沿桥架敷设。

（2）二至五层照明配电系统。二至五层照明配电系统与一层基本相同，但每层只有两个回路。

（3）六层照明系统。六层照明系统与一层相同，插接箱引出 3 个回路，其中 AL-7-1 为七层照明回路。经过识读，我们可以掌握系统的概况，电源引入后直

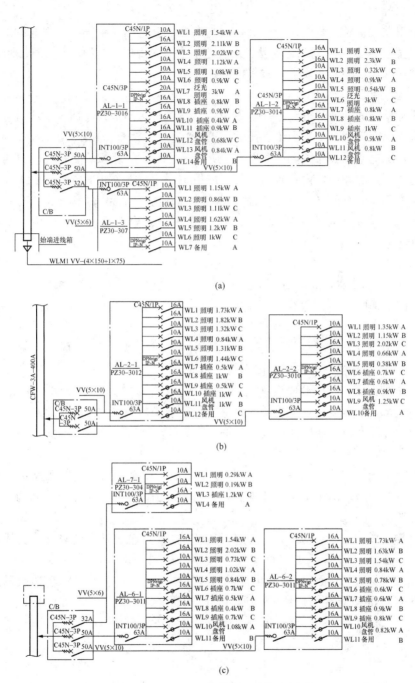

图 4-6　一至六层照明配电系统示意图

（a）一层；（b）二至五层；（c）六层

到各个用电设备及器具的来龙去脉，层与层的供电关系，系统各个用电单位的名称、用途、容量、器件的规格型号及整定数值、控制方式及保护功能、回路个数、材料的规格型号及安装方式等内容。

4. 动力平面图的识读

通常系统的动力部分包括配电室设备、空调机房、水泵房和各种动力装置四种类型，下面举例介绍动力平面图的识读方法。

（1）配电室平面布置图。如图 4-7 所示，是配电室设备平面布置图，并在图中列出了剖面图和主要设备规格型号。配电室位于一层右上角⑦-⑧和 H-G/1 轴间，面积 5400mm×5700mm。两路电源进户，其中有一路备用，380/220 V，电缆埋地引入，进户位置 H 轴距⑦轴 1200mm 并引入电缆沟内，进户后直接接于AA1 的总隔离刀开关上闸口。进户电缆 VV22（3×185＋1×95）×2，备用电缆 VV22（3×185＋1×95），由厂区变电所引来。室内设柜 5 台，成列布置于电缆沟上，距 H 轴 800mm，距⑦轴 1200mm。出线经电缆沟引至⑦轴与 H，轴所成直角的电缆竖井内，通往地下室的电缆引出沟后埋地－0.8m 引入，如图 4-7所示。

柜体型号及元器件规格型号如图 4-4 所示的设备规格型号标注。槽钢底座100mm×100mm 槽钢。电缆沟设木盖板厚 50mm。

接地线由⑦轴与 H 轴交叉柱 A 引出到电缆沟内并引到竖井内，材料为40mm×4mm 镀锌扁钢，系统接地电阻小于等于 4Ω。

（2）首层动力平面图的识读。如图 4-8 所示，是首层动力平面图，图中标注了该层电缆竖井的位置及平面布置。图 4-8 标注了动力系统图中的配电箱 AP-1，以及照明系统图中的配电箱 AL-1，并把照明中的插座和风机盘管回路标注在动力平面图上，这是出于图面的清晰需要，否则因图面较小，十多个回路画出后会影响清晰。

1）电源的引入。电源的引入是从设在⑦轴和 H 轴交叉点的竖井中五线制插接母线取得的，插接母线在每层设插接箱，如图 4-8 所示，插接母线型号为CFW-3A-400。从插接箱上取得电源的是 VV 电缆，引出竖井后沿桥架敷设送至各配电箱，桥架是沿⑦轴、G 轴、③轴敷设的，标高＋3.3m，标注为 CT（300200×150）（＋3.300m）两种，其中的电缆是截断画出的，只画出了引至配电箱的一段，并标注规格型号，如 VV（5×10）。

2）动力配电箱。AP-1-1 号配电箱位于①轴配电室墙的外侧，暗装距地1.4m。电源用 VV（5×10）电缆经桥架引入。引出的第一回路 WP1 和第二回路 WP2 送至卫生间的烘手器，管线 BV（3×4）SC20，埋地板内敷设，烘手器安装距地 1.2m。第三回路 WP3，用管线引至开水间三相带接地插座，型号为

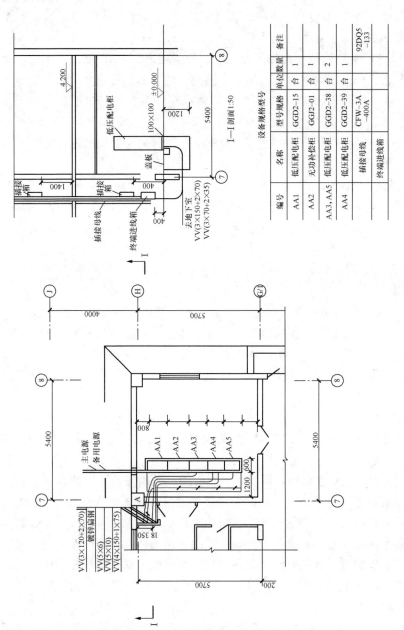

图 4-7 配电室平面布置图

编号	名称	型号规格型号	单位	数量	备注
AA1	低压配电柜	GGD2-15	台	1	
AA2	无功补偿柜	GGJ2-01	台	1	
AA3,AA5	低压配电柜	GGD2-38	台	2	
AA4	低压配电柜	GGD2-39	台	1	
	插接母线	CFW-3A —400A			
	终端进线箱			1	92DQ5 —133

P86Z14-25，暗装距地 0.3m，管线 BV（4×4）SC20，埋地板内敷设。

AP-1-2 号配电箱位于设备间竖井侧，暗装距地 1.4m，用管线从电缆槽架内引入，管线型号为 BV（5×6）SC25-WC，暗设在墙内（WC）。引出一个回路 WP1，新风机组，管线型号为 BV（4×2.5）SC15-FC。

AP-1-3 号配电箱位于楼梯间⑤轴上，暗装距地 1.4m，电源由上层引来如图 4-8 的 A 点，垂直相同位置，引出 4 个回路至热风幕，管线分两路，管线型号均为 BV（8×2.5）SC20-BC，架内敷设，热风幕安装在大门口上房吊顶上皮，风口朝下。

AP-1-4 号配电箱位于右大厅 D 轴处，电源由上层引来如图 4-8 的 B 点，垂直相同位置，暗装距地 1.4m。

3）照明配电箱。AL-1-1 号配电箱设置于右大厅楼梯间外侧，暗装，距地 1.4m。电源经桥架由插母引来，电缆 VV（5×10）。引出 6 个回路，其中 WL8 为插座回路，用管线引出后引至⑤轴、J 轴和④围成的大厅内，埋墙设置 8 只二位两极双用带接地插座，型号为 P86223-10，暗装距地 0.3m。管线为 BV（3×4）SC20，埋地或埋墙敷设。其他回路的插座，其规格型号、安装方式、管线敷设均与此相同。

WL9 为插座回路，管线引出后引至右侧 G 轴和⑧轴，设置 10 只插座，并从 2 号插座处引至配电室 7 号插座，并从 4 号插座处引至大厅 Z1 号柱子上对称设置两只插座，然后从 Z1 号再引至电梯间后侧设置 10 号插座。

WL10 为插座回路，管线引出后引至左侧 G 轴至 Z2 号柱后沿⑥轴引至消防中心，埋墙设置四只插座。

WL11 为插座回路，管线引出后沿大厅地板引至 D 轴后沿⑧轴墙体设置 5 只插座，其中由 Z2 号插座处引至大厅 Z3 号柱子上对称设置两只插座，然后从 Z3 号再引至 AP-1-4 配电箱处设置一只插座。

WL12 为风机盘管回路，因为风机盘管为吊顶内安装，因此风机盘管之间的管线及风机盘管至其控制开关间的管线也在吊顶内敷设。所不同的是由配电箱引出的管线和控制开关引出的管线是在墙内暗设到吊顶线以上 100mm 处的接线盒处。由每个回路 1 号风机盘管到配电箱埋墙引出的该盒处，以及每台风机盘管到控制开关引出的该盒处的管线也是在吊顶内敷设的。同样落地安装的风机盘管到吊顶内风机盘管的管线也是用上述方法连接的，先敷管到吊顶线以上 100mm，然后顶内再敷管连接。

WL12 回路，管线从配电箱埋墙引至顶上后再引至 1 号风机盘管，这里分为两路，一路右引至配电室，另路给 2 号后再引至中大厅，从 3 号再引至中大厅入口处落地安装的风机气管。

风机盘管的管线均为 BV（3×2.5）SC15、BV（6×2.5）SC20，控制开关均为暗装距地面 1.4m。

AL-1-2 号配电箱设置于左大厅③轴与 D 轴交点处，电缆由桥架 VV（5×10）电源引入，引出 5 个回路，其中 WL7～WL9 为插座回路，WL10、WL11 为风机盘管回路。

AL-1-3 号配电箱设置于左大厅楼梯间④轴上，供地下室用。

（3）二层动力平面图。如图 4-9 所示，是二层动力平面图，图中标注了该层电缆竖井的位置及平面布置，读图时应配合图 3-3 的配电系统图。

1）电源的引入。电源的引入是从设在⑦轴和 H 轴交叉点的竖井中五线制插接母线取得的，插接母线在每层设插接箱，插接母线型号为 CFW-3A-400。从插接箱上取得电源的是 VV 电缆，电缆型号为 VV（5×10）-CT，引出竖井后沿桥架敷设送至各配电箱，桥架是沿⑦、⑥、D 和⑤轴敷设的，标注分别为 CT（300×150）（+7.200m）和 CT（200×150）（+7.200m），标高 7.200m 是从首层算起，CT（300×150）表示宽 300mm 高 150mm 的电缆桥架。

2）动力配电箱。AP-2-1 号配电箱位于⑦轴墙体的外侧，暗装距地 1.4m。电源用 VV（5×4）（4 根 5mm²）电缆经桥架引入。引出的第一回路 WP1 和第二回路 WP2 送至卫生间的烘手器，管线型号为（4×4）SC20。引出的第三回路 WP3，用管线引至三相的带接地插座，用于电开水器，暗装距地 0.3m，管线型号为 BV（4×4）SC20，埋地暗敷。

3）照明配电箱。读图时应配合图 4-6 的照明系统图。AL-2-1 号配电箱设置于 G 轴楼梯间外侧，暗装，距地 1.4m。电源经桥架由插母引来，电缆型号为 VV（5×10），引出 12 个回路。其中 WL7 为插座回路，用管线引出后引至图 4-7 右上区域，埋墙设置 2 只二位两极双用带接地插座，型号为 P862223-10，暗装距地 0.3m。管线型号为 BV（4×4）SC20，埋地或埋墙敷设。WL8、WL9、WL10 为插座回路，安装方式、管线敷设均与此相同。WL11 为风机盘管回路，如图 4-6 所示，因为风机盘管为吊顶内安装，因此风机盘管之间的管线及风机盘管至其控制开关间的管线也在吊顶内敷设。所不同的是由配电箱引出的管线和控制开关引出的管线是在墙内暗设到吊顶线以上 100mm 处的接线盒处。由每个回路 1 号风机盘管到配电箱埋墙引出的该盒处以及每台风机盘管到控制开关引出的该盒处的管线也是在吊顶内敷设的。同样落地安装的风机盘管到吊顶内风机盘管的管线也是用上述方法连接的，先敷管到吊顶线以上 100mm，然后顶内再敷管连接。

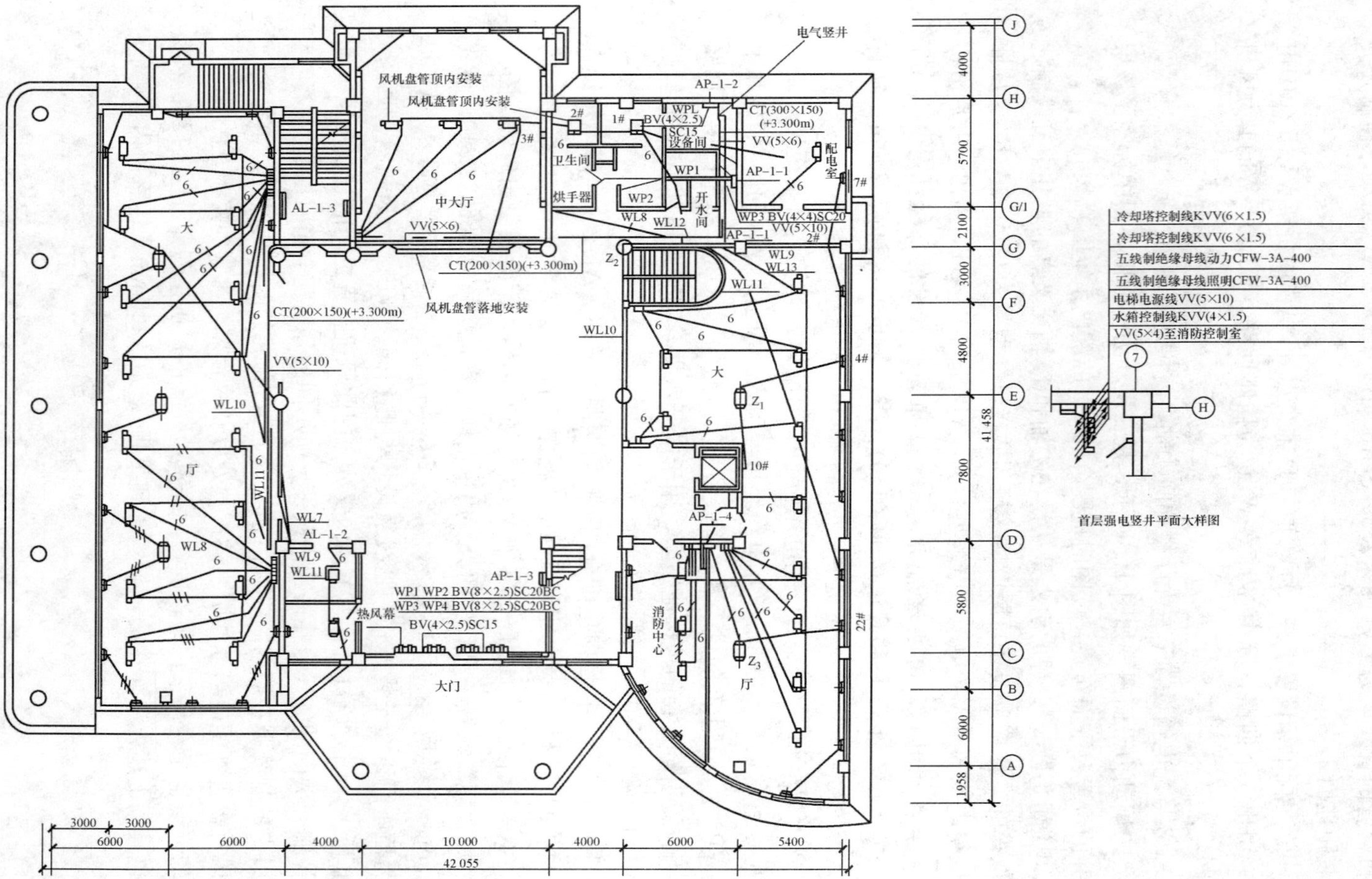
风机盘管顶内安装
风机盘管顶内安装
风机盘管落地安装
电气竖井
AP-1-2
CT(300×150)(+3.300m)
VV(5×6)
AP-1-1
配电室
WP3 BV(4×4)SC20
VV(5×10)
AP-1-1
BV(4×2.5)
SC15
设备间
卫生间
烘手器
开水间
中大厅
AL-1-3
CT(200×150)(+3.300m)
VV(5×10)
WL10
WL11
WL7
AL-1-2
WL9
WL11
WL8
AP-1-3
WP1 WP2 BV(8×2.5)SC20BC
WP3 WP4 BV(8×2.5)SC20BC
BV(4×2.5)SC15
热风幕
大门
AP-1-4
消防中心
大
厅
冷却塔控制线KVV(6×1.5)
冷却塔控制线KVV(6×1.5)
五线制绝缘母线动力CFW-3A-400
五线制绝缘母线照明CFW-3A-400
电梯电源线VV(5×10)
水箱控制线KVV(4×1.5)
VV(5×4)至消防控制室
首层强电竖井平面大样图
42 055
41 458

图 4-8　首层动力平面图

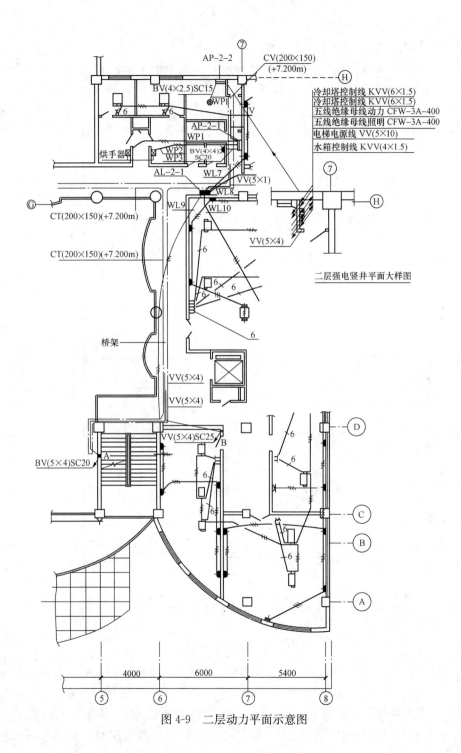

图 4-9　二层动力平面示意图

5. 照明平面图的识读

（1）首层照明平面图。如图 4-10 所示，首层照明平面图首层照明平面图共设三个配电箱，其中 AL-1-1 号供楼梯间中大厅、卫生间、开水间、配电室、右大厅及消防中心、圆形楼梯间照明电源。AL-1-2 号供左大厅、大门及大门楼梯间照明电源。AL-1-3 号供地下室照明电源。另外 AL-1-2 号和 AL-1-1 号还要供楼体室外泛光照明。

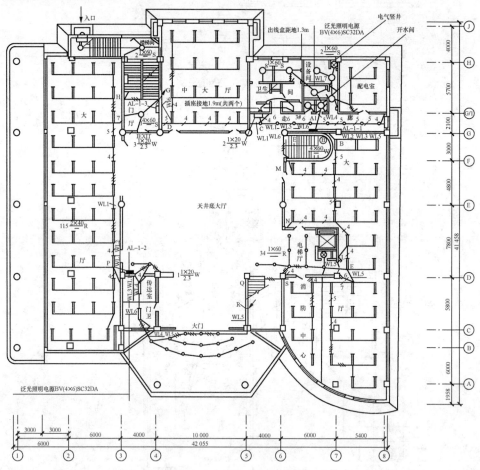

图 4-10　首层照明平面图

1）AL-1-1 号配电箱共分出 7 个回路。由配电箱到 A 点（A 点为一走廊用筒灯，吊顶内安装）为四根线，三相一零共 3 路，即 WL1、WL5（部分）和 WL6。走廊的筒灯、疏导指示灯及由 3 号筒灯分至圆形楼梯间 E 点的电源为 WL5（部分，另部分在电梯厅内）回路。其中筒灯为两地控制，采用单联双极开关（/）控制，疏导指示灯单独控制。E 点电源由此引下至地下一层 / 处，并经地板引至 F 点，使壁灯形成两地控制。C 点将 WL1 引至中大厅，将 WL6 引至 D 点，大厅内设四组荧光灯由多联开关单独分组控制。从 D 点将 WL6 引至 G 点，G 点一是将电源穿上引下作为二层及以上楼梯间照明的电源。二是将管线引至 H 点并引至二层作为两地控制开关 / 的控制线。三是将管线经④轴引至本层楼梯间吸顶灯、入口处吸顶灯及疏导灯。入口处和本层楼梯间的吸顶灯、疏导灯均为双联开关单独控制。四是引至门厅吸顶灯疏导灯，单联单控。其中荧光灯的标注为共同标注 $115\dfrac{2\times40}{}R$，双管 40 W，顶篷内嵌入式安装。楼梯间吸顶灯为 $2\dfrac{1\times60}{}S$，门厅为 $1\dfrac{4\times60}{}S$，4 只 60 W 灯泡的吸顶灯，疏导灯为 $3\dfrac{1\times20}{2.3}W$，壁装。由配电箱到 B 点也为四根导线，即 3 个回路 WL2、WL3 和 WL5（部分）。右大厅上半部为 WL2 路，设在 M、N、L 点的双联单极开关将荧光灯分为 6 路控制。从 E 点将线路引至右大厅下半部和电梯间，下半部为 WL3 路，其中消防中心为 3 路控制，大厅为 5 路控制，WL5 路为 3 路控，均采用多联开关。由配电箱到开水间为 WL4 路，包括配电室、开水间、设备间、卫生间的照明，其中配电室、设备间和卫生间的一只吸顶灯及预留 1.3m 处的照明装置为双联控制外，其余均为单控。另外卫生间设插座两只，标高 1.9m。由配电箱经地板预埋管线至室外为泛光照明电源，BV（4×6）SC32DA，引入点到投光灯处。

2）AL-I-2 号配电箱共分出 6 个回路。其中 WL6 为室外泛光照明的电源。由配电箱到左大厅 P 点引出 WL1 和 WL2 两个回路共 12 组荧光灯，上半部为 WL1，下半部为 WL2，各分 6 路均由两只三联开关单控。由配电箱引至传达室荧光灯有 3 个回路：WL3、WIA 和 WL5。传达室、门卫室及传达室门口筒灯为 WL3 路。其中荧光灯单控，筒灯与疏导灯由两联开关分两路控制。由门卫室引至大门筒灯为 WL4 路，配电箱集中控制，通过筒灯回路将电源 WL5 路引至楼梯间的 Q 点上，并设单极双联开关完成该楼梯间照明的两地控制，同时经地板将管线引至 S 点并在此点将管线上引至二层该位置。⑤轴 R 点由二层引来管线并在此设三联单极开关，完成二层前大庭筒灯的 3 路控制。

（2）二层照明平面图。如图 4-11 所示，二层的照明平面布置有很多与首层相同之处，主要不同之处及注意事项有以下几点。

1）天井四周的走廊和前门庭设置了筒灯，其中走廊筒灯为单联双极开关两地控制，而回路中引出的疏导指示灯则为单独控制。前门庭的筒灯则由⑤轴 R 点引下，由首层同位置设三联单极开关分 3 路控制。

2）图中的大厅荧光灯、中大厅吸顶灯、除走廊以外的筒灯均采用多联开关

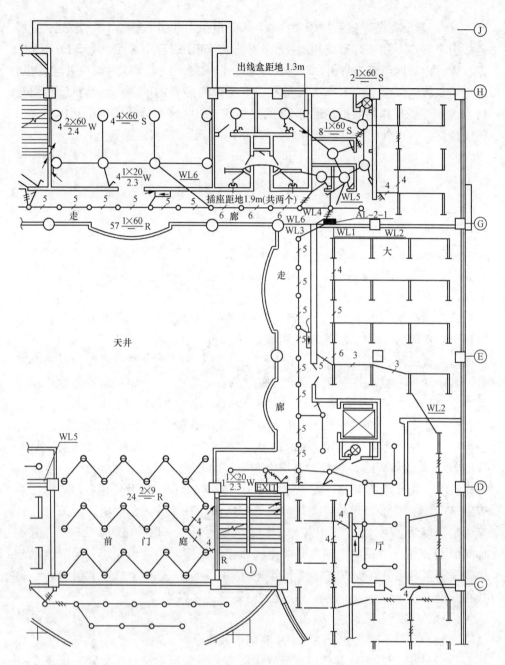

图 4-11 二层照明平面图

分路控制。

3）楼梯间有穿上引下的管线，控制方式为两地控制，同首层。

（3）三至六层照明平面图。三至六层照明平面图基本相同，并与二层及首层有相似之处，如图 4-12、图 4-13 所示，读图时应注意以下几点。

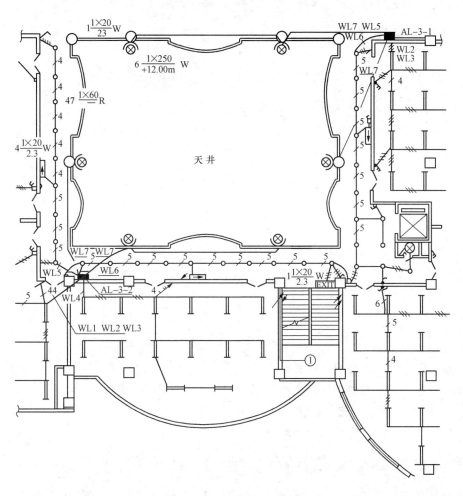

图 4-12　三层照明平面图（局部）

1）三层在天井的柱子上增设了 6 只金属卤化物灯，标注为 $6\dfrac{1\times125}{+12.00}\mathrm{W}$，每只 125 W，安装标高 12m，壁装式，由 AL-3-1 号和 AL-3-2 号配电箱分两路集中控制。

2）除楼梯间外没有穿上引下的管线。

3）注意多联单极开关的使用及其对应的回路，以及开电箱的位置变化和房间的开间变化。

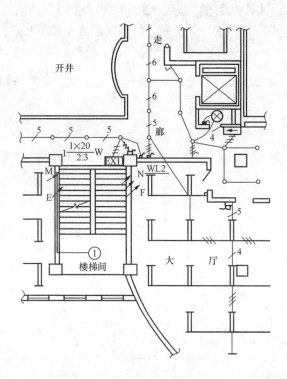

图 4-13　六层照明平面图（局部）

4）四层左大厅部分改为单管荧光灯。

5）六层⑤至⑥轴楼梯间除楼梯间照明控制的由下引来管线外，在⑤和⑥轴的 E 点和 F 点向七层引去管线作为楼梯间壁灯的电源。

6）分析平面图时应与系统图对照。

技能 65　掌握锅炉房动力及照明工程图识读

民用建筑中的锅炉房是主要以热水锅炉为主，蒸汽锅炉为辅，用以民用建筑中的采暖、生活用气或小型工业用气等。其锅炉的容量及工作压力较小，电气线路也较简单，是民用建筑中常用的配套装置。这里以某小型锅炉房的电气线路为例，介绍其电气线路的识读方法。

1. 电气系统图的识读

（1）如图 4-14 所示，是某小型锅炉房的电气系统图，设备材料表和设计说明见表 4-4。

（2）由图 4-14 可知，该系统包括以下内容。

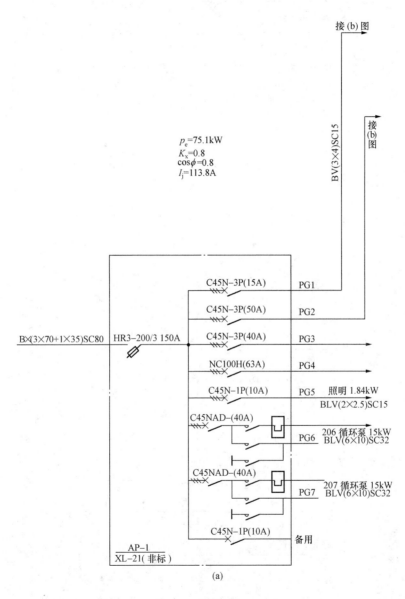

接(b)图

接(b)图

p_e=75.1kW
K_x=0.8
$\cos\phi$=0.8
I_j=113.8A

BV(3×4)SC15

C45N-3P(15A)　PG1

C45N-3P(50A)　PG2

BX(3×70+1×35)SC80　HR3-200/3 150A　C45N-3P(40A)　PG3

NC100H(63A)　PG4

C45N-1P(10A)　PG5　照明 1.84kW
BLV(2×2.5)SC15

C45NAD-(40A)　PG6　206 循环泵 15kW
BLV(6×10)SC32

C45NAD-(40A)　PG7　207 循环泵 15kW
BLV(6×10)SC32

C45N-1P(10A)　备用

AP-1
XL-21(非标)

(a)

图 4-14　某小型锅炉房的电气系统图（一）

(a) 总动力配电柜系统

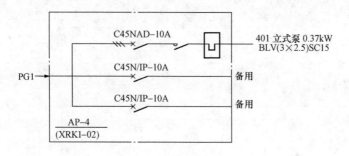

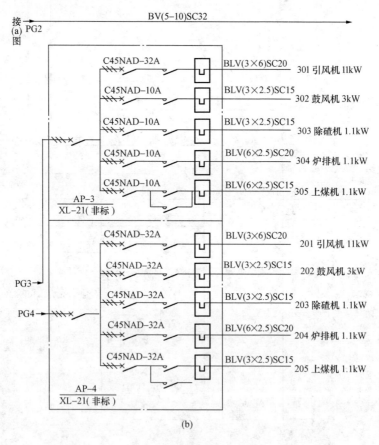

图 4-14 某小型锅炉房的电气系统图（二）

（b）动力系统

图 例	设备名称	设备型号	备 注
	动力配电柜	XL-21（非标）	落地安装
	锅炉电控柜	XL-21（非标）	落地安装
	动力配电箱	XRK1-02	底距地 1.4m 暗装
	照明配电箱	XRM301-06-2B（H）	底距地 1.4m 暗装
	照明配电箱	XRM302（非标）	底距地 1.4m 暗装
	荧光灯	YYG205-1 1×40W	顶下吊装
(722)	马路弯灯	YGD7228 1×100W	距地 3.0m 壁装
①	平盘吊线灯	GC3 1×100W	顶下吊装
②	吸顶灯	YGD7259 1×60W	吸顶安装
③	防水灯	GC33 1×100W	顶下吊装
④	吸顶灯	YXD2236 5×60W	吸顶安装
	二三极扁圆两用插座	A86Z223A-10	除注明外距地 0.3m 暗装
	插座箱	XRZ303-6-10	距地 1.2m 暗装
	单联单控翘板开关	A86K11-10	距地 1.4m 暗装
	双联单控翘板开关	A86K21-10	距地 1.4m 暗装
	拉线开关	250V-10A	距地 3.0m 安装
	按钮箱	ANX-12	距地 1.2m 明装
	接地极	ϕ25mm 镀锌圆钢 L=2500mm	
	接地母线	—40mm×4mm 镀锌扁钢	
	管内导线	B×70mm² B×35mm²	
		1.5mm² BV4mm² BV10mm²	
		BLV2.5mm² BLV6mm² BLV10mm²	
	焊接钢管	SC80 SC32 SC20 SC15	
	避雷针	ϕ25mm 镀锌圆钢 L=1000mm	
	引下线	ϕ8mm 镀锌圆钢	

1）系统共分 8 个回路。其中 PG1 是一小动力配电箱 AP-4 供电回路，PG2 是食堂照明配电箱 AL-1 供电回路，PG3、PG4 是两台小型锅炉的电控柜 AP-3、AP-2 供电回路，PG5 为锅炉房照明回路，PG6、PG7 为两台循环泵的启动电路，另外一回路为备用。

2）AP-4 动力配电箱分三路，两路备用，一路为立式泵的启动电路，因容量很小，直接启动，低压断路器 C45NAD/10A 带有短路保护，热继电器保护过载，接触器控制启动。

3）AL-1 照明配电箱有三个作用：①作为食堂照明及单相插座的电源；②作为食堂三相动力插座的电源，并由此分出两个插座箱；③作为浴室照明的电源，并由此分出一小照明配电箱 AL-2。

4）AP-2、AP-3 两台锅炉控制柜回路相同，因容量较小，均采用接触器直接启动，低压断路器 C45NAD 保护短路，热继电器保护过载。其中炉排机为双速电动机，因此为 6 根 $2.5mm^2$ 的导线。这里需要说明一点，图 4-14 中 11kW 的引风机也采用了直接启动，这是设计者的失误，一般风机类负载应采用减压启动，对于 11kW 的电动机至少应采用丫—△启动，否则将会给运行带来很多麻烦，因为风机往往是重载启动。上煤机为正反转控制，用两只接触器。

5）两台 15kW 循环泵均采用了丫—△启动，减小了启动冲击电流，这是正确的。循环泵虽为轻载启动，但容量偏大，启动电流达 180 A，丫—△启动的启动电流可降至 100A 左右。

（3）设计说明。

1）本工程设计依据为甲方要求及有关国家规范。

2）本工程装机容量为 90.1 kW，额定负荷为 75.1 kW（循环水泵按一备一用计算），采用三相四线制 380/220 V 供电，引入线采用架空方式。

3）本工程接地系统为 TN-C-S 系统，电源引入线在总箱做重复接地，接地电阻不得大于 4Ω。本工程所有电气设备金属外壳及穿线钢管均应可靠接地。

4）本工程所有烟囱均设避雷针并经引下线与接地极可靠连接。

5）本工程电控柜其二次系统水泵及引风、鼓风机为两地控制并在泵房及风机房设就地控制按钮箱。

6）室内电气线路均为钢管暗配线，未注明导线均为 $BLV2.5mm^2$ 导线，未注明标高的地面出线口均为 0.3m 标高。

7）本工程施工应与土建及设备安装工种密切配合，并应严格遵照有关施工规范。

2. 动力平面图的识读

如图 4-15 所示，是小型锅炉房的动力平面图，从图中我们可以读到的内容如下。

（1）AP-1、AP-2、AP-3 三台柜设在控制室内，落地安装，电源 BX(3×70+1×35)穿直径 80mm 的钢管，埋地经锅炉房由室外引来，引入 AP-1。同时，在引入点处⑬轴［图 4-15（b）］设置了接线盒，见图中 —●— 符号。

（2）两台循环泵、每台锅炉的引风、送风、出渣、炉排、上炉 5 台电动机的负荷管线均由控制室的 AP-1 埋地引出至电动机接线盒处，导线规格、根数、管径见图中标注。其中有三根管线在⑫轴［图 4-15（b）］设置了接线盒，见图中 —●— 符号。

（3）循环泵房、锅炉房引风机室设按钮箱各一个，分别控制循环泵以及引风机、鼓风机，标高 1.2m，墙上明装。其控制管线也由 AP-1 埋地引出，控制线为 1.5mm² 塑料绝缘铜线，穿管直径 15mm。按钮箱的箱门布置如图 4-15（c）所示。

（4）AP-4 动力箱暗装于立式小锅炉房的墙上，距地 1.4m，电源管由 AP-1 埋地引入。立式 0.37 kW 泵的负荷管由 AP-4 箱埋地引至电动机接线盒处。

（5）AL-1 照明箱暗装于食堂（E）轴的墙上，距地 1.4m，电源 BV（5×10）穿直径 32mm 钢管埋地经浴室由 AP-1 引来，并且在图中标出了各种插座的安装位置，均为暗装，除注明标高外，均为 0.3m 标高，管路全部埋地上翻至元件处，导线标注如图 4-14 所示。

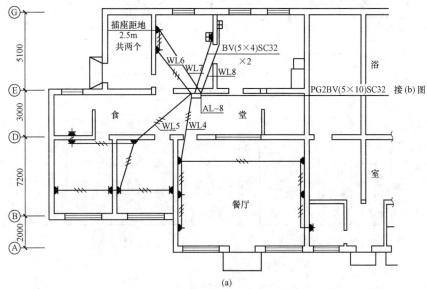

(a)

图 4-15　小型锅炉房的动力平面图（一）

（a）生活区动力

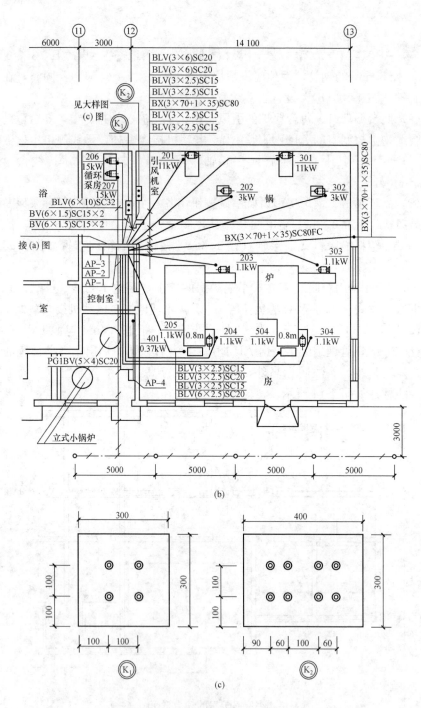

图 4-15 小型锅炉房的动力平面图（二）

（b）锅炉房动力；（c）按钮箱门大样图

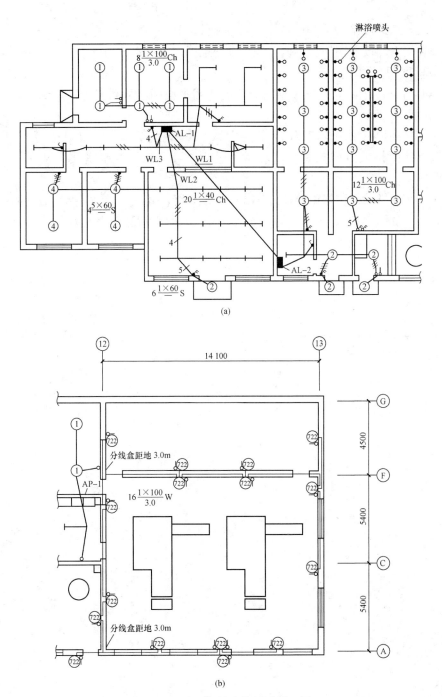

图 4-16　小型锅炉房的照明平面图

（a）生活区照明；（b）锅炉房照明

（6）接地极采用 φ25mm×2500mm 镀锌圆钢，接地母线采用 40mm×4mm 镀锌扁钢，埋设于锅炉房前侧并经⑫轴埋地引入控制室于柜体上。

3. 照明平面图的识读

如图 4-15 所示，是该小型锅炉房的照明平面图，从图中可以读到的内容主要包括以下几点。

（1）锅炉房采用弯灯照明，管路由 AP-1 埋地引至⑫轴 3m 标高处沿墙暗设，灯头单独由拉线电门控制。该回路还包括循环泵房、控制室及小型立炉室的照明。

（2）食堂的照明均由 AL-1 引出，共分 3 路，其中一路 WL1 是浴室照明箱 AL-2 的电源。浴室采用防水灯，导线、管路如图 4-13 所示的标注。

第五章

防雷接地工程图识读

1. 雷云

当太阳把地面晒得很热时，其部分水化为水蒸气，一方面是地面空气受热变轻而上升，在上空遇冷凝成小水滴或冰晶，形成积云。另一方面则是当水平移动的冷、暖气流相遇时，冷气团下降，暖气团上升，在高空凝成小水滴，形成宽度达几千米的积云，易形成较大范围的雷害。云中悬浮水滴增多时，便成了乌云，其起电机理有三种效应理论，见表 5-1。

表 5-1　　　　　　　　　　　　云起电机理的三种效应理论

项目	内　　　容
水滴破裂	云中水滴受强气流的吹袭，分裂成一些带正电的较大水滴和带负电的小水滴，后者同时被气流携走，于是云就由于电荷的分离而各自带有不同的电荷
吸收电荷	由于宇宙射线的作用，大气中存在着两种离子，而空间存在自上而下的电场，使得云层上部积聚负电荷，下部积聚正电荷，在气流作用下云层分离从而带电
水滴冻冰	雷云中正电荷处于由冰晶组成的云区内，而负电荷处于冰滴区内。因此，也有人认为，云之所以带电是因为水在结冰时会产生电荷的缘故。如果冰晶区的上升气流把冰粒上的水带走的话，就会导致电荷的分离而带电

2. 闪电

闪电的相关知识，见表 5-2。

3. 闪击

大气中一部分带电的云层与另一部分带异种电荷的云层之间，或者它们与大地之间迅猛的放电，称为闪击，有时称为雷击。这种迅猛的放电过程产生强烈的闪光并伴随巨大的声音。前者主要对飞行器、敏感电子设备发生危害，对地面建筑物、人、畜影响不大；后者则对建筑物、人、畜以及敏感电子设备危害甚大，建筑物的防雷主要考虑这种放电效应。

表 5-2   闪电的相关知识

项目	内　　　　容
主放电阶段	雷云中电荷分布不均匀，形成许多堆积中心。因而不论是在云中还是在云对地之间，电场强度不是相同的。当云中电荷密集处的电场达到数百 kV/cm 时，由云中的雨点或冰粒向地面先导放电（对于高层建筑，雷电先导也可向上发出）。当先导通道的顶端接近地面时，可诱发迎面先导（通常起自地面的突出部分），当先导与迎面先导会合时，即形成了从云到地面的强烈电离通道。这时即出现极大的电流，这就是雷电的主放电阶段，雷鸣和电闪都伴随着出现。主放电存在的时间极短（<10～100 s），主放电的过程是逆着先导通路发展的，速度约为光速的 33%（100 000 km/s），主放电的电流可达数（100 000 A）是全部雷电流中最主要的部分
余光阶段	当主放电到达云端时就结束了，然后云中的残余电荷经过主放电通道流下来。由于这时云中电阻较大，这个阶段对应的电流不大（小于 1 kA），持续的时间却较长（100～1000ms）。由于云中可能同时存在几个电荷中心，所以第一个电荷中心的上述放电完成之后，可能引起第二个、第三个中心向第一个通道放电，因此雷电往往是多重性的，重复放电的数目记录达数十次之多，平均为 3～4 次

　　大气雷云与大地之间的放电，即闪电对地闪击，它具有正极性放电的一次雷击或负极性放电的多次雷击。所谓雷击是指一个闪电对地闪击中的一次放电，在实际应用上它包括主放电及其余光阶段的放电。

　　闪电对地闪击的四种类别如下：①负极性向下；②正极性向上；③正极性向下；④负极性向上。通称为地对云闪击，通常发生于山顶、高塔和高建筑物上。负极性闪击约占全部闪击的 90%，正极性闪击约占 10%；向下闪击通称为云对地闪击。

技能 67　　了解雷电的危害

　　雷电既可能引起火灾、机械破坏、人畜伤亡、电气和电子设备损坏，还可能引起人们惊慌，甚至造成爆炸，并使危险物（放射性物质、化学药剂、有毒物质、生物化学污染物、细菌和病毒）泄漏。还可能危及供电、计算机、控制及调节系统，而造成供电中断、数据消失、生产和商业停顿。

　　所以建筑物内的重要敏感电子设备需要特殊保护。

1. 雷电流的机械效应

　　发生雷击时，雷电流会产生很强的机械力。遭受雷击的物体由于受到很大的热量，使内部的水分化成汽或气体产生急剧的膨胀，引起巨大的爆破力。因此，雷击会将大树劈开，会将山墙击倒或使建筑物屋面开裂。另一方面，由于雷电流通道温度高达 6000～20 000℃，会使空气受热膨胀，以超声波速度向四周扩散，四周空气强烈地被压缩，形成激波，被压缩的空气外围称激波前，激波前到达的地方，使空气的温度压力突然升高，波前过后，压力又会迅速下降到低于大气压力，这就是雷电引起的气浪，树木、烟囱、人畜接受气浪时就会遭受破坏甚至伤亡。

2. 雷电流的热效应

由于雷电流很大，而且作用时间很短，所产生的较大热量往往来不及消散，全部热量都用于导体的升温，所以当导体选择不当时，会引起过高的温升而熔化，因为雷电通道的温度可达 6000～20 000℃，可烧穿 3mm 厚的钢板，可使草房和木板房、树木等引起火灾。所以规范规定避雷接闪器的截面不小于 100mm^2，用扁钢时厚度不小于 4mm；当金属屋面兼作避雷接闪器时，钢的厚度不小于 4mm，铜的厚度不小于 5mm，铝的厚度不小于 7mm。

3. 防雷装置上的高电位对建筑物等的反击

防雷装置遭受雷击，则在接闪器、引下线及接地装置上产生很高的电压，当其离建筑物及其他金属管道距离较近时，防雷装置上高电压就会将空气击穿而对建筑物及金属管道放电造成破坏，这就是雷电的反击。当建筑物、金属管道与防雷装置不相连时，则应离开一定距离，以防止反击。安装距离应符合规范规定。

4. 跨步电压及接触电压

遭受雷击时，接地体将电流导入地中，在其周围的地面上就有不同的电位分布，离接地极越近，电位越高，离接地极越远，则电位越低。当人跨步在接地极附近时，由于两脚所处的电位不同，在两脚之间就有电位差，这就是跨步电压。此电压加在人体上，就有电流流过人体。若雷击时产生的跨步电压超过人身体的最大允许跨步电压，人就会受到伤害。在雷击接闪时，被击物或防雷装置的引流导体都具有很高的电位，如人接触，就会在人体接触部位与脚站立的地面之间形成很高的电位差，使部分雷电流分流到人体内，这会造成伤亡事故。特别是多层、高层建筑采用统一接地装置，虽然在进户地面处设等电位联结，但在较高的楼层上雷击时触及水暖及用电设备的外壳，仍有很高的电位差，因此，这些建筑物梁、柱、地板及各类管道、电源的 PE 线，每层应做等电位联结，以减小接触电位差。

5. 静电感应及电磁感应

这是雷电的二次效应，因为雷电流具有很大的幅值和陡度，在它周围空间形成强大的变化的电场和磁场，因此会产生电磁感应和静电感应。当有导体处在强大变化的电磁场中，就会感应产生很高的电动势，开环电路可能在开口处产生火花放电。这就是沉浮式油罐及钢筋混凝土油罐在雷击时易于起火爆炸的原因。若在 10 kV 及以下的线路上感应较高的电动势，则会引起绝缘的击穿，造成设备损坏。在雷击前，雷云和大地之间形成强大的电场，这时地面凸出物的表面会感应出大量与雷云极性相反的电荷。雷云放电后，电场很快消失。若被感应的电荷来不及泄放，便形成静电感应电压，此值可达 100～400 kV，同样也会造成破坏事故。所以，除防直击雷外，还应防感应雷。

6. 架空线路的高电位引入

电力、通信、广播等架空线路，受雷击时产生很高的电位，形成电压电流行波，沿着网络线路引入建筑物，这种行波会对电气设备造成绝缘击穿，烧坏变压器、破坏设备，引起人员触电伤亡事故，甚至造成建筑物的破坏事故。

技能 68　　了解防雷装置的要求

1. 接闪器

（1）接闪器的材料、结构和最小截面应符合表 5-3 的规定。

表 5-3　　接闪线（带）、接闪杆和引下线的材料、结构与最小截面

材料	结构	最小截面（mm²）⑩	备　注
铜、镀锡铜①	单根扁铜	50	厚度 2mm
	单根圆铜⑦	50	直径 8mm
	铜绞线	50	每股线直径 1.7mm
	单根圆铜③④	176	直径 15mm
铝	单根扁铝	70	厚度 3mm
	单根圆铝	50	直径 8mm
	铝绞线	50	每股线直径 1.7mm
铝合金	单根扁形导体	50	厚度 2.5mm
	单根圆形导体③	50	直径 8mm
	绞线	50	每股线直径 1.7mm
	单根圆形导体	176	直径 15mm
	外表面镀铜的单根圆形导体	50	直径 8mm，径向镀铜厚度至少 70 μm，铜纯度 99.9%
热浸镀锌钢②	单根扁钢	50	厚度 2.5mm
	单根圆钢⑨	50	直径 8mm
	绞线	50	每股线直径 1.7mm
	单根圆钢③④	176	直径 15mm

材料	结 构	最小截面（mm²）⑩	备 注
不锈钢⑤	单根扁钢⑥	50⑧	厚度 2mm
	单根圆钢⑥	50⑧	直径 8mm
	绞线	70	每股线直径 1.7mm
	单根圆钢③④	176	直径 15mm
外表面镀铜的钢	单根圆钢（直径 8mm）	50	镀铜厚度至少 70 μm，铜纯度 99.9%
	单根扁钢（厚 2.5mm）		

① 热浸或电镀锡的锡层最小厚度为 1μm。

② 镀锌层宜光滑连贯、无焊剂斑点，镀锌层圆钢至少 22.7g/m²、扁钢至少 32.4g/m²。

③ 仅应用于接闪杆。当应用于机械应力没达到临界值之处，可采用直径 10mm、最长 1m 的接闪杆，并增加固定。

④ 仅应用于入地之处。

⑤ 不锈钢中，铬的含量等于或大于 16 %，镍的含量等于或大于 8 %，碳的含量等于或小于 0.08%。

⑥ 对埋于混凝土中以及与可燃材料直接接触的不锈钢，其最小尺寸宜增大至直径 10mm 的 78mm²（单根圆钢）和最小厚度 3mm 的 75mm²（单根扁钢）。

⑦ 在机械强度没有重要要求之处，50mm²（直径 8mm）可减为 28mm²（直径 6mm）。并应减小固定支架间的间距。

⑧ 当温升和机械受力是重点考虑之处，50mm² 加大至 75mm²。

⑨ 避免在单位能量 10mJ/Ω 下熔化的最小截面是铜为 16mm²、铝为 25mm²、钢为 50mm²、不锈钢为 50mm²。

⑩ 截面积允许误差为±3%。

（2）接闪杆宜采用热镀锌圆钢或钢管制成时，其直径应符合下列规定。

1）杆长 1m 以下时，圆钢不应小于 12mm，钢管不应小于为 20mm。杆长 1～2m 时，圆钢不应小于 16mm；钢管不应小于 25mm。独立烟囱顶上的杆，圆钢不应小于 20mm；钢管不应小于 40mm。

2）接闪杆的接闪端宜做成半球状，其弯曲半径最小宜为 4.8mm，最大宜为 12.7mm。

（3）当独立烟囱上采用热镀锌接闪环时，其圆钢直径不应小于 12mm；扁钢截面不应小于 100mm²，其厚度不应小于 4mm。

（4）架空接闪线和接闪网宜采用截面不小于 50mm² 热镀锌钢绞线或铜绞线。

（5）明敷接闪导体固定支架的间距不宜大于表 5-4 的规定。固定支架的高度不宜小于 150mm。

（6）除第一类防雷建筑物外，金属屋面的建筑物宜利用其屋面作为接闪器，并应符合下列规定。

表 5-4　　　　　　　　　　**明敷接闪导体和引下线固定支架的间距**

布置方式	扁形导体和绞线固定支架的间距（mm）	单根圆形导体固定支架的间距（mm）
安装于水平面上的水平导体	500	1000
安装于垂直面上的水平导体	500	1000
安装于从地面至高 20m 垂直面上的垂直导体	1000	1000
安装在高于 20m 垂直面上的垂直导体	500	1000

1）板间的连接应是持久的电气贯通，可采用铜锌合金焊、熔焊、卷边压接、缝接、螺钉或螺栓连接。

2）金属板下面无易燃物品时，铅板的厚度不应小于 2mm，不锈钢、热镀锌钢、钛和铜板的厚度不应小于 0.5mm，铝板的厚度不应小于 0.65mm，锌板的厚度不应小于 0.7mm。

3）金属板下面有易燃物品时，不锈钢、热镀锌钢和钛板的厚度不应小于 4mm，铜板的厚度不应小于 5mm，铝板的厚度不应小于 7mm。

4）金属板无绝缘被覆层（薄的油漆保护层或 1mm 厚沥青层或 0.5mm 厚聚氯乙烯层均不属于绝缘被覆层）。

（7）除利用混凝土构件钢筋或在混凝土内专设钢材作接闪器外，钢质接闪器应热镀锌。在腐蚀性较强的场所，尚应采取加大其截面或其他防腐措施。

（8）不得利用安装在接收无线电视广播天线杆顶上的接闪器保护建筑物。

（9）专门敷设的接闪器应由下列的一种或多种组成。

1）独立接闪杆。

2）架空接闪线或架空接闪网。

3）直接装设在建筑物上的接闪杆、接闪带或接闪网。

（10）专门敷设的接闪器，其布置应符合表 5-5 的规定。布置接闪器时，可单独或任意组合采用接闪杆、接闪带、接闪网。

表 5-5　　　　　　　　　　**接闪器布置**

建筑物防雷类别	滚球半径 h_r（m）	接闪网网格尺寸（m）
第一类防雷建筑物	30	≤5×5 或≤6×4
第二类防雷建筑物	45	≤10×10 或≤12×8
第三类防雷建筑物	60	≤20×20 或≤24×162

2. 引下线

（1）引下线宜采用热镀锌圆钢或扁钢，宜优先采用圆钢。当独立烟囱上的引下线采用圆钢时，其直径不应小于 12mm；采用扁钢时，其截面不应小于 100mm²，厚度不应小于 4mm。

（2）线应沿建筑物外墙外表面明敷，并经最短路径接地；建筑外观要求较高者可暗敷，但其圆钢直径不应小于 10mm，扁钢截面不应小于 80mm²。

（3）建筑物的钢梁、钢柱、消防梯等金属构件以及幕墙的金属立柱宜作为引下线，但其各部件之间均应连成电气贯通，可采用铜锌合金焊、熔焊、卷边压接、缝接、螺钉或螺栓连接；各金属构件可被覆有绝缘材料。

（4）采用多根专设引下线时，应在各引下线上于距地面 0.3～1.8m 之间装设断接卡。当利用混凝土内钢筋、钢柱作为自然引下线并同时采用基础接地体时，可不设断接卡，但利用钢筋作引下线时应在室内外的适当地点设若干连接板。当仅利用钢筋作引下线并采用埋于土壤中的人工接地体时，应在每根引下线上于距地面不低于 0.3m 处设接地体连接板。采用埋于土壤中的人工接地体时应设断接卡，其上端应与连接板或钢柱焊接。连接板处宜有明显标志。

（5）在易受机械损伤之处，地面上 1.7m 至地面下 0.3m 的一段接地线应采用暗敷或采用镀锌角钢、改性塑料管或橡胶管等加以保护。

（6）第二类防雷建筑物或第三类防雷建筑物为钢结构或钢筋混凝土建筑物时，在其钢构件或钢筋之间的连接满足规范规定并利用其作为引下线的条件下，当其垂直支柱均起到引下线的作用时，可不要求满足专设引下线之间的间距。

3. 接地装置

（1）接地体的材料、结构和最小尺寸应符合表 5-6 的规定。

（2）人工钢质垂直接地体的长度宜为 2.5m。其间距以及人工水平接地体的间距均宜为 5m，当受地方限制时可适当减小。

（3）人工接地体在土壤中的埋设深度不应小于 0.5m，并宜敷设在当地冻土层以下，其距墙或基础不宜小于 1m。接地体宜远离由于烧窑、烟道等高温影响使土壤电阻率升高的地方。

（4）在敷设于土壤中的接地体连接到混凝土基础内起基础接地体作用的钢筋或钢材的情况下，土壤中的接地体宜采用铜质或镀铜或不锈钢导体。

（5）在高土壤电阻率的场地，降低防直击雷冲击接地电阻宜采用下列方法。

1）采用多支线外引接地装置，外引长度不应大于有效长度，有效长度应符合《建筑物防雷设计规范》GB 50057—2010 附录 C 的规定。

2）接地体埋于较深的低电阻率土壤中。

3）换土。

4）采用降阻剂。

5）防直击雷的专设引下线距出入口或人行道边沿不宜小于 3m。

6）接地装置埋在土壤中的部分，其连接宜采用放热焊接；当采用通常的焊接方法时，应在焊接处做防腐处理。

表 5-6　　　　　　　　　　　　接地体的材料、结构和最小尺寸

材料	结构	最小尺寸			备　注
		垂直接地体直径（mm）	水平接地体（mm²）	接地板（mm）	
铜、镀锡铜	铜绞线	—	50	—	每股直径 1.7mm
	单根圆铜	15	50	—	
	单根扁铜	—	50	—	厚度 2mm
	铜管	20	—	—	壁厚 2mm
	整块铜板	—	—	500×500	厚度 2mm
	网格铜板	—	—	600×600	各网格边截面 25mm×2mm，网格网边总长度不少于 4.8m
热镀锌钢	圆钢	14	78	—	
	钢管	20	—	—	壁厚 2mm
	扁钢	—	90	—	厚度 3mm
	钢板	—	—	500×500	厚度 3mm
	网格钢板	—	—	600×600	各网格边截面 30mm×3mm，网格网边总长度不少于 4.8m
	型钢	①	—	—	
裸钢	钢绞线	—	70	—	每股直径 1.7mm
	圆钢	—	78	—	
	扁钢	—	75	—	厚度 3mm
外表面镀铜的钢	圆钢	14	50	—	镀铜厚度至少 250μm，铜纯度 99.9%
	扁钢	—	90（厚 3mm）	—	
不锈钢	圆形导体	15	78	—	
	扁形导体	—	100	—	厚度 2mm

①不同截面的型钢，其截面不小于 290mm²，最小厚度 3mm，可采用 50mm×50mm×3mm 角钢。

注　1. 热镀锌层应光滑连贯、无焊剂斑点，镀锌层圆钢至少 22.7 g/m²、扁钢至少 32.4 g/m²。

　　2. 热镀锌之前螺纹应先加工好。

　　3. 当完全埋在混凝土中时才可采用裸钢。

　　4. 外表面镀铜的钢，铜应与钢结合良好。

　　5. 不锈钢中，铬的含量等于或大于 16%，镍的含量等于或大于 5%，钼的含量等于或大于 2%，碳的含量等于或小于 0.08%。

　　6. 截面积允许误差为 −3%。

4. 避雷器

避雷器是用来防护雷电产生的大气过电压（即高电位）沿线路侵入变配电站或其他建筑物内，以免高电位危害被保护设备的绝缘。它应与被保护的设备并联，当线路上出现危险过电压时，它就对地放电，从而保护设备绝缘。避雷器的形式有阀型、管型、保护间隙和浪涌保护器等。

（1）阀型避雷器是电力系统中的主要防雷保护设备之一。它主要由火花间隙和阀电阻片组成，装在密封的瓷套管内。当电力系统中没有过电压时，阀片的电阻很大，避雷器的火花间隙具有足够的对地绝缘强度，阻止线路工频电流流过。但是，当电力系统中出现了危险的过电压时，阀片电阻变得很小，火花间隙很快被击穿，使雷电流畅通地向大地排放。过电压一旦消失，线路便会恢复工频电压，阀片呈现很大的电阻，使火花间隙绝缘恢复而切断工频电流，从而保证线路恢复正常运行。

（2）管型避雷器由产气管、内部间隙和外部间隙三部分组成。当线路上遭到雷击或发生感应雷时，大气过电压使管型避雷器的外部间隙和内部间隙击穿，强大的雷电流通过接地装置入地。但是，随之而来的是供电系统的工频电流，其值也很大。这雷电流和工频电流在管子内部间隙发生的强烈电弧，使管内壁的材料燃烧，产生大量灭弧气体。由于管子容积很小，这些气体的压力很大，因而从管口喷出，强烈吹弧，在电流经过零值时，电弧熄灭。这时外部间隙的空气恢复了绝缘，使管型避雷器与系统隔离，恢复系统的正常运行。管型避雷器一般只用于线路上，在变配电站内一般都采用阀型避雷器。

（3）保护间隙是最为简单经济的防雷设备。它的结构十分简单、成本低、维护方便，但保护性能差、灭弧能力小、容易造成接地或短路故障，引起线路开关跳闸或熔断器熔断，造成停电。所以对于装有保护间隙的线路上，一般要求装设自动重合闸装置与其配合，以提高供电可靠性。

（4）浪涌保护器又叫电涌保护器，以前称过电压保护器，是一种至少包含一个非线性电压限制元件，用于限制暂态过电压和分流浪涌电流的装置。按照浪涌保护器在电子信息系统的功能，可分为电源浪涌保护器、天馈浪涌保护器和信号浪涌保护器。电源开关型浪涌保护器由放电间隙、气体放电管、晶闸管和三端双向可控硅元件构成。无电涌出现时为高阻抗，当出现电压电涌时突变为低阻抗，以泄放沿电源线或信号线传导来的过电压。电压限制型浪涌保护器则采用压敏电阻器和抑制二极管组成，无电涌出现时为高阻抗，随着电涌电流和电压的增加，阻抗跟着连续变小，从而抑制了沿电源线或信号线传导来的过电压或过电流。

1. 第一类防雷建筑物

（1）凡制造、使用或储存火炸药及其制品的危险建筑物，因电火花而引起爆炸、爆轰，会造成巨大破坏和人身伤亡者。

（2）具有 0 区或 20 区爆炸危险场所的建筑物。

（3）具有 1 区或 21 区爆炸危险场所的建筑物，因电火花而引起爆炸，会造成巨大破坏和人身伤亡者。

2. 第二类防雷建筑物

（1）国家级重点文物保护的建筑物。

（2）国家级的会堂、办公建筑物、大型展览和博览建筑物、大型火车站和飞机场、国宾馆，国家级档案馆、大型城市的重要给水泵房等特别重要的建筑物（飞机场不含停放飞机的露天场所和跑道）。

（3）国家级计算中心、国际通信枢纽等对国民经济有重要意义的建筑物。

（4）国家特级和甲级大型体育馆。

（5）制造、使用或储存火炸药及其制品的危险建筑物，且电火花不易引起爆炸或不致造成巨大破坏和人身伤亡者。

（6）具有 1 区或 21 区爆炸危险场所的建筑物，且电火花不易引起爆炸或不致造成巨大破坏和人身伤亡者。

（7）具有 2 区或 22 区爆炸危险场所的建筑物。

（8）有爆炸危险的露天钢质封闭气罐。

（9）预计雷击次数大于 0.05 次/年的部、省级办公建筑物和其他重要或人员密集的公共建筑物以及火灾危险场所。

（10）预计雷击次数大于 0.25 次/年的住宅、办公楼等一般性民用建筑物或一般性工业建筑物。

3. 第三类防雷建筑物

（1）省级重点文物保护的建筑物及省级档案馆。

（2）预计雷击次数大于或等于 0.01 次/年，且小于或等于 0.05 次/年的部、省级办公建筑物和其他重要或人员密集的公共建筑物，以及火灾危险场所。

（3）预计雷击次数大于或等于 0.05 次/年，且小于或等于 0.25 次/年的住宅、办公楼等一般性民用建筑物或一般性工业建筑物。

（4）在平均雷暴日大于 15d/年的地区，高度在 15m 及以上的烟囱、水塔等孤立的高耸建筑物；在平均雷暴日小于或等于 15d/年的地区，高度在 20m 及以上的烟囱、水塔等孤立的高耸建筑物。

1. 防直击雷措施

（1）独立避雷针或避雷线（网），应能保护整个建筑物的屋面及其突出部位，包括风帽、放散管等，对于排放爆炸危险气体、蒸气或粉尘的管道，其保护范围应高出管顶 2m。架空避雷网的网格尺寸不应大于 5m×5m 或 6m×4m。

（2）独立避雷针的杆塔、架空避雷针的端部和架空避雷网的各支柱处应至少设一根引下线。

（3）为防止反击，独立避雷针和架空避雷线（网）的支柱及其接地装置至被保护建筑物及与其有联系的管道、电缆等金属物之间的距离（如图 5-1 所示）应符合下列表达式的要求，但不得小于 3m。

地上部分

$$当 h_x < 5R_i 时，S_{a1} \geqslant 0.4(R_i + 0.1h_x)$$
$$当 h_x \geqslant 5R_i 时，S_{a1} \geqslant 0.1(R_i + h_x)$$

地下部分

$$S_{a1} \geqslant 0.4R_i$$

式中　S_{a1}——空气中距离（m）；

　　　S_{e1}——地中距离（m）；

　　　R_i——独立避雷针或架空避雷线（网）支柱处接地装置的冲击接地电阻（Ω）；

　　　h_x——被保护物或计算点的高度（m）。

（4）架空避雷线至屋面和各种突出屋面的风帽、放散管等物体之间的距离（如图 5-1 所示），应符合下列表达式的要求，但不应小于 3m。

$$当 (h + l/2) < 5R_i 时，S_{a2} \geqslant 0.2R_i + 0.03(h + l/2)$$
$$当 (h + l/2) \geqslant 5R_i 时，S_{a2} \geqslant 0.05R_i + 0.06(h + l/2)$$

式中　S_{a2}——避雷线至被保护物的空气中距离（m）；

　　　h——避雷线的支柱高度（m）；

　　　l——避雷线的水平长度（m）。

（5）架空避雷网至屋面和各种突出屋面的风帽、放散管等物体之间的距离（如图 5-1 所示），应符合下列表达式的要求，但不应小于 3m。

$$当 (h + l_1) < 5R_i 时，S_{a2} \geqslant 1/n[0.4R_i + 0.06(h + l_1)]$$
$$当 (h + l_1) \geqslant 5R_i 时，S_{a2} \geqslant 1/n[0.1R_i + 0.12(h + l_1)]$$

式中　l_1——从避雷网中间最低点沿导体至最近支柱的距离（m）；

　　　n——从避雷网中间最低点沿导体至最近不同支柱并有同一距离 l_1 的

个数。

（6）独立避雷针、架空避雷线（网）应用独立的接地装置，每一引下线的冲击接地电阻不宜大于10Ω。

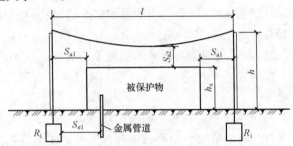

图 5-1　防雷装置至被保护物的距离

2. 防雷电感应措施

（1）建筑物内的设备、管道、构架、电缆金属外皮、钢屋架、钢窗等较大金属物和突出屋面的放散管、风管等金属物均应接地，以防止静电感应产生火花。金属屋面周边每隔18～24m应采用引下线接地一次。混凝土屋面内的钢筋，应绑扎或焊接成闭合同路，每隔18～24m采用引下线接地一次。

（2）为防止电磁感应产生火花，平行敷设的管道、构架和电缆金属外皮等长金属物的净距小于100mm时应采用金属线跨接，跨触点的间距不应小于30m；交叉净距小于100mm时，其交叉处也应跨接。

（3）防雷电感应的接地装置应和电气设备接地装置共用，其工频接地电阻不应大于10Ω。防雷电感应的接地装置与独立避雷针、架空避雷线（网）的接地装置之间的距离应符合前述要求。

屋内接地线与防雷电感应接地装置的连接不应少于两处。

3. 防雷电波侵入的措施

（1）低压线路宜全线采用电缆直接埋地敷设，在入户端应将电缆的金属外皮、钢管接到防雷电感应的接地装置上。当全线采用电缆有困难时，入户前应使用一段金属铠装电缆埋地引入，其长度应符合下列表达式的要求，但不应小于15m。

$$l \geqslant 2\sqrt{\rho}$$

式中　l——金属铠装电缆埋于地中的长度（m）；

　　　ρ——埋电缆处的土壤电阻率（Ω·m）。

在电缆与架空线连接处，尚应装设避雷器。避雷器、电缆金属外皮、钢管和绝缘子铁脚、金具等应连接在一起接地，其冲击接地电阻不应小于10Ω。

（2）架空金属管道在进出建筑物处应与防电感应的接地装置相连。距离建筑物 100m 内的管道，应每隔 25m 左右接地一次，其冲击接地电阻不应大于 20Ω，并宜利用金属支架或钢筋混凝土支架的焊接、绑扎钢筋网作为引下线，其钢筋混凝土基础宜作为接地装置。埋地或地沟内的金属管道，在进出建筑物处亦应与防电感应的接地装置相连。

（3）当建筑物太高或因其他原因难以装设独立避雷针、架空避雷线（网）时，可将避雷针或网格不大于 5m×5m 或 6m×4m 的避雷网或由其混合组成的接闪器直接装在建筑物上，并必须符合下列要求。

1）所有避雷针应采用避雷带互相连接。

2）引下线不应少于两根，并应沿建筑物四周均匀或对称布置，其间距不应大于 12m。

3）排放爆炸危险气体、蒸汽或粉尘的管道应符合防直击雷的要求。

（4）建筑物应装设均压环，环间垂直距离不应大于 12m，所有引下线、建筑物的金属结构和金属设备均应连到环上，均压环可利用电气设备的接地干线环路。

（5）防直击雷的接地装置应围绕建筑物敷设成环形接地体，每根引下线的冲击接地电阻不应大于 10Ω，并应和电气设备接地装置及所有进入建筑物的金属管道相连，此接地装置可兼作防雷电感应之用。

（6）当建筑物高于 30m 时，尚应采取以下防侧击雷的措施。

1）从 30m 起每隔不大于 6m 沿建筑物四周设水平避雷带并与引下线相连接。

2）30m 及以上外墙上的栏杆、门窗等较大的金属物与防雷装置连接。

（7）在电源引入的总配电箱处宜装设过电压保护器。

（8）当树木高于建筑物且不在接闪器保护范围之内时，树木与建筑物之间的净距不应小于 5m。

技能 71　了解第二类防雷建筑物防雷措施

1. 防直击雷措施

（1）宜采用装设在建筑物上的避雷网（带）、避雷针或由其混合组成的接闪器。避雷带（网）沿建筑物易受雷击的部位敷设，并应在整个屋面组成不大于 10m×10m 或 12m×8m 的网格。所有避雷针应采用避雷带相互连接。

（2）突出屋面的放散管、风管、烟囱等物体，应按下列方式保护。

1）排放爆炸危险气体、蒸汽或粉尘的放散管、呼吸阀、排风管等管道，在管顶或附近设置避雷针，针尖应使管顶上方 1m 在避雷针保护范围内。若为金属放散管或金属烟囱等，则可直接与接地装置相连接。

2）排放无爆炸危险气体，蒸汽或粉尘的放散管、烟囱爆炸危险环境的自然通风管，装有阻火器的排放爆炸危险气体、蒸汽或粉尘的放散管、呼吸阀、排风管等金属物体，可不装接闪器，但应和屋面防雷装置相连，在屋面接闪器保护范围之外的非金属物体应装接闪器，并和屋面防雷装置相连接。

（3）引下线不应少于两根，并应沿建筑物四周均匀或对称布置，其间距不应大于18m。

（4）每根引下线的冲击接地电阻不应大于10Ω。防直击雷接地宜和防雷电感应、电气设备、信息系统等接地共用同一接地装置，并宜与埋地金属管道相连；当不共用、不相连时，两者在地中的距离应符合下列表达式的要求，且不应小于2m。

$$S_{e2} \geqslant 0.3K_c R_i$$

式中　S_{e2}——地中距离（m）；

　　　K_c——分流系数，单根引下线时取1，两根引下线及接闪器不成闭合环的多根引下线时取0.66，接闪器成闭合环或网状的多根引下线时取0.44。

在共用接地装置与埋地金属管道相连的情况下，接地装置宜围绕建筑物敷设成环形接地体。

2. 防雷电感应措施

（1）建筑物内的设备、管道、构架等主要金属物，应就近接至防直击雷接地装置或电气设备的保护接地装置上。

（2）平行敷设的管道、构架和电缆金属外皮等长金属物应按第一类防雷建筑物防雷电感应的相应措施处理，但长金属物连接处可不跨接。

（3）建筑物内防雷电感应的接地干线与接地装置的连接不应少于两处。

（4）在电气接地装置与防雷的接地装置共用或相连的情况下：当低压电源线路用全长电缆或架空线换电缆引入时，宜在电源线路引入的总配电箱处装设过电压保护器；当Yyno型或Dynll型接线的配电变压器设在本建筑物内或敷设于外墙处时，在高压侧采取电缆进线的情况下，宜在变压器高、低压侧各相上装设避雷器；在高压侧采用架空进线的情况下，除应按国家现行有关规范的规定在高压侧装设避雷器外，尚宜在低压侧各相上装设避雷器。

3. 防雷波侵入措施

（1）当低压线路全长采用埋地电缆或敷设在架空金属线槽内的电缆引入时，在入户端应将电缆金属外皮、金属线槽接地；对具有爆炸危险环境的二类防雷建筑物，上述金属物尚应与防雷的接地装置相连接。

（2）具有爆炸危险环境的二类防雷建筑物，其低压电源线路应符合下列要求。

1）低压架空线应改换一般埋地金属铠装电缆直接埋地引入，其埋地长度应符合要求，但电缆埋地的长度不应小于15m。入户端的电缆金属外皮、钢管应与防雷的接地装置相连。在电缆与架空线连接处尚应装设避雷器。避雷器、电缆金属外皮、钢管和绝缘子铁脚、金具等应连在一起接地，其冲击接地电阻不应大于10Ω。

2）平均雷暴日小于30天/年的地区的建筑物，可采用低压架空线直接引入建筑物内，但应符合下列要求：在入户处应装设避雷器，或设2～3mm的空气间隙，并应与绝缘子铁脚、金具连在一起接到防雷的接地装置上，其冲击接地电阻不应大于5Ω；入户处的三基电杆绝缘子铁脚、金具应接地，靠近建筑物的电杆，其冲击接地电阻不应大于10Ω，其余两基电杆不应大于20Ω。

（3）除具有爆炸危险环境之外的二类防雷建筑物，其低压电源线路应符合下列要求。

1）当低压架空线转换金属铠装电缆直接埋地引入时，埋地长度应大于或等于15m，其他要求与上一款相同。

2）当架空线直接引入时，在入户处应加装避雷器，并将其与绝缘子铁脚、金具连在一起接到电气设备的接地装置上。靠近建筑物的两基电杆上的绝缘子铁脚应接地，其冲击接地电阻不应大于30Ω。

（4）架空和埋地的金属管道在进出建筑物处应就近与防雷的接地装置相连接；当不相连接时，架空管道应接地，其冲击接地电阻不应大于10Ω。对具有爆炸危险环境的建筑物，引入、引出该建筑物的金属管道在进出处应与防雷的接地装置相连；对架空金属管道还应在距建筑物约25m处接地一次，其冲击接地电阻不应小于10Ω。

（5）高度超过45m的钢筋混凝土结构，钢结构建筑物，尚应采取以下防侧击和等电位的保护措施。

1）钢结构和混凝土的钢筋应互相连接。

2）应利用钢柱或柱子钢筋作为防雷装置引下线。

3）应将45m及以上外墙上的栏杆、门窗等较大的金属物与防雷装置连接。

4）竖直敷设的金属管道及金属物的顶端和低端与防雷装置连接。

（6）有爆炸危险的露天钢质封闭气罐，当其壁厚不小于4mm时，可不装设接闪器，但应接地，且接地点不应少于两处；两接地点间距离不宜大于30m，冲击接地电阻不应大于30Ω，放散管和呼吸阀的保护应符合规定。

1. 防直击雷措施

（1）宜采用装设在建筑物上的避雷网（带）或避雷针或由这两种混合组成的接闪器。避雷带（网）沿建筑物宜受雷击的部位敷设，并应在整个屋面组成不大于 20m×20m 或 24m×16m 的网格。平屋面的建筑物，当其宽度不大于 20m 时，可仅沿周边敷设一圈避雷带。

（2）每根引下线的冲击接地电阻不宜大于 30Ω，但对第三类防雷建筑所规定的省部级办公建筑其冲击电阻不宜大于 10Ω。其接地装置宜与电气设备等接地装置共用。防雷的接地装置宜与埋地金属管道连接。当不共用、不相连接时，两者在地中的距离不应小于 2m。在共用接地装置与埋地金属管道相连接的情况下，接地装置围绕建筑物敷设成环形接地体。

（3）突出屋面的物体的保护方式与第二类防雷建筑物相同。

（4）砖烟囱、钢筋混凝土烟囱，宜在烟囱上装设避雷针或避雷环保护，多支避雷针应连接在闭合环上。当非金属烟囱无法采用单支或双支避雷针保护时，应在烟囱口装设环形避雷带，并应均匀布置 3 支高出烟囱口不低于 0.5m 的避雷针。钢筋混凝土烟囱的钢筋应在其顶部和底部与引下线和贯通连接的金属爬梯相连。高度不超过 40m 的烟囱，可只设一根引下线，超过 40m 时设两根引下线。可利用螺栓连接或焊接的一座金属爬梯作为两根引下线用。金属烟囱应作为接闪器和引下线。

（5）引下线不应少于两根，但周长不超过 25m 且高度不超过 40m 的建筑物可只设一根引下线，引下线应沿建筑物四周均匀或对称布置，其间距不应大于 25m。

（6）在电气接地装置与防雷的接地装置共用或相连接的情况下，当低压电源线路用全长电缆或架空线转换电缆引入时，宜在电源线路引入的总配电箱处装设过电压保护器。

2. 防雷电波侵入的措施

（1）对电缆进出线，应在进出端将电缆的金属外皮、钢管等与电气设备接地相连，当电缆转换为架空线时，应在转换处装设避雷器，避雷阀、电缆金属外皮和绝缘子铁脚、金具等应连接在一起接地，其冲击接地电阻不宜大于 30Ω。

（2）对低压架空进出线，应在进出处装设避雷器并与绝缘子铁脚、金具连接在一起接到电气设备的接地装置上。当多回路架空进出线时可仅在母线或总配电箱处装设一组避雷器或其他形式的过电压保护器，但绝缘子铁脚、金具仍应接到接地装置上。

（3）进出建筑物的架空金属管道，在进出处应就近接到防雷或电气设备的接地装置上或独自接地，其冲击接地电阻不宜大于30Ω。

（4）高度超过60m的建筑物，其防侧击雷和等电位的保护措施与第二类防雷建筑物相似，并应将60m及以上外墙上的栏杆、门窗等较大的金属物与防雷装置连接。

技能 73   了解其他防雷措施

（1）当一座防雷建筑物中兼有第一、二、三类防雷建筑物时，其防雷分类和防雷措施宜符合下列规定。

1）当第一类防雷建筑物的面积占建筑物总面积的30％及以上时，该建筑物宜确定为第一类防雷建筑物。

2）当第一类防雷建筑物的面积占建筑物总面积的30％以下，且第二类防雷建筑物的面积占建筑物总面积的30％及以上，或当这两类防雷建筑物的面积均小于建筑物总面积的30％，但其面积之和又大于30％时，该建筑物宜确定为第二类防雷建筑物。但对第一类防雷建筑物的防雷电感应和防雷电波侵入，应采取第一类防雷建筑物的保护措施。

3）当第一、二类防雷建筑物的面积之和小于建筑物总面积的30％，且不可能遭直接雷击时，该建筑物可确定为第三类防雷建筑物；但对第一、二类防雷建筑物的防雷电感应和防雷电波侵入，应采取各自类别的保护措施；当可能遭直接雷击时，宜按各自类别采取防雷措施。

（2）当防雷建筑物中仅有一部分为第一、二、三类防雷建筑物时，其防雷措施宜符合下列规定。

1）当防雷建筑物可能遭直接雷击时，宜按各自类别采取防雷措施。

2）当防雷建筑物不可能遭直接雷击时，可不采取防直击雷措施，而仅按各自类别采取防雷电感应和防雷电波侵入的措施。

3）当防雷建筑物的面积占建筑物总面积的50％以上时，该建筑物宜按第一类防雷建筑物的规定采取防雷措施。

（3）当采用接闪器保护建筑物、封闭气罐时，其外表面的2区爆炸危险环境可不在滚球法确定的保护范围内。

（4）固定在建筑物上的节日彩灯、航空障碍信号灯及其他用电设备的线路，应根据建筑物的重要性采取相应的防止雷电波侵入的措施。

1）无金属外壳或保护外罩的用电设备宜处在接闪器的保护范围内，不宜布置在避雷网之外，并不宜高出避雷网。

2）从配电盘引出的线路宜穿钢管。钢管的一端宜与配电盘外壳相连；另一端宜与用电设备外壳、保护罩相连,并就近与屋顶防雷装置相连。当钢管因连接设备而中间断开时宜设跨接线。

3) 在配电盘内,宜在开关电源侧与外壳之间装设过电压保护器。

(5) 粮、棉及易燃物大量集中的露天堆场,宜采取防直击雷措施。当其年计算雷击次数大于或等于 0.06 时,宜采用独立避雷针或架空避雷线防直击雷。独立避雷针或架空避雷线保护范围的滚球半径 h_r 可取 100m。在计算雷击次数时,建筑物的高度可按堆放物可能堆放的高度计算,其长度和宽度可按堆放面积的长度和宽度计算。

(6) 在独立避雷针、架空避雷线(网)的支柱上严禁悬挂电话线、广播线、电视接收天线及低压架空线等。

技能 74　熟悉系统接地的类型

用电设备的接地按其不同的作用,可分为两大类,即保护性接地和功能性接地。保护性接地又可分为接地和接零两种形式,而功能性接地则主要包括工作接地、直流接地、屏蔽接地、信号接地等。这里主要介绍保护接地、接零和工作接地,见表 5-7。

表 5-7　　　　　　　　　　　　　　系统接地的类型

项目	内　　　容
保护接地	电气设备的金属外壳由于绝缘损坏有可能带电,为保证人身安全、防止触电事故而进行的接地,叫做保护接地。保护接地的作用可用图 5-2 来说明。 　　如果电动机外壳未接地,则当电动机发生一相碰壳时,它的外壳就带有相电压。如果人接触到外壳,就有电容电流通过人体,这是相当危险的。如果电动机外壳装有保护接地,则由于人体电阻远比接地装置的电阻大,所以在电动机发生一相碰壳时,人即使接触外壳,也没有太大危险,电流主要由接地装置分担了,流经人体的电流是非常小的,不会危及人的生命
接零	将电气设备的金属外壳与中性点直接接地的系统中的中性线相连接,称为接零,如图 5-3 所示。 　　在中性点直接接地的 1kV 以下系统中,应采用接零保护,将电气设备的外壳直接接到系统的中性线上。发生碰壳时,即形成单相短路,使保护装置可靠动作,断开故障设备的电源,保护人身安全。采用接零保护的低压配电系统中,不允许将一些设备接零,而另外一些设备作保护接地。因为在同一系统中,如果有的设备采取接地,有的设备采取接零,则当采取接地的设备发生碰壳时,中性线电位将升高,而使所有接零的设备外壳都带上危险的电压,如图 5-4 所示
工作接地	为了保证电气设备在正常和事故情况下可靠地工作而进行的接地,叫做工作接地。如变压器和发电机的中性点直接或经消弧线圈等的接地、防雷设备的接地等。各种工作接地都各有作用。例如变压器和发电机的中性点直接接地,能维持相线对地电压不变;变压器和发电机的中性点经消弧线圈接地,能在单相接地时消除接地短路点的电弧,避免系统出现过电压。至于防雷设备的接地,其作用更是不言而喻的,不接地就无法对地泄放雷电流

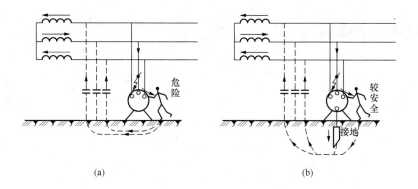

(a)   (b)

图 5-2　保护接地作用的示意图
（a）没有保护接地的电动机一相碰壳时；（b）装有保护接地的电动机一相碰壳时

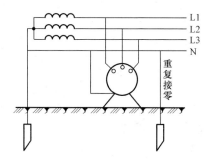

图 5-3　中性线与接零

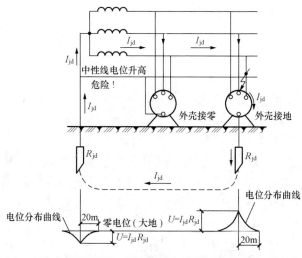

图 5-4　同一系统中有的接地、有的接零在接地设备发生碰壳短路时的情形

1. TN 系统

电源端有一点直接接地，电气装置的外露可导电部分通过保护中性导体或保护导体连接到此接地点。根据中性导体和保护导体的组合情况，TN 系统的形式有以下三种。

（1）TN-S 系统。整个系统的中性导体和保护导体是分开的，如图 5-5 所示。

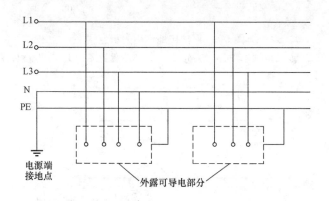

图 5-5　TN—S 系统

TN 系统中工作中性线 N 线与专用保护线 PE 线分线使用。正常时仅 N 线上才有不平衡电流，PE 上无电流，对地亦无电压。相线对地短路，中性线电位偏移均不波及 PE 线的电位，故应用最广。三相不平衡时单相使用，N 线上可出现高电位，要求总开关和末级断开相线的同时断开 N 线。采用四极、两极开关，投资增加。

（2）TN-C 系统。整个系统的中性导体和保护导体是合一的，如图 5-6 所示。

TN 系统电源中性点接地，电气设备金属外壳与工作中性线相接，俗称"保护接零"。TN-C 系统为 TN 系统之一，工作中性线和保护线合用一根保护中性线-PEN 线。一旦外壳带电，即相当于单相对地短路，漏电流即为短路电流，熔丝熔断或自动开关跳闸，使设备断电。共用节省材料，三相负载不平衡时，PEN 线上有不平衡电流，所连外壳有一定电压，故仅适用于三相平衡负荷；PEN 不允许中断，且不能与"保护接地"混用。

（3）TN-C-S 系统。系统中一部分线路的中性导体和保护导体是合一的，如图 5-7 所示。

TN 系统中前部为 TN-C，后部为 TN-S。前后两段特点，分别同于 TN-C 和

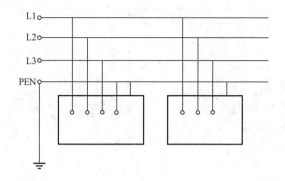

图 5-6　TN—C 系统

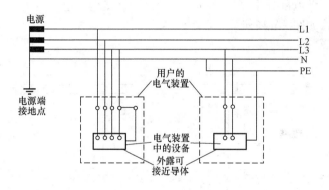

图 5-7　TN-C-S 系统

TN-S。此前后分段多在总配电箱或某一级配电箱内端子排上进行。此地应作重复接地，并与等电位电气连通。同时，N 线、PE 线分开后，任何情况都不能再合并。上述三个系统中 PE 线均不能断开，也不能安装可能切断的开关。

2. TT 系统

电源端有一点直接接地，电气装置的外露可导电部分直接接地，此接地点在电气上独立于电源端的接地点，如图 5-8 所示。

将电气设备金属外壳直接接地的保护系统俗称"保护接地"。负载所有接地线均为保护接地线。相线碰壳，绝缘坏而漏电使外壳带电时，漏电流不一定能使熔断器熔断，也不一定使断路器跳开，而漏电的外壳对地电压虽高于安全电压，但接地降低了原有电压，减少了触电危险。另外，各设备独自接地，耗材多，也

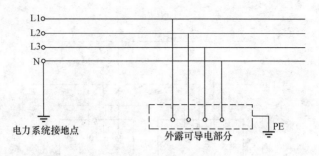

图 5-8　TT 系统

可将设备接地点连起来，在端部（总配电箱处）及末尾两处接地成为 PE 线，但此专用保护线与 N 线无电联系。此系统仅适用于接地保护点分散场所。

3. IT 系统

电源端的带电部分不接地或有一点通过阻抗接地，电气装置的外露可导电部分直接接地，如图 5-9 所示。

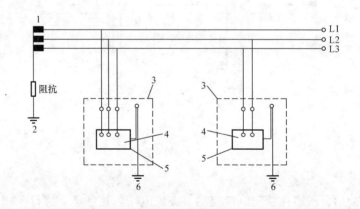

图 5-9　IT 系统

1—电源；2—电源端接地点；3—用户的电气装置；4—电气装置
中的设备；5—外露可导电部分；6—电气装置接地极

此方式供电距离不长时，供电可靠性高，安全性好。一般用于不允许停电的场所及要求严格连续供电的地方，如电炉炼钢、大医院手术室、地下矿井等。如果地下矿井内供电条件比较差，电缆易受潮，即使电源中性点不接地，设备一旦漏电，单相对地漏电电流也很小，也不破坏电源电压的平衡，所以比电源中性点接地的系统还安全。此 IT 系统发生接地故障时，接地故障电压不会超过 50V，不会引起间接电击的危险。但供电距离很长时，供电线路对大地的分布电容就不能忽视，在负载发生短路故障或漏电使设备外壳带电时，经大地形成回路的漏电电流，保护设备不一定达到使保护设备动作值，则极为危险。

技能 76　了解等电位联结的原理

电位差是造成人身电击，电气火灾，电气、电子设备损伤的重要原因。将电气装置各外露可导电部分、装置外导电部分及可能带电金属体作电气联结，降低甚至消除电位差，保持人身、设备安全。虽然这种联结仅在发生故障时才通过部分故障电流，平时不流通电流，但电气联结的牢靠性要求高。这一点在施工中及临时维修时尤应注意。

技能 77　等电位联结的类型

1. 总等电位联结

在建筑物电源进线处，将 PE 或 PEN 干线与电气装置的接地干线、建筑物金属物体及各种金属管道（水、暖通、空调、燃气管道）相互进行电气联结，使彼此电位相等，简称 MEB。此接线端子排往往孤立于进线配电箱，另设一处或另装一个箱内，如图 5-10 所示。

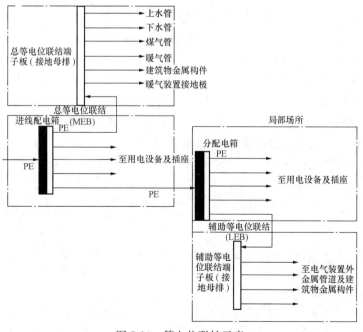

图 5-10　等电位联结示意

2. 辅助等电位联结

远离总箱，非常潮湿，触电危险高的局部区域（如浴室，游泳池）作的辅助、补充等电位联结，简称 LEB。辅助等电位端子排有设于分配电箱内的，也有单独另外设置的，如图 5-10 所示。

技能 78　掌握某厂房的防雷平面图识读

如图 5-11 所示，为某厂房的防雷平面图。以此图为例，进行读图分析。

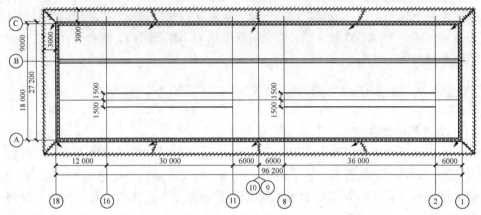

防雷平面图

图 5-11　某厂房防雷平面图

（1）本工程为三级防雷建筑。

（2）本建筑为金属屋面，按照 GB 50057—2010《建筑物防雷设计规范》要求，将屋顶贯通连接，利用其作为接闪器。

（3）共做 10 根避雷引下线，引下线采用 φ8mm 镀锌圆钢，在距地 1.8m 以下做绝缘保护、上端与金属屋顶焊接或螺栓连接。

（4）人工接地极采用 4 组共计 12 根∟50mm×50mm×5mm 镀锌角铁；水平连接采用 40mm×4mm 镀锌扁铁，与建筑物的墙体之间距离 3m。

（5）防雷接地共用综合接地装置，要求接地电阻不大于 4Ω，实测达不到要求时，补打接地极。

技能 79　掌握某小区的防雷平面图识读

1. 防雷平面图分析

如图 5-12 所示，为某居住小区的住宅楼防雷平面图。本工程地下一层为车库，地上 1～32 层为居民住宅，顶层设有电梯机房。建筑物长为 33.6m，宽为

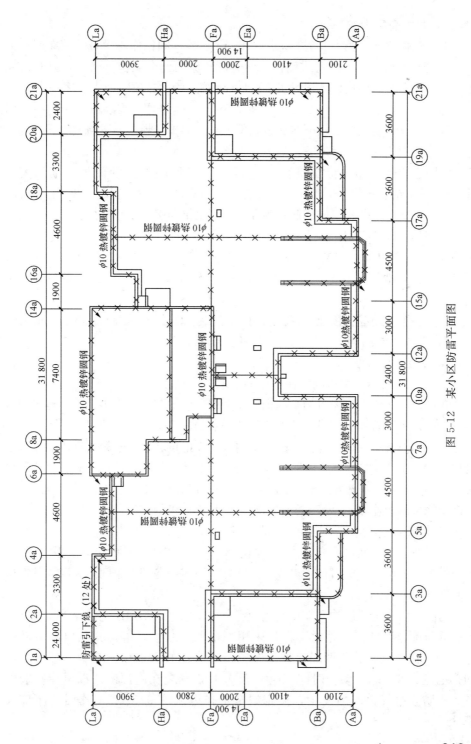

图 5-12 某小区防雷平面图

213

15.9m，最大高度为 92.9m。

本建筑物防雷分类为二类。采用 ϕ10mm 热镀锌圆钢作避雷带，并在屋面上组成不大于 10m×10m 的避雷网格，所有高出屋面的金属构件（架）以及通风孔，上人孔上的金属构件、送风机金属底座及管道等均与避雷带可靠相连接。航空障碍灯的支架上装设避雷短针，针高 1.5m，具体制作及安装方法选用标准图集，避雷针及其支架以及供电线路金属保护管与避雷带焊接。屋顶上不同高度的避雷带之间相互焊接，形成完整的电气通路。

为防止侧向雷击，将建筑物 30m 及以上各层圈梁内的两根主筋（大于 ϕ16mm），围绕建筑物构成均压环，并将其与所有的引下线焊接。外墙上所有的金属门窗，室外空调板内的钢筋及预埋件与圈梁钢筋引下线相连接。

本工程共设 12 处防雷引下线，引下线利用四根柱内主筋，上部与避雷带焊接，下部与基础钢筋焊接。在室外地坪上 0.5m 处设有四处测试点，并在测试点处距室外地坪下 0.8m 处甩出 1.0m 长、ϕ12mm 的镀锌圆钢，备接人工接地极。

接地装置共用综合接地装置，利用建筑物基础底梁及基础底板轴线上的上下两层钢筋内的两根主筋，要求接地电阻不大于 1Ω。

2. 接地平面图分析

如图 5-13 所示，为该高层住宅楼的接地平面图。

在接地平面图中以建筑物基础钢筋作为综合接地装置，示出了环形建筑物基础钢筋的轮廓、防雷引下线与接地极的连触点的位置，测试点位置等。

建筑物地下一层设配电室，配电室内设总等电位联结端子箱。低压配电系统接地形式采用 TN-C-S 系统，低压电源在进户处重复接地。总配电柜内的 PE 母排、电梯导轨及所有进出建筑物的金属管道就近与总等电位联结端子箱或建筑物基础钢筋可靠相连接，总等电位联结端子箱与接地极的连触点不少于 2 处，总等电位联结干线采用 40mm×4mm 镀锌扁钢。

由于住宅卫生间内设有浴盆和淋浴喷头，人们在洗浴时皮肤潮湿阻抗下降，较小的电压即可引起电击伤亡事故。因此在有洗浴设备的卫生间内采取局部等电位联结。

为防止雷击电磁脉冲，在总配电柜和各类弱电进线箱内设电涌保护器。

低压配电系统的接地故障保护采用漏电保护装置。根据其额定漏电动作电流和动作时间，分为两级保护。保护用电设备的漏电保护装置，额定漏电动作电流为 30mA，动作时间不应大于 0.4s，安装在电源侧的漏电保护装置是为了防止电气火灾的发生，额定漏电动作电流为 0.5A，动作时间不应大于 5s。

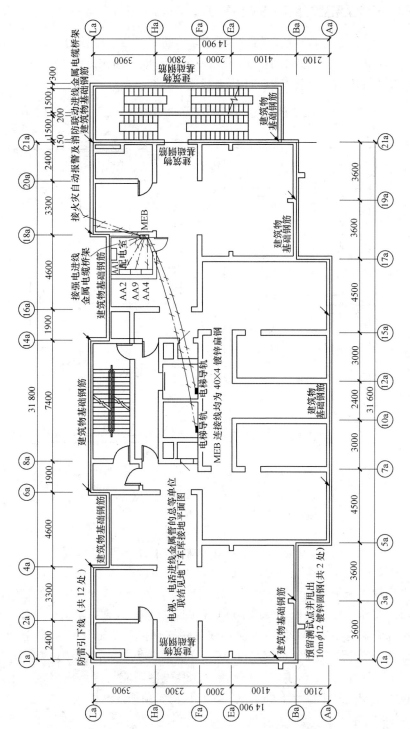

图 5-13 某小区接地平面图

如图 5-14 所示，为敷设在某高层写字楼内部的 10kV 变配电站，内设两台 800kVA 变压器，高压电源由小区内另外一个变配电站引来。图 5-14（a）为变配电站设备平面布置图，图 5-14（b）为接地平面图。

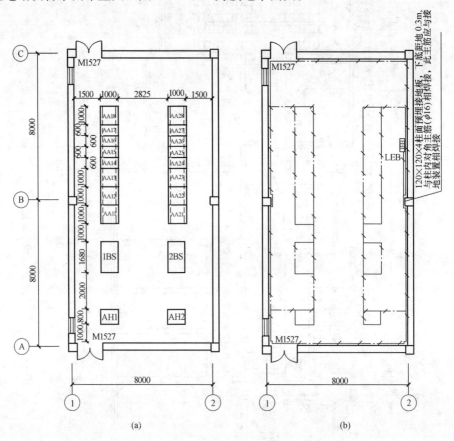

图 5-14 某变配电站的防雷平面图

（a）平面布置图；（b）接地平面图

接地连接线采用 50mm×5mm 镀锌扁钢，室内距地 0.4m 明敷，但在门口及变配电站内的高低压开关柜、变压器等设备的基础槽钢处采用暗敷。所有电气设备的金属外壳、电缆桥架等均应与接地线可靠连接。在 2 轴与 G 轴交汇处的柱面上距地 0.4m 处预埋 120mm×120mm×4mm 镀锌钢板，预埋接地板与柱内对角的两根直径大于 16mm 的主筋相焊接，此两根主筋应与接地极焊接。接地连接线及设于变配电站中部墙上的等电位联结箱均与预埋接地板可靠焊接。

第六章

电气设备控制工程图识读

刀开关是手动操作来接通或切断负载与电源之间连接的一种低压电器。一般用来控制不频繁操作的低压电路，也可用来对 3kW 以下的小容量电动机做不频繁的直接启动，以上两点用途都可以称为作"负荷开关"使用。另外，刀开关一般用在电路中作为隔离电源的开关使用，例如在检修时，利用它把电源与待检修的电路隔离开，保证检修时的安全，此用途称为作"隔离开关"使用。

1. HD 系列刀开关

HD11～HD14 型刀开关为全国统一设计产品，其规格型号及操作、安装方式见表 6-1。其优点是寿命长，动、热稳定性高，安装面积小，工作可靠。一般在成套的配电柜中作隔离开关使用，凡装有灭弧室的可以作负荷开关使用，但要适当降低容量使用。

表 6-1　　　　　　　　　HD 型刀开关规格型号及安装方式

型号	操作结构	转换方向	极数	定额电流等级 A	接线方式	有无灭弧
HD11	中央操作手柄式	单投	1、2、3	100、200、400 100、200、400 600、1000	板前平接式 板后立接式 板后平接式	无
HS11	中央操作手柄式	双投	1、2、3	100、200、400 600、1000	板后立接式 板后平接式	无
HD12	侧方正面杠杆机构式	单投	2、3	100、200、400、600、1000、1500 100、200、400、600、1000	板前平接式 板前平接式	无 有
HS12	侧方正面杠杆机构式	双投	2、3	100、200、400、600、1000 100、200、400、600、1000	板前平接式 板前平接式	有 无

型号	操作结构	转换方向	极数	定额电流等级 A	接线方式	有无灭弧
HD13	中央正面 杠杆机械式	单投	2、3	100、200、400、600、1000、1500 100、200、400、600、1000、1500	板前平接式 板前平接式	有 无
HS13	中央正面 杠杆机械式	双投	2、3	100、200、400、600、1000、1500 100、200、400、600、1000、1500	板前平接式 板前平接式	有 无
HD14	侧面操作 手柄式	单投	3	100、200、400、600、1000、1500 100、200、400、600、1000、1500	板前平接式 板前平接式	有 无

2. 带有熔断器的刀开关

为了缩小体积及使用方便，一些刀开关在结构上留有熔丝或熔断器的位置，构成带熔断器的刀开关。常用的有胶盖开关、负荷开关两种。因熔断器具有短路保护和过载保护，因此这种刀开关兼有通断和保护电路两种用途。

（1）胶盖开关。此种刀开关和 HD 系列刀开关不同之处除具有熔丝装置外还有防护外壳。胶盖开关分双极和三极两种，除可作不频繁通断和保护交直流负载电路外，三极开关在适当降低容量使用时，也可以作为小型异步电动机不频繁直接启动用。常用的 HK1、HK2 系列胶盖开关的额定电流有 10、15、30、60A 四个等级，其他系列尚有 100A 以上的，但大的电流等级不能分断其额定电流。

（2）负荷开关。此种刀开关具有用铸铁或钢板制成的全封闭的外壳，故又称铁壳开关。其防护能力比胶盖开关好，能工作于粉尘飞扬的场合。负荷开关具有较大的分闸和合闸速度，通断能力较高，因此常用于操作次数较多的小型异步电动机全压启动的电路中。负荷开关的壳上还装有机械连锁装置，使开关在合闸位置时盖子不能打开，而在盖子打开时开关不能合闸，这样就能充分发挥铁壳的防护作用。开关的熔断器部分有瓷插式和管式两种。负荷开关有若干系列，HH3、HH4 系列产品还带有灭弧罩；HH10 系列是新设计的负荷开关，它的操作手柄在正面，比其他系列体积小、质量轻、技术指标较高。

技能 82　了解转换开关的使用要求

在控制、测量等系统中，常常需要转换电路。实现转换电路的电器称为转换开关，一般为手动电器。转换开关系列产品较多，在这里只介绍刀形转换开关、HZ 系列转换开关和 LW 系列万能转换开关，见表 6-2。

表 6-2　　　　　　　　　　　　　　不同转换开关的使用要求

项　　目	内　　容
刀形转换开关	刀形转换开关与 HD 系列刀开关相似，只是在下方多一组夹座。操作时可以把闸刀往上投与上面一组夹座相接，也可以往下投与下面一组夹座相接，实现电路转换，所以又称双投刀开关。双投刀开关还可作为双电源隔离开关。 　　目前国产的刀形转换开关有 HS11、HS12、HS13 等系列。 　　刀形转换开关在安装时，应注意闸刀处于中间位置时，定位必须可靠，以免引起因自重下落搭接于下方的夹座上而造成事故。将开关横装于配电箱（柜）内，可避免上述现象
HZ 系列转换开关	HZ 系列转换开关由多节触头座组合而成，故又称组合开关。每节触头座都有动触头（相当于刀开关的闸刀）和静触头（相当于刀开关的夹座），动触头和静触头都装在胶木盒内。动触头固定在手柄带动的轴上，当转动手柄时，各节的动触头和静触头就可以接通或分断。当动触头转动不同的角度时，就可以与不同的静触头闭合，达到转换电路的目的。 　　此系列转换开关适用于交流 50Hz、电压 380V 及以下或直流电压 220V 及以下的电气线路作为手动非频繁接通、断开电源，换接电源或负荷，测量三相电压，改变负荷连接方式（串联、并联）或控制小容量交直流电动机用。 　　由于 HZ 系列转换开关具有较高的分合速度，又是双断点触头，所以操作频率比刀开关高，但当负载功率因数较低时，开关要降低容量使用，否则影响开关寿命；若负载功率因数小于 0.5，由于熄弧困难，不宜采用本系列开关。应用此系列开关控制电动机正反转时，一定要在电动机完全停止后才允许反方向接通。 　　目前国产 HZ 系列转换开关有 HZ10、HZ15 系列可供选用
LW 系列万能转换开关	此系列转换开关是一种主令电器，可作为各种配电设备的远距离控制用，也可作为电压表、电流表的换相开关或小型电动机的启动、调速、正反转控制之用。因开关的挡位多，转换电路多，故能适应复杂线路的需要，有"万能"之称。 　　此开关由若干节触头座组合而成，每节触头座里都有一对触头和一个装在转轴上的凸轮，操作时手柄带动转轴和凸轮一起旋转，则凸轮就可以接通或分断触头。由于凸轮的形状不同，所以当手柄在不同的操作位置时，各触头的分合情况也不同，从而达到转换电路的目的。为便于用户选用，制造厂都编出了各种型号转换开关的接线图或称触头分合顺序表。顺序表左边是开关的触头及编号，表右边表示每个触头的分合情况，表中有"×"者表示此触头在对应的位置上是闭合的。 　　目前国产的 LW 系列转换开关有 LW5、LW12～16 系列

技能 83　了解熔断器的使用要求

　　熔断器是一种用作过载和短路保护的电器。由于它具有结构简单、使用维护方便、体积小、质量轻、价格低廉等优点，因此得到广泛的应用。熔断器主要由熔体和安装熔体的绝缘管或座组成，绝缘管具有灭弧的作用。熔体常做成丝状或片状，制造熔体的金属材料有两种：一种是低熔点材料；另一种是高熔点材料。

熔断器接入电路时，它的熔体串联于电路中，由于电流的热效应，熔体发热使温度上升，在正常额定电流时，熔体不会熔断；如果电路发生过载或短路，电路中电流大于额定电流，就使熔体温度急剧上升而熔断，此时电路被切断，从而保护了负载设备和电路免遭过电流的危害。

常用的熔断器的使用要求见表 6-3。

表 6-3 不同熔断器的使用要求

项 目	内 容
RCIA 系列瓷插式熔断器	此系列熔断器结构比较简单，由瓷底座和瓷插件两部分组成，熔体（熔丝）装在瓷插件上。瓷插件上有闸刀，安装时插入夹座内。瓷座中留有空腔形成灭弧室。熔体按电流大小有铅锡合金丝、铜丝、铜片、变截面锌片等。使用时，大电流等级的熔断器常在灭弧室里垫衬编织石棉带以保护瓷件。 此种熔断器额定电流从 5～200A 共七个等级，熔体额定电流从 2A 起有 21 个等级。一般作为分支电路短路保护用，由于没有特殊熄弧措施，故此种熔断器的极限分断能力不大，最大只为 10kA
RL1 系列螺旋式熔断器	此系列熔断器主要由瓷帽、熔断管及底座等组成。熔断管内装有一组熔丝并填满石英砂，石英砂做冷却电弧用。瓷帽上有螺纹，旋入瓷底座后，熔体便接通电路。瓷帽盖上有熔断指示器，当熔体熔断时，指示器变色跳出，通过瓷帽观测孔可以看到。 此种熔断器的极限分断能力较高，当额定电流为 200A 时，极限分断能力为 50kA。它可用于配电线路中作过载和短路保护，也常用作电动机的保护
RM10 系列无填料封闭管式熔断器	此系列产品主要用于交流 500V 和直流 440V 以下的电力系统、成套配电装置中作为短路保护和防止连续过载之用。 此种熔断器具有结构简单，更换熔体方便等优点。它由钢纸管、熔体、黄铜帽、闸刀及夹座等组成，熔体用螺钉装在闸刀上面，其结构特点如下。 (1) 采用变截面锌片作熔体，当过载或短路时，首先在狭部熔断，特别是在短路时，几个狭部同时熔断，造成电路中有很大的间隙，所以灭弧容易，提高极限分断能力。 (2) 采用钢纸作绝缘管，在电弧高温作用下可产生气体，由于绝缘管是密封的，管内气压很高，具有较高的灭弧能力，极限分断能力较高，可达 12kA
RTO 系列有填料封闭管式熔断器	这是我国自行设计的熔断器，其主要特点是有限流作用，极限分断能力大，可达 50kA，因此适用于具有较大短路电流的电力系统和成套配电装置中。 此系列熔断器的瓷管内部装有笼形熔体和石英砂。熔体用铜片冲成珊状，中间部分用锡连接，围成笼形。锡使熔化温度降低，缩短熔化时间。 此系列熔断器有 50、100、200、400、600、1000A 六个等级，适用于大容量系统选用，但此种产品在熔体熔断后不能拆换

项　目	内　容
NT 系列有填料封闭管式熔断器	NT 系列熔断器是我国引进德国 AEG 公司制造技术生产的一种高分断能力的熔断器。国内型号为 RT16 系列，它适用于交流 45～62Hz，电压 660V 的电力网络和配电装置作过载和短路保护之用。它具有体积小、质量轻、功耗小、分断能力高的特点，产品性能符合 IEC-269 和 VDE 0636 标准。 　　该系列熔断器由熔管、熔体和底座三部分组成。熔管为高强度陶瓷，内装优质石英砂。熔体采用优质材料，功耗小、特性稳定，两端装有刀型触头。更换熔断体时应用载熔件（即操作手柄）进行操作。 　　该系列熔断器额定电流有 160、250、400、630、1000A 五个等级，熔体从 4～1000A 共 27 个等级，额定分断能力为 120kA
gF、aM 型圆柱形管状有填料熔断器	该系列熔断器适用于交流 50Hz，额定电压 550V、直流 250V 的低压配电系统中，gF 系列用于线路的过载和短路保护，aM 系列用于电动机的短路保护。这种熔断器具有体积小、密封良好、分断能力高、耐弧性能强、指示灵敏、动作可靠、安装方便等优点。 　　该系列熔断器有 16、25、40、125A 四个等级，额定分断能力大于 50kA

技能 84　了解断路器的使用要求

　　断路器又称自动空气开关，是低压电路中应用较广的一种保护电器，可以实现短路、过载和低电压（即欠电压）保护。它的特点是：动作后不需要更换元件，工作可靠、运行安全、操作方便，断流能力大（可达数万安）。

　　低压断路器按结构分为框架式断路器、塑料外壳式断路器和微型断路器三大类（见表 6-4）；按动作速度分为一般型和快速型两大类；按用途分为配电用断路器、电动机保护断路器、漏电断路器等。

表 6-4　　　　　　　　　　低压断路器的类型

项　目	内　容
框架式断路器	具有各种保护装置，如过电流、欠电压、分励等脱扣器，可以采用多种操作方式，如手柄操作、杠杆传动操作、电磁铁操作、电动机操作等；其结构形式有开启式、抽屉式、防护式等；可以做成很大的额定电流（6300A 以下）和很大的分断容量（150kA 以下），故能适用于低压网络各种用途。目前国产的 DW15、DW18 及引进德国 AEG 公司技术制造的 ME 系列框架式断路器均属于这类产品

项　目	内　容
塑料外壳式断路器	用塑料外壳封闭的，具有安全、美观、体积小、质量轻等特点。但其额定电流较小（800A以下）分断能力较低（85kA以下）。塑料外壳式断路器的极数分为三极、四极，一般用在距发电机或变压器较远的地方代替刀开关及熔断器。塑料外壳式断路器的脱扣器种类分为如下4类。 （1）热脱扣器即热双金属片式，可以起过载保护作用； （2）电磁脱扣器，主要是靠电磁力脱扣的，起短路、过载保护作用； （3）复式脱扣器是由热脱扣器和电磁脱扣器合成的，兼有过载和短路两种保护作用； （4）无脱扣器，即断路器中不装脱扣器，仅作刀开关使用
微型断路器	是模数化生产的一种终端电器，适用于交流50～60Hz、电压至415V、电流6～100A的电路中，作为小容量电气设备和线路的通断、过载和短路保护作用。微型断路器主要由操动机构、触头、灭弧装置、过电流脱扣器、塑料外壳和安装导轨等组成。断路器极数可分为1、2、3、4极，2～4极断路器是在单极结构基础上拼装而成的，可保证各极接通和断开的一致性。过电流脱扣器由双金属片与电磁机构组成，分别具有长延时过载保护作用和快速瞬时短路保护功能，脱扣器的整定电流不可自行调整。断路器另有多种附件，组合设计可具有漏电压、欠电压、分励和报警等功能

技能 85　了解按钮的功能与类别

按钮是一种短时接通或断开小电流电路的电器，它不直接控制主电路的通断，而是在控制电路中发出"指令"控制接触器，再由接触器控制主电路，所以又叫做主令电器。

按钮中采用桥式触点。在一个按钮中由两组静触点和一组动触点组合在一起，叫单联按钮。自然状态下其中一组静触点与动触点接触，叫做动断触点，另一组静触点与动触点不接触叫做动合触点。按钮上装有复位弹簧，保持动断触点闭合、动合触点断开的状态。当按动按钮时，动断触点先断开，动合触点后闭合；松开按钮时，在复位弹簧作用下动合触点先断开，动断触点后闭合，复位准备下一次操作。

按钮的种类很多，按照结构不同分为不带自锁机构能自动返回式和带自锁机构不能自动返回式两种；按按钮的组合形式分为单按钮（红、绿两种颜色）、双联按钮（红、绿两种颜色）、三联按钮（红、绿、黑三种颜色）和多联按钮。一般标注符号为SB。常用按钮型号的含义如下：

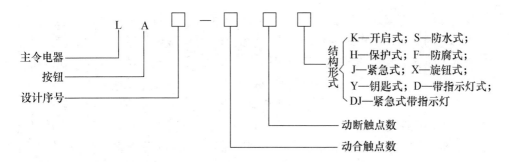

L A □ — □ □ □

主令电器———
按钮————
设计序号———

结构形式 { K—开启式；S—防水式；
H—保护式；F—防腐式；
J—紧急式；X—旋钮式；
Y—钥匙式；D—带指示灯式；
DJ—紧急式带指示灯 }

动断触点数
动合触点数

技能 86　了解接触器的使用要求

　　接触器是用来接通或断开主电路的控制电器，是自动控制电路的核心器件，控制电路各个环节的工作大多数是通过接触器的通断实现的。其优点是：动作迅速、操作方便、便于远程控制。其不足是：噪声大、寿命较短。由于它只能接通和分断电流，不具备短路保护功能，故必须与熔断器、热继电器等保护电器配合使用。接触器是一个由电磁铁带动的多触点开关，由铁芯、线圈和触点组成。触点有主触点、辅助动合触点、辅助动断触点等。如果通过线圈的电压达不到额定电压或线圈断电，在弹簧的作用下，各触点动作，断开或接通触点所在的电路，使设备停止工作，并且在电压恢复后不会自动进入工作状态。这个功能称为失电压或欠电压保护功能。

　　交流接触器有两个重要参数：一个是主触点容量；一个是线圈额定电压。

　　交流接触器的主触点为三对动合触点，用于控制三相主电路，辅助触点为两对动合触点和两对动断触点，用于完成必要的控制环节。小型接触器辅助触点的容量为 5A。接触器的基本型号是：CJ 为交流接触器；CZ 为直流接触器。接触器的标注符号为"KM"。交流接触器型号的含义如下：

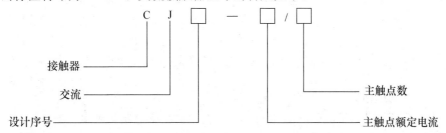

C J □ — □ / □

接触器———
交流————
设计序号———

主触点数
主触点额定电流

技能 87　了解继电器的使用要求

1. 热继电器

　　热继电器是对电动机和其他用电设备进行过载保护的控制电器。与熔断器相比，它的动作速度更快，保护功能更为可靠。热继电器的外形如图 6-1（a）所示，内部结构如图 6-1（b）所示，其主要部分由热元件、触点、动作机构、复位按钮和整定电流调节装置等组成。热继电器的动断触点串联在被保护的二次电路中，它的热元件由电阻值不高的电热丝或电阻片绕成，靠近热元件的双金属片是用两种热膨胀系数差异较大的金属薄片叠压在一起。热元件串联在电动机和其他用电设备的主电路中。如果电路和设备工作正常，通过热元件的电流未超过允许值，则热元件温度不高，不会使双金属片产生过大的弯曲，热继电器处于正常工作状态使电路导通。一旦电路过载，有较大电流通过热元件，热元件烤热双金属片，双金属片因上层膨胀系数小、下层膨胀系数大而向上弯曲，使扣板在弹簧拉力作用下带动绝缘牵引板，断开接入控制电路中的动断触点，切断主电路，从而起过载保护作用。热继电器动作后，一般不能立即自动复位，待电流恢复正常、双金属片复原后，再按动复位按钮，才能使动断触点回到闭合状态。当热继电器通过整定电流或小于整定电流时，长期不动作；通过电流为整定电流的120％时，20min 后动作；通过电流为整定电流 600％时，5s 之内动作，实现热继电器的过载保护功能。

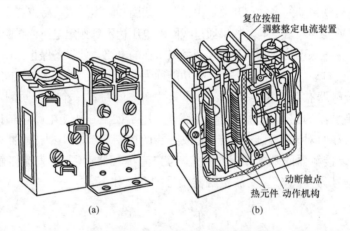

图 6-1　热继电器外形和内部结构

（a）外形；（b）结构

2. 中间继电器

中间继电器属于电磁继电器的一种。它通常用于控制各种电磁线圈，使有关信号放大，也可将信号同时传送给几个元件，使它们互相配合起自动控制作用。中间继电器由电磁线圈、动铁芯、静铁芯、触点系统、反作用弹簧和复位弹簧等组成。中间继电器通常标注符号为"KA"，型号的含义如下：

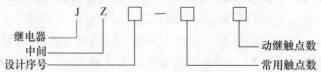

3. 时间继电器

时间继电器是利用电磁原理或机械动作原理实现触点延时闭合或延时断开的自动控制电器。其种类较多，有空气阻尼式、电磁式、电动式及晶体管式等几种。在这里，只介绍应用广泛、结构简单且延时范围大的空气阻尼式时间继电器。空气阻尼式时间继电器又称气囊式时间继电器，其外形和结构如图 6-2 所示。它主要由电磁系统、工作触点、气室和传动机构四部分组成。电磁系统由电磁线圈、铁芯、衔铁、反作用弹簧和弹簧片组成；工作触点由两副瞬时触点和两副延时触点组成；气室主要由橡胶膜、活塞和壳体组成；传动机构由杠杆、推杆、推板和宝塔弹簧等组成。

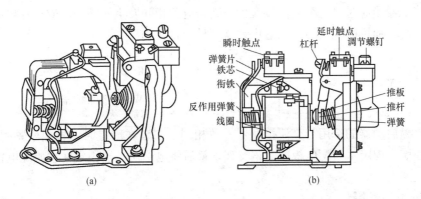

(a)　　　　　　　　　　(b)

图 6-2　JS7 系列时间继电器

(a) 外形；(b) 结构

4. 速度继电器

速度继电器与电动机轴装在一起，当转速降低到一定程度时，继电器内的触点就会断开，切断电动机电源，电动机停止转动。常用速度继电器有 JY1 和 JFZ0 两个系列。JY1 系列速度继电器外形结构如图 6-3 所示。

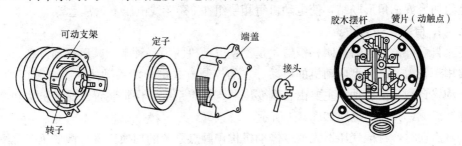

图 6-3　JY1 系列速度继电器结构

1. 电磁启动器

电磁启动器是一种全压启动控制电器，又叫电磁开关。它由交流接触器、热继电器和按钮组成，封装在铁质壳体内。装在壳上的按钮控制交流接触器线圈回路的通断，并通过交流接触器的通断控制电动机的启动和停止。电磁启动器分为不可逆和可逆两种。不可逆电磁启动器由一个交流接触器、一个热继电器和两个按钮组成，控制电动机的单向运转。可逆电磁启动器由两个同规格交流接触器、两个热继电器和三个按钮组成，在两个交流接触器之间装有电气联锁，保证一个交流接触器接通时另一个交流接触器分断，避免相间发生短路。可逆电磁启动器用于控制电动机的正反转。电磁启动器型号的含义如下：

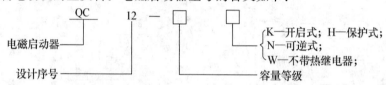

电磁启动器的选用与交流接触器大致相同。安装在墙上时，先预埋紧固件，然后在墙上固定木质配电板或角钢支架，最后将电磁启动器固定在木质配电板或角钢支架上。

2. Y-△启动器

Y-△启动器是电动机减压形启动设备之一，适用于定子绕组为三角形联结的笼型电动机的减压启动。它有手动式和自动式两种。由于Y-△未带保护装置，所以必须与其他保护电器配合使用。自动式Y-△启动器主要由接触器、热继电器、时间继电器等组成。自动式Y-△启动器有过载和失电压保护功能。Y-△启动器用在电动机启动瞬时，将定子绕组接成星形，使每相绕组从380V线电压降低至220V相电压，当电动机转速升高接近额定值时，通过手动或自动将其定子绕组切换成三角形联结，使电动机每相绕组在380V线电压下正常运转。

3. 自耦补偿启动器

自耦补偿启动器又叫补偿器，是笼型电动机的另一种常用减压启动设备，主要用于较大容量笼型电动机的启动，它的控制方式也分为手动式和自动式两种。手动式自耦补偿启动器主要由自耦变压器、触点系统、保护装置、操动机构和箱体等组成，其内部电路如图6-4所示。

启动时，自耦变压器先通过操动机构和触点系统的切换，将自耦变压器绕组的一部分或全部与电动机定子绕组串联，由于自耦变压器绕组感抗分去部分电源电压，电动机定子绕组就处于减压状态启动。

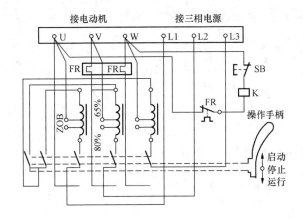

图 6-4　QY3 型自耦补偿启动器内部电路

通常自耦变压器备有 65％ 和 80％ 两组中间抽头。电动机定于绕组接 65％ 的抽头时，启动转矩只有额定转矩的 38.5％；若接在 80％ 的抽头上，则启动转矩为额定转矩的 64％。为了加强保护功能，在自耦补偿启动器内，备有过载和失电压保护装置。

技能 89　了解电磁制动器的使用要求

电磁制动器是电动机制动装置。电动机启动时，电磁制动器上的电磁铁通电，电磁铁的衔铁克服弹簧的作用力，带动拉开制动器闸瓦，电动机开始运转。电磁铁不通电时，制动器在弹簧作用下，闸瓦紧紧抱住电动机轴上的闸轮，电动机停止运转。电磁制动器文字符号为 YB，外形及结构如图 6-5 所示。

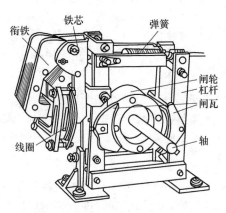

图 6-5　电磁制动器外形和结构图

电路图分主电路和辅助电路两大部分，主电路是电动机拖动部分，是电气电路中强电流通过的部分。如图 6-6 所示，其主电路就是三相电源（L1、L2、L3）经刀开关 QS1，接触器 KM 主触点到电动机 M1、电动机 M2 通过 QS2 控制。主电路用粗实线画出。辅助电路有控制电路、保护电路、照明电路，由按钮、接触器线圈、接触器动合触点、热继电器动断触点、照明变压器、照明灯、开关等元件组成。辅助电路一般用细实线画出。

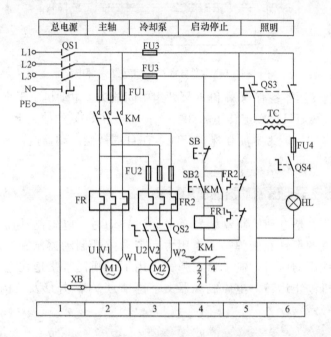

图 6-6　C630 车床电气控制电路

电气控制电路图的特点如下：

（1）电器的各个元件和部件在控制电路图中的位置，根据便于阅读的原则来安排。同一电器的各个部件可以不画在一起，并且只画出控制电路图中所需要的元件和部件。图 6-6 中，接触器 KM 的线圈、主触点、辅助动合触点按展开绘制，接触器 KM 辅助动合、动断触点有 4 对，图中只画出 1 对。

（2）图 6-6 中的每个电器元件和部件都用规定图形符号来表示，并在图形符号旁标注文字符号或项目代号，说明电器元件所在的层次、位置和种类。

（3）图 6-6 中所有电器触点都按没有通电和没有外力作用时的开闭状态画

出，即继电器、接触器的吸引线圈没有通电，控制器手柄处于零位，按钮、行程开关不受外力时的状态。

（4）线路应平行、垂直排列，各分支线路按动作顺序从左到右，从上到下排列；两根以上导线的电气连接处用圆黑点或圆圈标明。

（5）为了便于安装、接线、调试和检修，电器元件和连接线均可用标记编号，主回路用字母加数字，控制回路用数字从上到下编号。

技能 91　了解电气控制电路的基本环节

在一个控制电路中，能实现某项功能的若干电气元件的组合，称为一个控制环节，整个控制电路就是由这些控制环节有机地组合而成的。控制电路一般包括以下基本环节。

（1）电源环节包括主电路供电电源和辅助电路工作电源，由电源开关、电源变压器、整流装置、稳压装置、控制变压器、照明变压器等组成。

（2）保护环节由对设备和线路进行保护的装置组成，如短路保护由熔断器完成，过载保护由热继电器完成，失电压、欠电压保护由失电压线圈（接触器）完成。另外，有时还使用各种保护继电器来完成各种专门的保护功能。

（3）启动环节包括直接启动和减压启动，由接触器和各种开关组成。

（4）运行环节是电路的基本环节，其作用是使电路在需要的状态下运行，包括电动机的正反转、调速等。

（5）停止环节的作用是切断控制电路供电电源，使设备由运转变为停止。停止环节由控制按钮、开关等组成。

（6）制动环节的作用是使电动机在切断电源以后迅速停止运转。制动环节一般由制动电磁铁、能耗电阻等组成。

（7）信号环节是显示设备和电路工作状态是否正常的环节，一般由蜂鸣器、信号灯、音响设备等组成。

（8）电气控制电路一般都能实现自动控制，为了提高电路工作的应用范围，适应设备安装完毕及事故处理后试车的需要，在控制电路中往往还设有手动工作环节。手动工作环节一般由转换开关和组合开关等组成。

（9）启动按钮松开后，电路保持通电，电气设备能继续工作的电气环节叫自锁环节，如接触器的动合触点串联在线圈电路中，如图 6-7（a）所示。两台或两台以上的电气装置、元件，为了保证设备运行的安全与可靠，只能一台通电启动，另一台不能通电启动的保护环节，叫联锁环节。如两个接触器的动断触点分别串联在对方线圈电路中，如图 6-7（b）所示。

（10）在一个控制系统中有多台电气设备，只能按一定的顺序启动，或某台

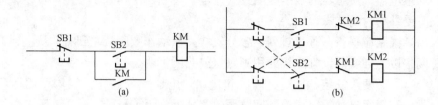

图 6-7　自锁及联锁环节

(a) 自锁环节；(b) 联锁环节

电气设备具有优先启动权的控制环节，如图 6-8 所示。

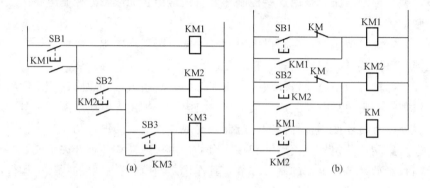

图 6-8　顺序控制及优先启动环节

(a) 顺序控制环节；(b) 优先启动环节

1. 点动控制电路

三相笼型异步电动机点动控制电路如图 6-9 所示，它由电源开关 QF、点动按钮 SB、接触器 KM 等组成。工作时，合上电源开关 QF，为电路通电做好准备，启动时，按下点动按钮 SB，交流接触器 KM 的线圈流过电流，电磁机构产生电磁力将铁芯吸合，使三对主触点闭合，电动机通电转动。松开按钮后，点动按钮在弹簧作用下复位断开，接触器线圈失电，三对主触点断开，电动机失电停止转动。这种一按按钮电动机就动，一松按钮电动机就停的控制方式称为点动控制。

2. 电动机直接启动控制电路

如图 6-10 所示是电动机直接启动控制电路。工作时，合上电源开关 QF，按下启动按钮 SB2，接触器线圈 KM 通电，接触器主触点闭合，接通主电路，电动机启动运转。此时并联在启动按钮 SB2 两端的接触器辅助动合触点闭合，保证 SB2 松开后，电流可以通过 KM 的辅助触点继续给 KM 的线圈供电，保持电动机运转。故这对并联在 SB2 两端的动合触点称为自锁触点（或自保持触点），这个环节称为自锁环节。电路中的保护环节有短路保护、过载保护、零电压保护。短路保护有带短路保护的断路器 QF 和熔断器 FU，主电路发生短路时，QF 动作，断开电路，起到保护作用。FU 为控制电路的短路保护。热继电器 FR 是电动机的过载保护。电动机的零电压保护是由接触器 KM 的线圈和 KM 的自锁触点组成，KM 线圈的电流是通过自锁触点供电的，当线圈失去电压后，自锁触点断开，主触点断开，电动机停止转动。当恢复供电压，此时 KM 自锁触点不通，电动机不会自行启动（避免了电动机突然启动造成人身事故和设备损坏）。这种保护称为零电压保护（也叫欠电压保护或失电压保护）。若要电动机运行，必须重新按下 SB2 才能实现。

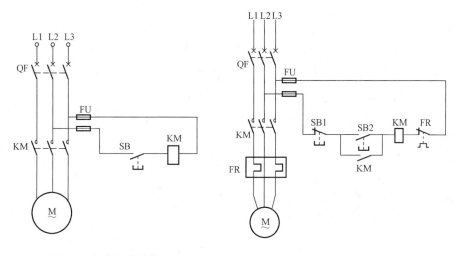

图 6-9　点动控制电路　　　　　　　图 6-10　直接启动电路

3. 电动机正反转控制电路

如图 6-11 所示是电动机的正反转控制电路。电路中 QF 是断路器。电动机的正反转，只要将三相电源线的任意两相交换一下即可，在控制电路中是用两个接触器来完成两根相线的交换。若要电动机正转，只要按下正转按钮 SB2，使接触器 KM1 线圈通电，铁芯吸合，主触点闭合（辅助动合触点闭合自锁），电动机正转。若要反转，应先按停止按钮 SB1，使 KM1 线圈失电触点复原后，才能使 KM2 线圈通电。因为正反转电路中，加了一个联锁环节，两个接触器线圈电路中分别串联了一个对方接触器的动合辅助触点，相互锁住了对方的电路。这种正反转电路是接触器联锁电路。电动机停转后，按下 SB3，则接触器 KM2 线圈通电，铁芯吸合，主触点闭合，使电动机的进线电源相序反相，电动机反转。

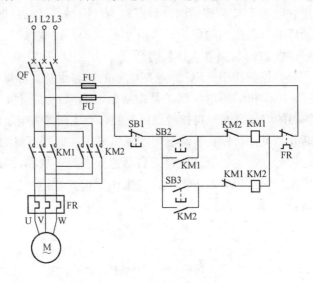

图 6-11　正反转控制电路

接触器联锁的电路，从正转到反转一定要先按停止按钮，使联锁触点复位，才能启动，使用时不太方便。这时可在控制电路中加上按钮联锁触点，称为复合联锁，如图 6-12 所示，复合联锁可逆电路可直接按正反转启动按钮，提高了工作效率。

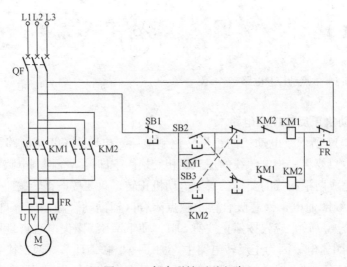

图 6-12　复合联锁可逆电路

控制电路的保护环节有短路保护 QF、过载保护 FR、零电压保护和联锁保护，其中零电压保护由接触器的线圈和自锁触点组成；联锁保护 KM1 和 KM2 分别将动断触点串联在对方线圈电路中，使两个接触器不可能同时通电，避免了 L1 和 L3 两相的短路故障。

4. 自动往复控制电路

如图 6-13 所示行程开关（也称限位开关）控制的机床自动往复控制电路。自动往复信号由行程开关给出，当电动机正转时，挡铁撞到行程开关 ST1，ST1 发出电动机反转信号，使工作台后退（ST1 复位）。当工作台后退到挡铁压下时，ST2 发出电动机正转信号，使工作台前进，前进到再次压下 ST1，如此往复不断循环下去。SL1、SL2 是行程极限开关，防止 ST1、ST2 失灵时，挡铁撞到 SL1 或 SL2 以致电动机断电停车，避免工作台冲出行程的事故。在控制电路图中，行程开关 ST1 的动断触点与正转接触器 KM1 的线圈串联；ST1 的动合触点与反转启动按钮 SB2 并联。所以，挡铁压下 ST1 时，ST1 的动断触点断开电动机的正转控制电路，使前进接触器线圈 KM1 失电，电动机停转，同时 ST1 动合触点闭合，接通电动机反转电路，使后退接触器 KM2 通电，电动机反转，ST2 的工作原理与 ST1 相同，不再阐述。行程极限开关 SL1、SL2 是保护用开关，它们的动断触点串联在控制回路中。当 ST1、ST2 失效时，SL1、SL2 被挡铁压下，使其动断触点断开电动机的控制回路，电动机停转。

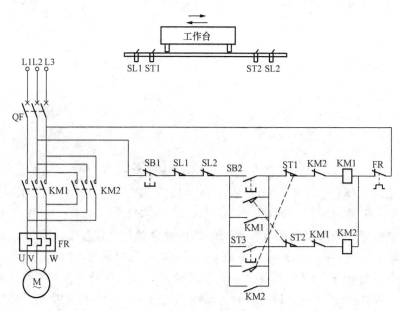

图 6-13　自动往复控制电路

5. Y-△减压启动控制电路

　　容量较小的电动机的启动可采用直接启动方式，但容量较大电动机的启动常用减压启动方式，启动时可以减少对电网电压的冲击。最常用的方式之一是 Y-△减压启动，它适用于运行时定子绕组接成三角形联结的三相笼型异步电动机。当动机绕组接成星形联结时，每相绕组承受电压为 220V 相电压。启动结束后再改成三角形联结，每相绕组承受 380V 线电压，实现了减压启动的目的。

　　如图 6-14 所示为 Y-△减压启动电路，图中 KM1 为启动接触器，KM2 为控制电动机绕组星形联结的接触器，KM3 为控制电动机绕组三角形联结的接触器。时间继电器 KT 用来控制电动机绕组星形联结的启动时间。

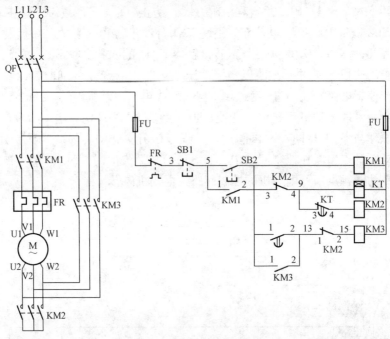

图 6-14　Y-△减压启动电路

　　启动时先合上电源开关 QF，按下启动按钮 SB2，接触器 KM1、KM2 和时间继电器 KT 的线圈同时通电，KM1、KM2 铁芯吸合，KM1、KM2 主触点闭合，电动机定子绕组星形联结启动。KM1 的动合触点闭合自锁，KM2 的动断触点断开联锁。电动机在星形联结下启动，待延时一段时间后，时间继电器 KT 的动断触点延时断开，KM2 线圈失电，铁芯释放，触点还原；KT 的动合触点延时闭合，KM3 线圈通电，铁芯吸合，KM3 主触点闭合，将电动机定子绕组接成三角形联结，电动机在全压状态下运行。同时 KM3 动合触点闭合自锁，KM3

动断触点断开联锁，使 KT 失电还原。

6. 自耦变压器减压启动电路

另一种常用的减压启动方式是自耦变压器减压启动。自耦变压器减压启动电路由自耦变压器、交流接触器、中间继电器、热继电器、时间继电器和按钮等组成，可用于 14～300kW 三相异步电动机减压启动，其控制电路如图 6-15 所示。当三相交流电源接入，电源变压器 TD 有电，指示灯 HL1 亮，表示电源正常，电动机处于停止状态。

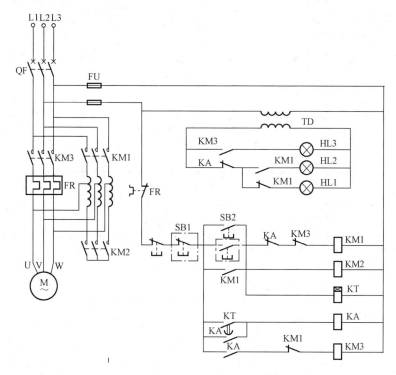

图 6-15 自耦变压器减压启动电路

启动时，按下启动按钮 SB2，KM1 通电并自锁，HL1 指示灯断电，HL2 指示灯亮，电动机减压启动；同时 KM2 和 KT 通电，KT 动合延时闭合触点经延时后闭合，在未闭合前电动机处于减压启动过程；当 KT 延时终了，中间继电器 KA 通电并自锁，使 KM1 和 KM2 断电，随即 KM3 通电，HL2 指示灯断电，HL3 指示灯亮，电动机在全压下运转。所以 HL1 为电源指示灯，HL2 为电动机减压启动指示灯，HL3 为电动机正常运行指示灯。图中虚线框中的按钮为两地控制。

7. 反接制动控制电路

如图 6-16 所示为用速度继电器 KS 来控制的电动机反接制动电路。速度继

235

电器 KS 与电动机同轴，R 是反接制动时的限流电阻。

启动时，合上电源开关 QF，按下启动按钮 SB2，KM1 线圈通电，铁芯吸合，KM1 辅助动合触点闭合自锁，KM1 主触点闭合，电动机启动运行，在转速大于 120r/min 时，速度继电器 KS 动合触点闭合。

电动机停车时，按下停止按钮 SB1，KM1 线圈失电，铁芯释放，所有触点还原，电动机失电，惯性转动。KM2 线圈通电，铁芯吸合，KM2 主触点闭合，电动机串入电阻反接制动。当转速低于 100r/min 时，KS 触点断开，KM2 失电还原，制动结束。

8. 机械制动控制电路

机械制动是利用各种电磁制动器使电动机迅速停转。电磁制动器控制电路如图 6-17 所示，这是一个直接启动控制电路，电磁制动器只有一个线圈符号，文字标注为 YB。制动器线圈并联在电动机主电路中，电动机启动，制动器线圈就通电，闸瓦松开；电动机停止，制动器线圈断电，闸瓦合紧把电动机刹住。

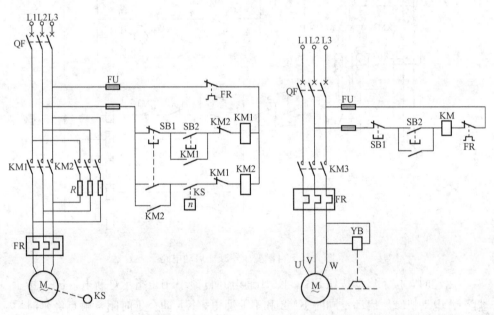

图 6-16　反接制动控制电路　　　　　图 6-17　电磁制动器控制电路

技能 93　掌握三相绕线转子异步电动机控制电路识读

1. 时间继电器控制绕线转子电动机启动电路

三相绕线转子异步电动机启动时，常采用转子串接分段电阻来减少启动电流，启动过程中逐级切除电阻，待全部切除后，启动结束。

如图 6-18 所示，是利用 3 个时间继电器依次自动切除转子电路中的三级电阻启动控制电路。电动机启动时，合上电源开关 QF，按下启动按钮 SB2，接触器 KM 通电并自锁，同时，时间继电器 KT1 通电，在其动合延时闭合触点动作前，电动机转子绕组串入全部电阻启动。当 KT1 延时终了，其动合延时闭合触点闭合，接触器 KM1 线圈通电动作，切除一段启动电阻 R1，同时接通时间继电器 KT2 线圈，经过整定的延时后，KT2 的动合延时闭合触点闭合，接触器 KM2 通电，短接第二段启动电阻 R2，同时使时间继电器 KT3 通电，经过整定的延时后，KT3 的动合延时闭合触点闭合，接触器 KM3 通电动作，切除第三段转子启动电阻 R3，同时另一对 KM3 动合触点闭合自锁，另一对 KM3 动断触点切断时间继电器 KT1 线圈电路，KT1 延时闭合动合触点瞬时还原，使 KM1、KT2、KM2、KT3 依次断电释放。唯独 KM3 保持工作状态，电动机的启动过程全部结束。

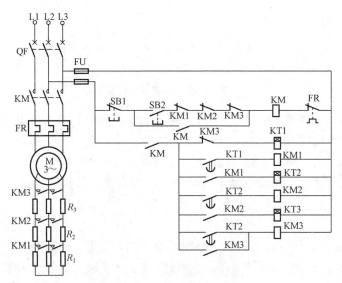

图 6-18　时间继电器控制绕线转子异步电动机启动电路

接触器 KM1、KM2、KM3 动断触点串接在 KM 线圈电路中，其目的是为保证电动机在转子启动电阻全部接入情况下进行启动。如果接触器 KM1、KM2、KM3 中任何一个触点因焊住或机械故障而没有释放，此时启动电阻就没有全部接入，若这样启动，启动电流将超过整定值，但由于在启动电路中设置了 KM1、KM2、KM3 的动断触点，只要其中任意一个接触器的主触点闭合，电动机就不能启动。

2. 转子绕组串频敏变阻器启动电路

频敏变阻器启动控制电路如图 6-19 所示，此电路可手动控制或自动控制。

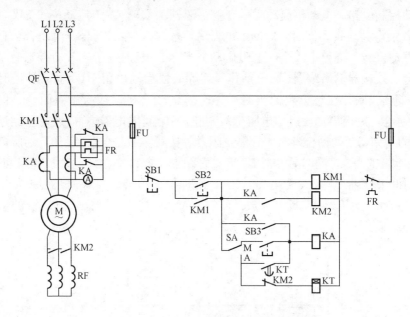

图 6-19　频敏变阻器启动控制电路

采用自动控制时，将转换开关 SA 扳到自动位置 A，时间继电器 KT 将起作用，按下启动按钮 SB2，接触器 KM1 通电并自锁，电动机接通电源，转子串入频敏变阻器启动。同时，时间继电器 KT 通电，经过整定的时间后，KT 动合延时闭合触点闭合，中间继电器 KA 线圈通电并自锁，使接触器 KM2 线圈通电，铁芯吸合，主触点闭合，将频敏变阻器短接，RF 短接，启动完毕。在启动过程中（KT 整定延时时间），中间继电器 KA 的两对动断触点将主电路中热继电器 FR 的发热元件短接，防止启动过长时热继电器误动作。在运行时，KA 动断触点断开，热继电器的热元件才接入主电路，起过载保护。采用手动控制时，将转换开关扳到手动位置（M），此时 KT 不起作用，用按钮 SB3 控制中间继电器 KA 和接触器 KM2 的动作。其启动时间由按下 SB2 和按下 SB3 的时间间隔的长短来决定。

技能 94　掌握互连接线图的识读

一个电气装置或电气系统可由两三个甚至更多的电气控制箱和电气设备组成。为了便于施工，工程中必须绘制各电气设备之间连接关系的互连接线图。

互连接线图中，各电气单元（控制设备）用点划线或实线围框表示，各单元之间的连接线都必须通过接线端子，围框内要画出各单元的外接端子，并提供端子上所连导线的去向，而各单元内部导线的连接关系可不必绘出。互连接线图中导线连接的表示方法有 3 种：多线图表示法如图 6-20 所示、单线图表示法如图 6-21 所示、相对编号法如图 6-22 所示。

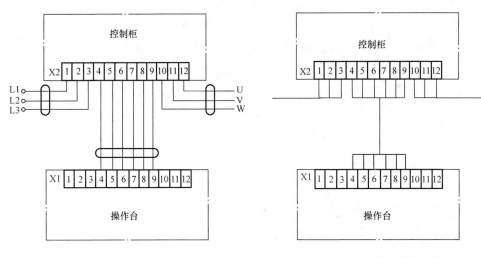

图 6-20　互连接线图多线图表示法　　　　图 6-21　互连接线图单线图表示法

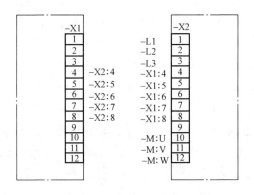

图 6-22　互连接线图相对编号法

在工程设计和施工中，为了减少绘图工作量，便于安装接线，一般都绘制端子接线图来代替互连接线图。端子接线图中端子的位置一般与实际位置相对应，并且各单元的端子排按纵向绘制，如图 6-23 所示。这样安排给施工、阅图带来方便。

239

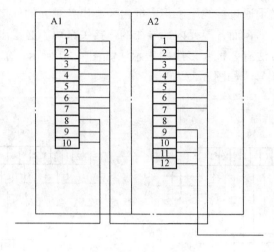

图 6-23 端子接线图

技能 96　掌握单元接线图的识读

1. 概述

一个成套的电气装置，由许多控制设备组成，每一个控制设备由许多电气元件组成，单元接线图就是提供每个单元内部各项目之间导线连接关系的一种简图。而各单元之间的外部连接关系可由互连接线图表示。

2. 特点

（1）接线图中各个项目不画实体，而用简化外形表示，用实线或点画线框表示电器元件的外形，减少绘图工作量，框图中只绘出对应的端子，电器的内部、细节可简略。

（2）图中每个电器所处的位置应与实际位置一致，给安装、配线、调试带来方便。

（3）接线图中标注的文字符号、项目代号、导线标记等内容，应与电路图上的标注一致。

3. 表示方法

（1）多线图表示法。该表示法就是将电气单元内部各项目之间的连接线全部如实画出来，即按照导线的实际走向一根一根地分别画出。如图 6-24 所示，图中每一条细实线代表一根导线。多线图表示法最接近实际，接线方便，但元件太多时，线条多而乱，不容易分辨清楚。

（2）单线图表示法。图中各元件之间走向一致的导线可用一条线表示，即图上的一根线实际代表一束线。某些导线走向不完全相同，但某一段上相同，也可

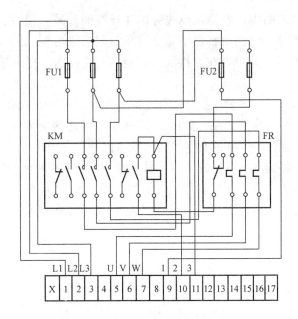

图 6-24　多线图表示法

以合并成一根线,在走向变化时,再逐条分出去。所以用单线图绘制的线条,可从中途汇合进去,也可从中途分出去,最后达到各自的终点——相连元件的接线端子,如图 6-25 所示。

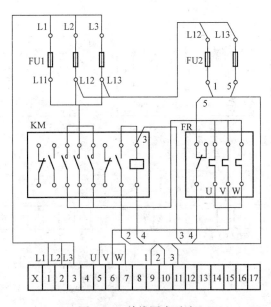

图 6-25　单线图表示法

单线法绘制的图中，容易在单线旁标注导线的型号、根数、截面积、敷设方法、穿管管径等，图面清畅，给施工准备材料带来方便，阅读方便。但施工技术人员如水平不太高时，在看接线图时会有一定困难，要对照原理图，才能接线。

（3）相对编号法。该表示法是元件之间的连接不用线条表示，采用相对编号的方法表示出元件的连接关系。如图 6-26 所示，甲乙两个元件的连接，在甲元件的接线端子旁标注乙元件的文字符号或项目代号和端子代号。在乙元件的接线端子旁标注甲元件的文字符号或项目代号和端子代号。相对编号法绘制的单元接线图减少了绘图工作量，但增加了文字标注工作量。相对编号法在施工中给接线、查线带来方便，但不直观，对线路的走向没有明确表示，对敷设导线带来困难。

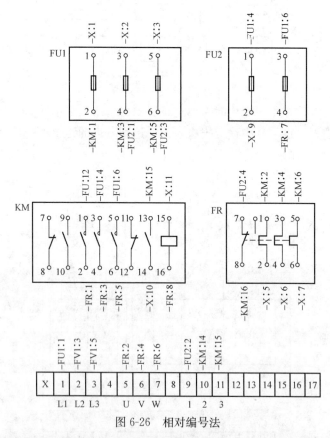

图 6-26　相对编号法

技能 97　掌握双电源自动切换电路图的识读

如图 6-27 所示，为双电源自动切换电路，一路电源来自变压器，通过 QF1

断路器、KM1 接触器。QF3 断路器向负载供电，当变压器供电发生故障时，通过自动切换控制电路使 KM1 主触点断开，KM2 主触点闭合，将备用的发电机接入，保持供电。

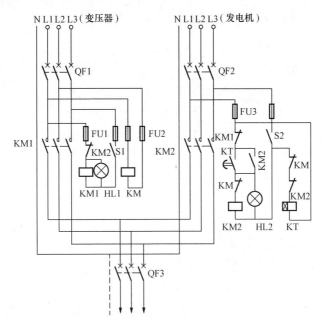

图 6-27　双电源自动切换电路

供电时，合上 QF1、QF2，然后合上 S1、S2，因变压器供电回路接有 KM 继电器，保证了首先接通变压器供电回路，KM1 线圈通电，铁芯吸合，KM1 主触点闭合，KM、KM1 联锁触点断开，使 KM2、KT 不能通电。

当变压器供电发生故障时，KM、KM1 线圈失电，触点还原。使 KT 时间继电器线圈通电，经延时后 KT 动合触点延时闭合，KM2 线圈通电自锁，KM2 主触点闭合，备用发电机供电。

技能 98　掌握水泵控制电路图的识读

1. 给水泵控制电路图识读

（1）水位控制器。水位控制器有干簧管式、水银开关式、电极式等多种类型。如图 6-28 所示，水位控制是采用干簧管式水位控制器。干簧管式水位控制器是由干簧管、永久磁钢、浮标和塑料管等组成。干簧管是用两片弹性好的坡莫合金放置在密封的玻璃管内组成，当永久磁钢套在干簧管上时，两个干簧片被磁化相互吸引或排斥，使其干簧触点接通或断开；当永久磁钢离开后，干簧管中的两个簧片利用弹性恢复原状，干簧管有动合和动断两种形式。水位控制器的原理是在垂直的塑料管中装有上、下水位的两个干簧管，塑料管外套有一个浮标，浮标中装有永久磁钢，当浮标移到上、下水位线时，对应的干簧管接受到磁信号而动作，发出水位状态的电信号，去启动或停止水泵。

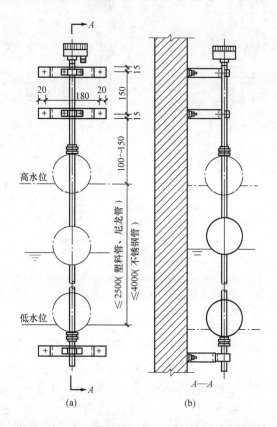

图 6-28 干簧管式液位控制器安装示意图
(a) 正视图；(b) A—A

(2) 转换开关的接线方法。在控制回路接线图中，转换开关通常有两种表示方法，一种为触点图表法，见表 6-5。转换开关在不同的位置上对应于不同的触点接通，在表 6-5 的触点栏中，"×"表示接通，空格表示断开。表格一般附在图纸的某一位置上。另一种采用图形符号法，如图 6-29 所示，每对触点与相关回路相连，"0°"表示手柄的中间位置，有的图上标注手柄的转动角度，或各位置控制操作状态的文字符号，如"自动"、"手动"、"1 号"设备、"2 号"设备、"启动"、"停止"等。虚线表示手柄操作时触点开闭位置线，虚线上的实心圆点

"•"表示手柄在此位置时接通，此回路因此而接通。没有实心圆点表示触点断开。

表 6-5 转换开关触点图表法

图形	LW5—□	45°	0°	45°
⌐⌐⌐	1—2	—	×	—
⌐⌐⌐	3—4	×	—	—
⌐⌐⌐	5—6	—	—	×

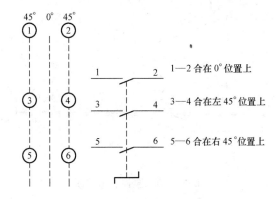

图 6-29 转换开关图形符号表示法

（3）控制原理。如图 6-30 所示，水泵准备运行时，电源开关 QF1、QF2、S 均合上，SA 为转换开关，其手柄旋转位置有三挡，共 8 对触点。当手柄在中间位置时，（11—12）、（19—20）两对触点接通，水泵为手动控制，用启动按钮（SB2、SB4）和停止按钮（SB1、SB3）来控制两台水泵的运行和停止，两台水泵不受水位控制器控制。当 SA 手柄扳向左时，（15—16）、（7—8）、（9—10）三对触点闭合，1 号水泵为常用泵，2 号水泵为备用泵，电路受水位控制器控制。当水位下降到低水位时，浮标磁环降到 SL1 处，使 SL1 动合触点闭合，使 KA1 通电自锁，KA1 动合触点闭合，KM1 通电，铁芯吸合，主触点闭合，1 号水泵启动，运行送水。当水箱水位上升到高水位时，浮标磁环上浮到 SL2 干簧管处，使 SL2 动断断开，KA1 失电复原，KM1 断电还原，1 号水泵停止运行。

如果 1 号水泵在投入运行时，电动机堵转过载，使 FR1 动作断开，KM1 失电还原，时间继电器 KT 通电，警铃 HA 通电发出故障信号，延时一段时间后，KT 动合延时闭合，KA2 通电吸合，使 KM2 通电闭合，启动 2 号水泵，同时 KT1 和 HA 失电。

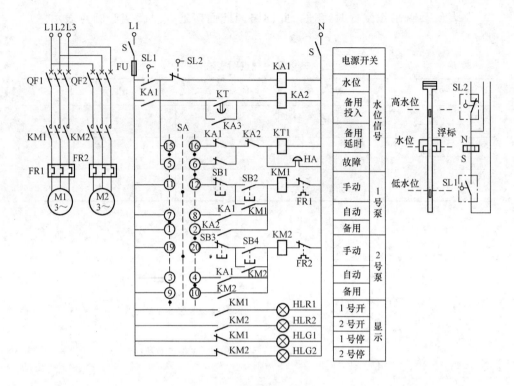

图 6-30　给水泵控制电路图

当 SA 手柄扳向右时，其（5—6）、（1—2）、（3—4）触点闭合，此时为 2 号水泵常用，1 号水泵为备用，控制原理同上。

2. 排水泵控制电路图识读

两台排水泵一用一备，是常见的形式之一。如图 6-31 所示是两台排水泵控制电路图。

（1）自动时。将 SA 置于"自动"位置，当集水池水位达到整定高水位时，SL2 闭合→KI3 通电吸合→KI5 动断触点仍为动断状态→KM1 通电吸合→1 号泵启动运转。1 号泵启动后，待 KI5 吸合并自保持，下次再需排水时，就是 2 号泵启动运转。这种两台泵互为备用，自动轮换工作的控制方式，使两台泵磨损均匀，水泵运行寿命长。

（2）手动时。手动时不受液位控制器控制，1、2 号泵可以单独启停。该线路可以对溢流水位报警并启动水泵（若水位达到整定高水位，液位控制器故障，泵应该启动而没有启动时）。其报警回路设计为一台泵故障时，为短时报警，一旦备用水泵自投成功后，就停止报警；两台泵同时故障时，长时间报警，直到人为解除音响。

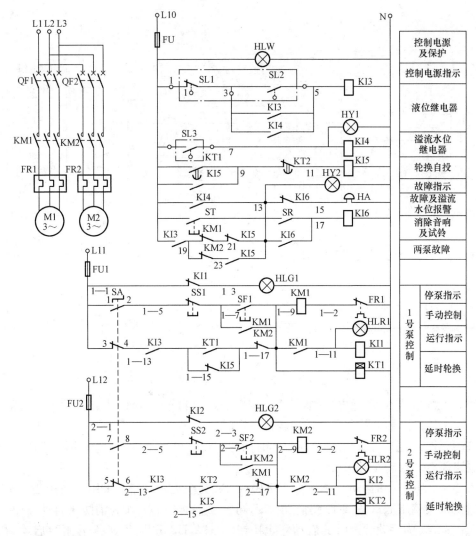

图 6-31　两台排水泵控制电路图

3. 消防泵控制电路图识读

如图 6-32 所示，为消防泵启动电路，消防水泵一般都设置两台水泵，互为备用，如 1 号水泵为自动，2 号水泵为备用；或 2 号水泵为自动，则 1 号水泵为备用。

在准备投入状态时，QF1、QF2、S1 都合上，SA 开关置于 1 号自动，2 号备用。因消火栓内按钮被玻璃压下，其动合触点处于闭合状态，继电器 KA 线圈通电吸合，KA 动断触点断开，使水泵处于准备状态。

当有火灾时，只要敲碎消火栓内的按钮玻璃，使按钮弹出，KA 线圈失电，KA 动断触点还原，时间继电器 KT3 线圈通电，铁芯吸合，动合触点 KT3 延时

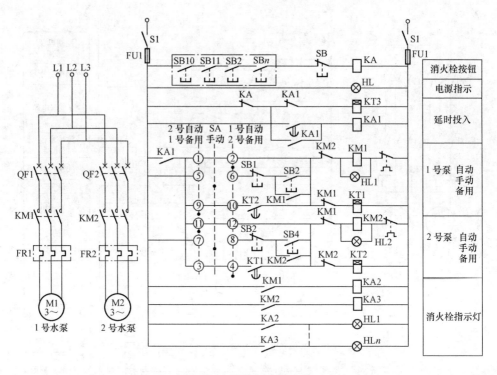

图6-32 消防泵启动电路

闭合，继电器KA1通电自锁，KM1接触器通电自锁，KM1主触点闭合，启动1号水泵。如果1号水泵堵转，经过一定时间，热继电器FR1断开，KM1失电还原，KT1通电，KT1动合触点延时闭合，使接触器KM2通电自锁，KM2主触点闭合，启动2号水泵。

SA为手动和自动选择开关。SB10～SBn为消火栓按钮，采用串联接法（正常时被玻璃压下），实现断路启动，SB可放置消防中心，作为消防泵启动按钮。SB1～SB4为手动状态时的启动停止按钮。H1、H2分别为1、2号水泵启动指示灯。1H～nH为消火栓内指示灯，由KA2和KA3触点控制。

4. 自动喷淋泵控制电路图识读

自动喷淋泵控制线路如图6-33所示。

发生火灾时，喷淋系统的喷头自动喷水，设在主立管上的压力传感器（或接在防火分区水平干管上的水流传感器）SP接通，KT3通电，经延时（3～5s）后，中间继电器KI4通电吸合。假若SA置于"1号用2号备"位置，则1号泵的接触器KM1通电吸合，1号泵启动向喷淋系统供水。如果1号泵故障，因为KM1断电释放，使2号泵控制回路中的KT2通电，经延时吸合，使KM2通电吸合，作为备用的2号泵启动。根据消防规范的规定，火灾时喷淋泵启动运转

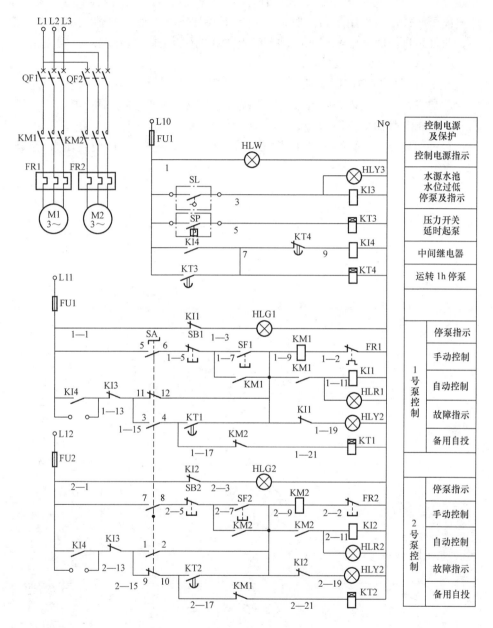

图 6-33 两台自动喷淋泵控制电路图

1h 后，自动停泵，因此，KT4 的延时整定时间为 1h。KT4 通电 1h 后吸合，KI4 断电释放，使正在运行的喷淋泵控制回路断电，水泵停止运行。液位控制器 SL 安装在水源水池，当水池无水时，液位器 SL 接通，使 KI3 通电吸合，其动断触点将两台水泵的自动控制回路断电，水泵停止运转。该液位控制器可采用浮球式或干簧式，当采用干簧式时，需设有下限扎头，以保证水池无水时可靠停泵。两台泵自控回路中，与 KI4 动合触点并联的引出线，接在消防控制模块上，由消防中心集中控制水泵的启停。

5. 补压泵控制电路图识读

常常将补压泵设计为两台泵自动轮换交替运转，使两台泵磨损均匀，运行寿命长。控制电路如图 6-34 所示。

若将选择开关 SA 置于"自动"位置，当水压降至整定下限时，压力传感器

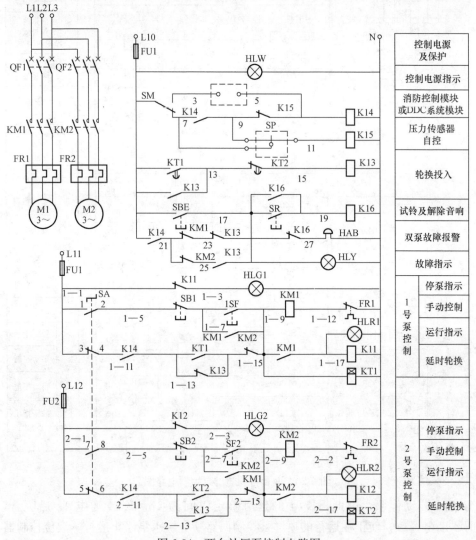

图 6-34 两台补压泵控制电路图

SP 的 7、9 号线接通→KI4 通电吸合→因 1 号泵控制回路⑨与④通、KM1 通电吸合→1 号泵启动运转。同时，KT1 通电，延时吸合，使 KI3 通电吸合，为下次再需补压时，2 号泵的 KM2 通电做好了准备。如果水压达到了要求值，压力传感器 SP 使 7、11 号线接通→KI5 通电吸合→KI4 断电释放→KM1 断电释放→1 号泵停止运转。当水压又下降使 KI4 再通电，由于 KI3 已经吸合，1 号泵控制电路 KM1 不能通电，这时，2 号泵控制回路的 KM2 先通电，故 2 号泵投入运转。因为 KT2 也通电，经延时后，其延时打开的动断触点断开，使轮换用的继电器 KI3 断电复原。这样，完成了 1、2 号泵之间的第一次轮换，下次再需启动时，又该轮到 1 号泵运转。如果在 1 号泵该运转而因故障没有运转时，KM1 跳闸，则 KM1 在 2 号泵控制回路中的动断触点闭合，由于 KI4 已经吸合，就看 KI3 是否吸合。KI3 的吸合取决于 1 号泵发生故障时已经运行多长时间及 KT1 的延时是否完成，如果没有完成，需等待其完成，若完成了，则 KT1 吸合，则 2 号泵的 KM2 通电吸合，2 号泵启动运转，起到备用泵的作用。

技能 99　掌握空调机组控制电路图的识读

1. 空调机组的组成

如图 6-35 所示，为空调机组的安装示意图，按其功能可分为制冷、空气处理和电气控制三部分。

(1) 制冷部分是空调机组的冷源，主要由压缩机、冷凝器、膨胀阀和蒸发器组成。为了灵活调节室内冷负荷，将蒸发器分为两组管路，利用两个电磁阀 1YV、2YV 控制两条管路的通断。1YV 投入时，蒸发器面积投入 2/3，2YV 投入时，蒸发面积投入 1/3，若两个电磁阀同时投入，则蒸发器的面积百分之百投入。

(2) 空气处理设备主要将新风和回风经过过滤后，通过温度处理（冷却或加热）及湿处理（加湿或去湿），达到空调房柜内所需的温湿度要求，然后通过通风机送至房间。主要由新风采集口、回风口、空气过滤器、电加热器、电加湿器和通风机组组成。夏季需要冷空气时，空气经过蒸发器使空气得到冷却；

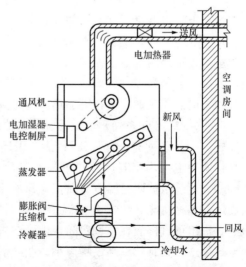

图 6-35　空调机组的安装示意图

251

冬季需要暖空气时，经过安装在通风管道中的两组或三组电加热器将空气加热；电加湿器是用电能直接加热水而产生水蒸气，用短管将水蒸气喷入空气中，以改变空气的湿度。

（3）电气控制部分主要完成温度、湿度自动调节任务，由温、湿度检测元件，控制器、压缩机、吸气压力继电器、开关、接触器等主要元件组成。温度检测元件可以选用电触点水银温度计或热敏电阻。选用水银电触点温度计，可利用水银的导电性能将触点接通，通过温度控制器使其继电器通电或断电，控制空气温度。湿度检测元件是一种特殊水银触点温度计，在其下端有吸水棉纱，利用干燥的空气将湿包水分蒸发而降低热量，只要使两个温度计（干球和湿球）保持一定的温差就可以保持一定的湿度。所以，两支温度计应安装在同一地点，湿球的温度整定值要低于干球温度整定值。

2. 恒温恒湿空调器结构

（1）恒温恒湿空调器具有制冷、除湿、加热、加湿等功能，可以提供一种人工气候，使室内温度、相对湿度恒定在一定范围内。一般的恒温恒湿空调器可使环境温度保持在 20～25℃，最大偏差为 ±1℃；相对湿度为 50%～60%，最大偏差为 10%，是一种比较完善的空调设备。恒温恒湿空调器由 5 部分构成，如下所示。

1）制冷系统由蒸发器、冷凝器、压缩机、热力膨胀阀、空气过滤器等构成。

2）风路循环由离心风机、空气过滤器、进出风口构成。

3）加湿由电加湿器、供水装置构成。

4）加热由电加热器构成。

5）控制由压力继电器，干、湿球温度控制器构成。

（2）恒温恒湿空调器从冷却方式上可分为风冷式和水冷式两大系列。

1）风冷式（HF 系列）恒温恒湿空调器结构。风冷式恒温恒湿空调器机组分为室内、室外两部分。室外机组只有风冷式冷凝器，室内机组具有制冷、加热、加湿、通风和控制等部件。温度由温控器进行控制，加湿量由电触点水银温度计和继电器控制加湿量，电加热也通过温控器进行开、停控制。

2）水冷式（H 系列）恒温恒湿空调器结构。水冷式恒温恒湿空调器一般为整体式，产品系列有 H 型、LH 型和 BH 型。H 型恒温恒湿空调器为国产系列产品，所用主机为半封闭式压缩机，制冷剂为 R12，产品冷量范围为 17400～116300W，适用被调恒温恒湿面积为 60～500m²。具有降温、供热、加湿、除湿及通风等多种功能。H 系列恒温恒湿空调器一般为顶部送风，也有带风帽侧送风的，机组可直接放在空调房间，也可在机房内接风管使用。系统中制冷压缩机为半封闭式，具有效率高、噪声小、制冷剂不易泄露等特点，并且配有能量调节和安全保护装置。恒温恒湿空调器的温湿度是由温控器控制压缩机的开停和加热器的通断，湿球温度计、继电器控制电加热器通断。还有一种热泵型的恒温恒湿空调器，该机组分为室内式和室外式两种，室内式直接放在空调房间内，室外式需另接风管。压缩机可根据负荷大小换挡（快速或慢速）运转。制冷工况时，由电触点湿球温度计通过电子继电器控制供液阀的开、关来改变蒸发的面积，同时由电触点干球温度计通过电子继电器控制压缩机的开停进行调温，用电触点湿球温度计通过电子继电器控制电加湿器工作，进行调湿。为安全运转，制冷、制热时的四通阀的换向，以及快速、慢速的换挡必须在停机后方可进行，不允许在运转中进行换向和换挡。在恒温恒湿空调器中，为了节约能源，有的带有回风口，新风口可根据需要采用一次回风送风方式，有效地利用室内的循环空气（约占85％）和补充新鲜空气（占15％）。

3. 风机盘管控制电路

风机盘管是中央空调系统末端向室内送风的装置，由风机和盘管两部分组成。风机把中央送风管道内的空气吹入室内，风速可以调整。盘管是位于风机出口前的一根蛇形弯曲的水管，水管内通入冷（热）水，是调整室温的冷（热）源，在盘管上安装电磁阀控制水流。风机盘管控制电路如图 6-36 所示，图的上方是风机、风道、水管系统。图中有三只控制电器：TS-101 是温控三速开关，安装在室内墙壁上；TS-102 是箍形温度控制器，安装在主水管上；TV-101 是电动阀，安装在盘管进水口。

风机盘管电源由室内照明供电线路提供，零线 N 直接接至风机和电动阀，保护零线 PE 接在风机外壳上，相线 L 接入控制开关 TS-101 的 8 号触点。TS-101 为温控三速开关，8 号触点与 4 号触点接通时为高速，与 7 号触点接通时为中速，与 6 号触点接通时为低速。当开关拨到"断"的位置时，风机、电动阀电路均切断。TS-101 内的温控器有通断两个动作位置，控制电动阀的动作，使室

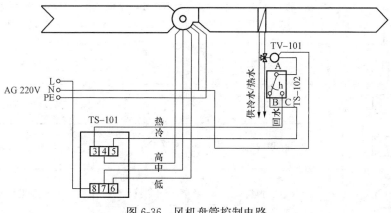

图 6-36 风机盘管控制电路

内温度保持在设定的范围内（10～300℃）。夏季冷水温度在 15℃ 以下时，箍形温度控制器 TS-102 的触点 A 和 B 接通，当室内温度超过温控器的温度上限设定值时，TS-101 的触点 5 和 8 接通，电动阀打开，盘管内流过冷水，系统向室内送冷风。冬季热水温度在 31℃ 以上时，TS-102 的触点 A 和 C 接通，当室内温度低于温控器的温度下限设定值时，TS-101 的触点 3 和 8 接通，电动阀打开，盘管内流过热水，系统向室内送热风。

4. 空气处理机组 DDC 控制电路

DDC 是直接数字控制器的缩写，是空调系统计算机控制的终端直接控制设备。通过 DDC，可以进行数据采集，了解系统运行情况，也可以发出控制信号，控制系统中设备的运行情况。空调系统图中常用的图形符号见表 6-6。

表 6-6　　　　　　　　　　　　　空调系统常用图形符号

图形符号	说　　明	图形符号	说　　明
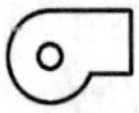	风机	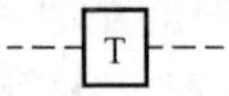	温度传感器
	水泵 （左侧为进水，右侧为出水）	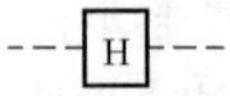	温度传感器
	空气过滤器	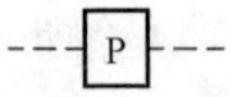	压力传感器
	空气加热、冷却器 （单加热）		一般检测点
	空气加热、冷却器 （单冷却）		电动二通阀
	空气加热、冷却器 注：双功能换热装置		电动三通阀
	电动调节风阀	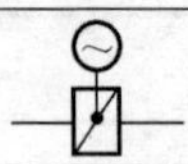	电动蝶阀
	加湿器		水流开关
	冷水机组		直接数字控制器
	板式换热器	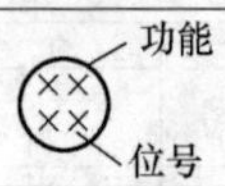	就地安装仪表
	冷却塔	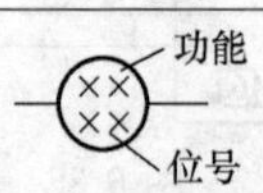	管道嵌装仪表

空气处理机组送冷热风、加湿控制电路，如图 6-37 所示。

系统有一台送风风机向管道内送风，另有一台回风风机把室内污浊空气抽回回风风道。为了保持风道内空气的温度和湿度，送风风道与回风风道是一个闭合系统，回风经过滤处理后重新进入送风系统，当回风质量变差时，向室外排出部分回风，同时打开新风口，从室外补充新风到送风系统。在送风系统中要用冷热水盘管对空气的温度进行调整，用蒸汽发生器来加湿。图 6-37 的上方是空调系统图，下方是 DDC 控制接线表。DDC 上有四个输入输出接口：两个是数字量接口，数字输入接口 DI 和数字输出接口 DO；另两个是模拟量接口，模拟输入接口 AI 和模拟输出接口 AO。根据传感器和执行器的不同，分别接不同的输入输出接口。DDC 是一台工业用控制计算机，它根据事先编制的控制程序对系统进行检测和控制。从图 6-37 左侧开始看，A、B、C 三点接 DDC 的模拟输出口 AO，这是三台电动调节风阀的控制信号，其中，FV-101 是排风阀、FV-102 是回风阀、FV-103 是新风阀，调整三台风阀的开闭程度，可以控制三路风管中的风量，使系统中的风量保持恒定。三台风阀的工作电源为交流 24V。D、E 点接 DDC 的模拟输入口 AI，D 点是湿度传感器 HE-102 的信号线，检测新风的湿度情况，传感器电源为直流 24V。E 点是温度传感器 TE-102 的信号线，检测新风的温度。F 点接 DDC 的数字输入口 DI，是压差传感器 PdA-101 的信号线，这里有一台空气过滤器，如果过滤器使用时间过长发生堵塞，F 点会出现压差信号，提示系统检修。G 点接 DDC 的数字输入口 DI，是防冻开关 TS-101 的信号线。H 点接 DDC 模拟输出口 AO，是电动调节阀 TV-101 的控制信号线，TV-101 控制冷、热水流量，用来调整风道内空气的温度，TV-101 的电源是交流 24V。I、J、K、L 各点分别接数字输出口 DO 和数字输入口 DI，是回风机控制柜 AC 的控制信号线，对风机的启动、停止进行控制，对风机的工作和故障状态进行监测。与此相同的还有送风机的控制信号线 O、P、Q、R。M、S 两点接 DDC 的数字输入口 DI，分别是两台压差传感器 PdA-103 和 PdA-102 的信号线，分别检测两台风机前后的空气压差。N 点接 DDC 的模拟输出口 AO，是蒸汽发生器的电动调节间 TV-102 的控制信号线，用来控制蒸汽量，调整空气湿度。电动阀电源为交流 24V。T 点接 DDC 的模拟输入口 AI，是二氧化碳浓度传感器 AE-101 的信号线，检测回风道中的 CO_2 浓度，确定新风增加量和排风量。AE-101 的电源为直流 24V。U、V、W、X 各点接 DDC 的模拟输入口 AI，分别是回风道、送风道的湿度、温度传感器信号线，与 D、E 点相同。

5. 空调冷水机组控制电路

冷水机组是中央空调系统中的制冷装置，冷水机组产生的冷水被冷水泵泵入冷水系统，为风管内空气降温，机组冷却用的冷却水被冷却水泵泵到屋顶的冷却

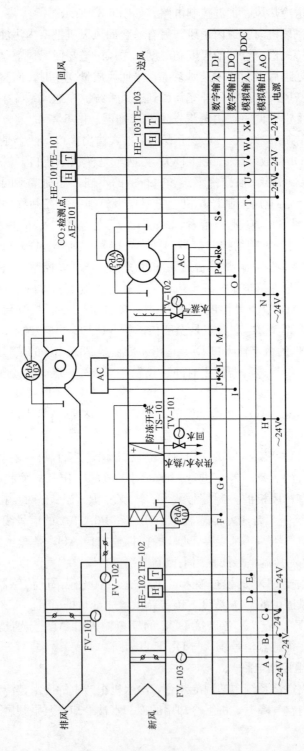

图 6-37　空气处理机组送冷热风、加湿控制电路图

注：数字前的"～"符合表示交流，"-"符号表示示直流

塔，把热量散入大气，冷却塔中有冷却风扇加速空气流通散热。冷水机组的设备系统，如图 6-38 所示。冷水机组 DDC 控制接线，如图 6-39 所示。

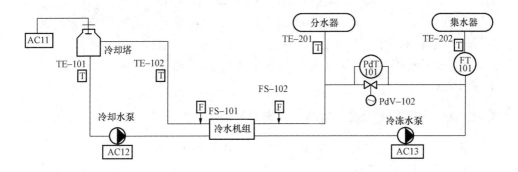

图 6-38　冷水机组的设备系统

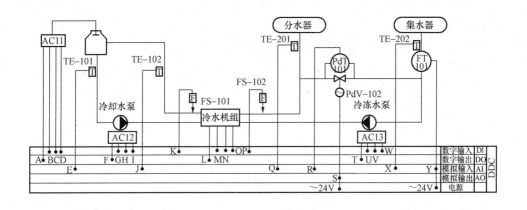

图 6-39　冷水机组 DDC 控制接线

图 6-39 中，A、B、C、D 四点接冷却塔风机控制柜 AC11 的控制信号线，F、G、H、I 四点接冷却水泵控制柜 AC12 的控制信号线，L、M、N、O 四点接冷水机组的控制信号线，T、U、V、W 四点接冷冻水泵控制柜 AC13 的控制信号线。这 16 个点均为数字信号，接 DDC 的数字信号端，用于控制四台设备的启动、停止，并监测四台设备的工作、故障状态。E、J 两点分别接两只温度传感器 TE-101 和 TE-102 的信号线，接 DDC 的模拟输入口 AI，分别用于检测冷却塔入水口和出水口的水温情况。K、P 两点分别接水流开关 FS-101、FS-102 的信号线，接 DDC 的数字输入口 DI，用于检测水管内水流情况，如发生断水故

257

障则自动停机。Q、X 两点分别接另两只温度传感器 TE-201 和 TE-202 的信号线，用于检测冷冻水系统供水和回水的水温情况。R 点接水压差传感器 PdT-101 的信号线，接 DDC 的模拟输入口 AI，用于检测供水管和回水管间的压力差。S 点接电动调节阀 PdV-102 的控制线，接 DDC 的模拟输出口 AO。当供水管和回水管压差变化时，开起电动阀，调整压差使之平衡。电动阀电源为交流 24V。Y 点接水流量传感器 FT，接 DDC 的模拟输入口 AI，用于检测冷冻水回水流量。电源为交流 24V。

技能 100　掌握塔式起重机控制电路图的识读

下面以 F0-23B 型塔式起重机的起升机构电气图为例来进行介绍。

F0-23B 型塔式起重机工作幅度为 2.9～50m；在最大幅度 50m 下的起重量为 10t；自由行走时钓钩最大高度为 61.6m。

F0-23B 型塔式起重机的起升机构安装在塔机的平衡臂上，由两台完全相同的绕线式异步电动机拖动，但由于两台减速机的传动比不同，所以使卷筒的速度有高速和低速之分。

F0-23B 型塔式起重机的起升机构电气图如图 6-40 所示。

图 6-40 是由图（a）～（g）七个部分组成，由于包含内容较多，为了叙述方便，将全图分为以下几部分论述。

1. 原理图特征

（1）使用区域或称位置号。在主电路或控制电路下面，标有按数字顺序排列的水平格就是区域号或称其为位置号，它将图分为若干个区域。每部分电路占有一定的区域，例如图 6-40（a）中 LMPV 低速电动机主电路占的区域为 100～108；而图 6-40（f）中控制电路占的区域为 142～170 等。

（2）每个继电器、接触器线圈所控制的触点所在区域，均标注在该线圈之下垂直线的两侧。例如在第"144"区域有 XLH 接触器的线圈，线圈之下的垂直线左侧有"4"个区域号，它表示 XLH 的动合触点分布在这"4"个区域内，即在 145、151、156、158 区域都有 XLH 的动合触点；而 XLH 线圈垂直线右侧的 144、146、162 表示这三个区域都有 XLH 的动断触点。有的区域号旁注有箭头的表示此触点是带延时的，即箭头朝上表示通电延时的触点，箭头朝下则是断电延时的。还有的线圈下面被两条垂直线分为左、中、右三部分，其中左侧区域号表示在主电路中动合触点，中间部分的区域号是在控制电路的动合触点，右侧则表示动断触点分布的区域。

（3）塔机各配电柜、盘的接线端子用标注在水平点划线上的文字符号加以区分。例如标有 L 的水平点划线上的各数字是指装在塔机平衡臂上的 L 配电柜引

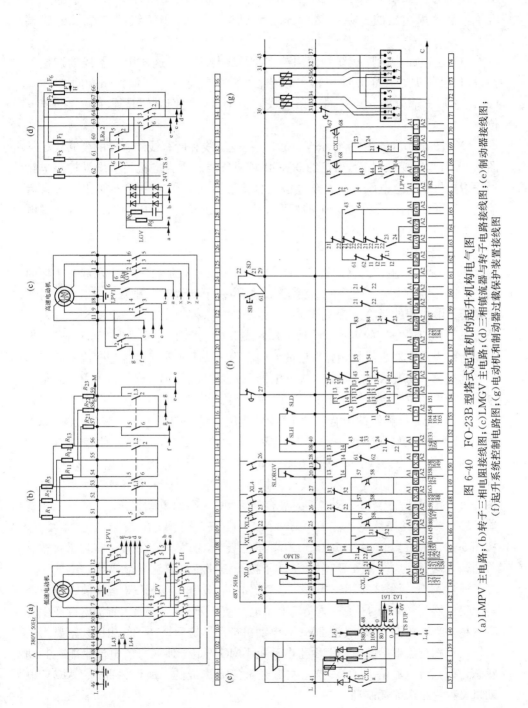

图 6-40 FO-23B 型塔式起重机的起升机构电气图

(a)LMPV 主电路;(b)转子三相电阻接线图;(c)LMGV 主电路;(d)三相镇流器与转子电路接线图;(e)制动器接线图;

(f)起升系统控制电路图;(g)电动机和制动器过载保护装置接线图

出的端子号。如图 6-40（a）中 L 水平线标的 6、7、8 表示 L 配电柜的三个端子，从这里引出的三条线接低速电动机 LMPV 定子绕组的三个线电压端子。

（4）主电路中的连接线均使用英文小写字母表示，这样用一条线的连接只要表以相同的文字符号即可，可以省去许多连接线。例如图 6-40 中（a）、（c）、（d）三部分的 a 点是同一条线或同一个点，它们之间是连在一起的等电位点。

（5）图 6-40（f）中标有 48V、50Hz 的电源线和所有线圈所接的公共线是从图 6-40（e）中变压器 TS 引出的 0 和 48V 两条线。它为塔机司机操纵控制电路过程中提供了安全电压。此安全电压在总接触器（图 6-40 中没有画出）吸合后就有。这样使得图 6-40（f）中的 CXL、LRa、LRa2、LRaPv、LGV1 五个继电器、接触器进入吸合状态。

2. 起升过程

图 6-40（f）上部的 XLH、XLD、XL2、XL3、XL4 和 XL5 表示起升手柄的挡位，即分别为上升、下降的第 1 至第 5 挡位。手柄位于上升第 1 至第 5 挡时各接触器、继电器的吸合顺序见表 6-7。表 6-7 中标有"⊙"的电器表示"进入工作状态"；标有"●"的表示"维持工作状态"；"◎"则表示"非工作状态"；表中的箭头表示电器之间的相互作用的方向，而箭头上画有短道标记时表示延迟作用，例如 A→B 表示接触器 A（或继电器 A）对接触器 B（或继电器 B）的延迟作用。当手柄位于上升第 1 挡位 XLH 时：在图 6-40（a）主电路中，上升接触器 LH 和 LPV 接触器的吸合，使 LMPV 低速电动机的定子接入三相交流 380V 电源，LMPV 的转子电路中，由于 LPV1 接触器的吸合，使转子绕组的三个端子接到 e、f、g 三条线上，从图 6-40（b）可知 e、f、g 接在三相对称电阻上，所以 LMPV 电动机转子串入了三段三相对称电阻启动。在图 6-40（c）主电路中，由于接触器 LPV1、LRaGV 的吸合使 LMGV 高速电动机定子的第 1、3 两端子接在 a、b 两条线上，转子的第 9、10、11 三个端子接在 c、e、d 三条线上，从图 6-40（d）可知，由于 LRa、LRa2 早已吸合，使 c、e、d 接于三相桥式整流器的输入端上。这样 LMGV 电动机转子接于三相桥式整流器输入端，定子两个端子通过 a、b 两条线接于三相桥式整流器的输出端上。LMGV 运转前，整流器是靠变压器 TS 输出的 0～24V 交流电供电，使 LMGV 定子通入直流电后产生固定磁场。当 LMGV 电动机被 LMPV 电动机带动运转后，转子绕组因切割磁力线而发出三相交流电给整流器。由于电动机 LMGV 定子通入直流电流呈能耗制动状态，而直流电流是 LMGV 自己发电经整流后形成的，所以说此时 LMGV 电动机又称为自激能耗制动状态。

表 6-7 　　　　　　 起升时开关顺序表

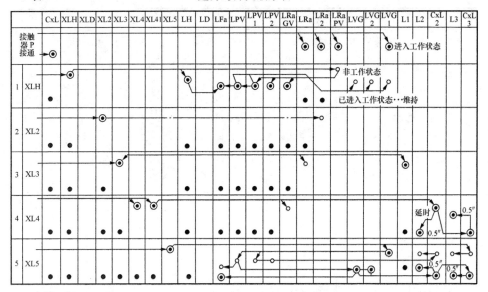

同理，手柄位于上升第 2 至第 5 挡位时，两个电动机的工作状态见表 6-8。

表 6-8 　　　　　　 起升各挡位两个电动机的工作状况

挡位	起 升 卷 扬		起 升 时	
	PV（低速）电动机		GV（高速）电动机	
	功 能	附 注	功 能	附 注
1	驱动电动机	所有转子电阻均投入使用低速	缓行器	电阻被短接后，得到最大的减速电流
2	驱动电动机	所有转子电阻均投入使用	缓行器	减速减小速度增加

挡位	起 升 卷 扬		起 升 时	
	PV（低速）电动机		GV（高速）电动机	
	功　能	附　注	功　能	附　注
3	驱动电动机 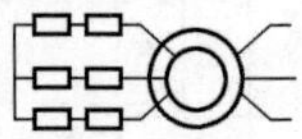	一组电阻被短接	缓行器 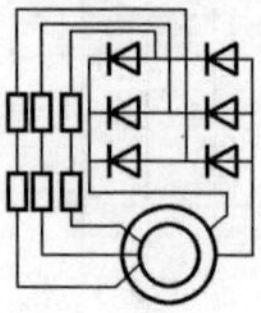	最小减速度
4	驱动电动机 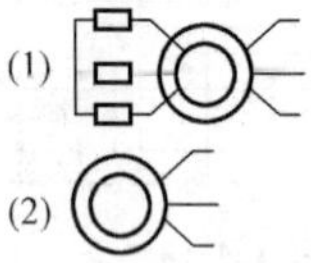 (1) (2)	通过转子电阻组的延迟短接，使速度逐步增加，直至达到PV额定速度	—	不再减速
5	—	电动机被切断电源	驱动电动机 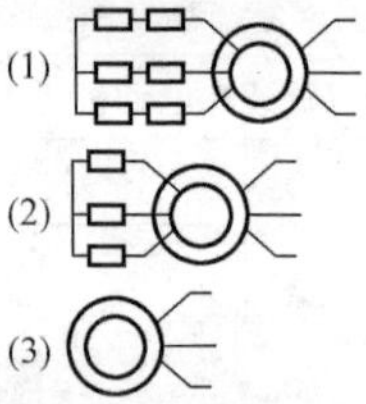 (1) (2) (3)	最后一组电阻被延迟短接后，电动机获得高速

从表 6-8 可知，上升第 1 至第 4 挡位时，LMPV 电动机驱动起升机构上升，通过改变转子电路中的电阻以调节此电动机的转速；而 LMGV 电动机在前三挡时均为自激能耗制动状态，通过改变转子电路的电阻调节制动电流达到调速的目的，总之，起升共有五个上升速度，前三挡是两电动机的合成速度驱动起升机构；第 4 挡是 LMPV 低速电动机的额定转速；第 5 挡是 LMGV 高速电动机的额定转速。

3. 下降过程

手柄处于 XLD、XL2、XL3、XL4、XL5 时各接触器、继电器闭合状态见表 6-9。在下降各挡位时，两个电动机的工作状态见表 6-10。从表 6-10 可知，下降 1、2、3 挡时，LMPV 电动机为自激能耗制动状态，由于第 1 挡时制动电流最大，重物下降时所受制动力矩也较大，用以获得较慢的下降速度；下降 2、3 挡的速度是靠 LMGV 作驱动，LMPV 作制动时合成的；而下降第 4 挡是 LMPV 电动机的额定速度；下降第 5 挡是 LMGV 电动机的额定速度。

表 6-9 下降时开关顺序

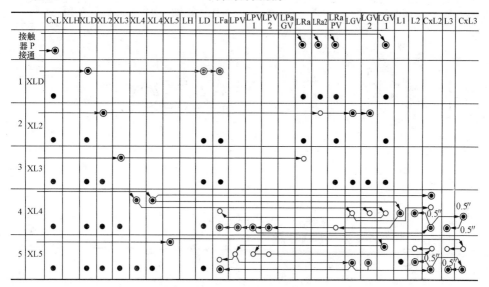

表 6-10 下降各挡位两个电动机的工作状态

挡位	起 升 卷 扬		下 降 时	
	PV（低速）电动机		GV（高速）电动机	
	功 能	附 注	功 能	附 注
1	缓行器 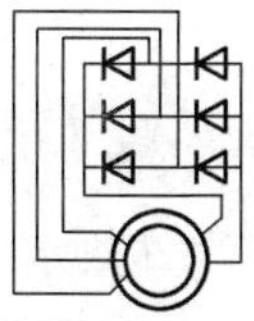	最大减速度 速度最小		电动机断电
2	缓行器 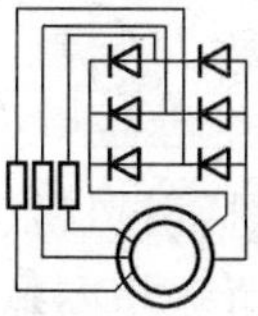	减速度减小	驱动电动机 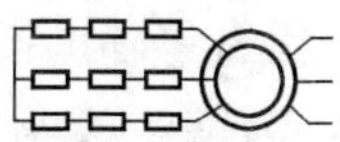	电动机供电，所有转子电阻均投入使用 低速

挡位	起升卷扬		下降时	
	PV（低速）电动机		GV（高速）电动机	
	功　能	附　注	功　能	附　注
3	缓行器 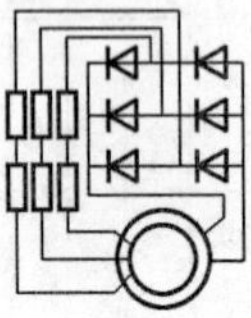	最小减速度 速度增加	驱动电动机 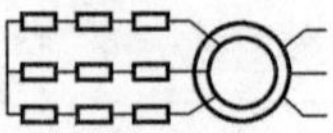	所有转子电阻投入使用
4	驱动电动机 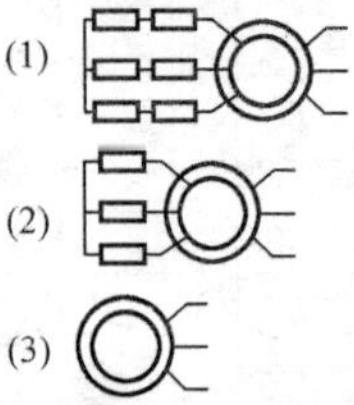 (1) (2) (3)	通过转子电阻组的延迟短接，使速度逐步增加，直至达到 PV 额定速度	—	—
5	—	—	驱动电动机 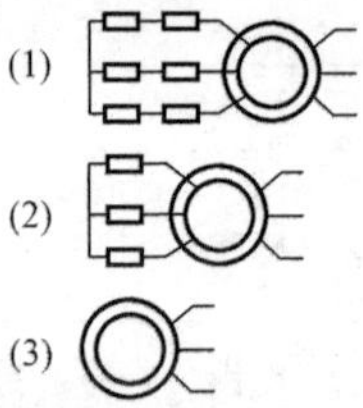 (1) (2) (3)	最后一组电阻被延迟短接后，电动机获得高速

技能 101　掌握锅炉控制电路图的识读

在供热系统中，通常是利用锅炉及锅炉房设备生产出蒸汽（热水），然后通过热力管道将蒸汽（热水）输送至用户，以满足生产工艺或生活采暖等方面的需要。因此，锅炉是供热之源。锅炉在工作时，源源不断地产生蒸汽（热水）；工作后的冷凝水（回水）又被送回锅炉房，与经处理后的补给水一起进入锅炉受热、汽化。所以，锅炉房中除锅炉本身外，还必须装置水泵、风机、水处理设备、运煤设备、除灰设备等辅助设备。

如图 6-41 所示，为锅炉控制系统电路图。控制内容包括引风机、鼓风机、上煤机、出渣机、炉排设备、锅炉补水泵等。引风机的电动机功率较大，采用 Y/△降压启动，鼓风机为全压启动。引风机与鼓风机之间具有联锁控制功能，开机时先开引风机，后开鼓风机；关机时先切断鼓风机电源，然后再切断引风机电源。上煤机、出渣机和炉排电动机采用正反转控制。上煤装置内设有上、下限限位开关，在煤斗到达最高位置时，触点 SL1 打开，切断电动机正转控制回路，电动机停止运转；按下反转启动按钮，电动机反转，煤斗下降。煤斗到达最低位置时，触点 SL2 打开，切断电动机反转控制回路，电动机停止运转。炉排上装有调速装置，根据需要可以在电控柜上调节炉排设备运行的速度。

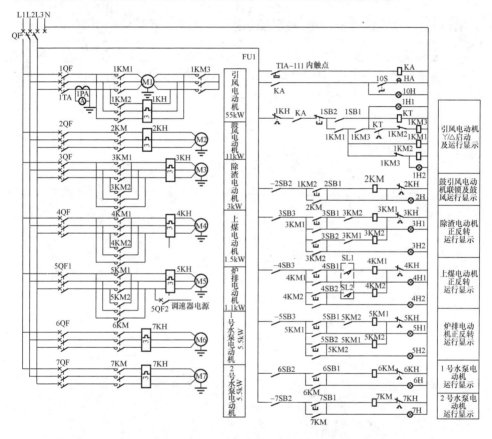

图 6-41　锅炉房设备控制电路图

　　锅炉电气控制柜由锅炉生产厂家配套供应，其控制内容，驱动电动机的启动、调速方式及二次仪表的设置与锅炉的供热量有关。例如，供热量较小的锅炉，循环水泵的控制装置设在锅炉电控柜内，供热量较大的锅炉由用户另配循环水泵降压启动柜。2.8MW 及以上的锅炉电控柜内设有各动力回路事故停机报警及停车装置，在故障情况下令炉设备排及鼓风机先停，经延时后再停引风机，以保证锅炉的安全。

长期以来，人们一直使用燃煤锅炉。燃煤锅炉中的煤燃烧后产生大量的烟尘和煤渣，不仅污染环境还要占地堆放炉渣。随着我国节能减排工作的逐步深入，燃气锅炉的应用日益广泛。

燃气锅炉的配套简单，只有一个燃烧器鼓风机及控制器，由于燃气锅炉本身用电量不大，因此在控制室内设锅炉操作台。为减少控制室内的电磁噪声，水泵控制柜设在水泵间内，在控制室的操作台上，对水泵进行远距离控制。

技能 102　掌握风机控制电路图的识读 ////////////

1. 普通风机

普通风机包括进风机、排风机、小容量鼓风机和引风机等。如图 6-42 所示为普通风机手动两地控制电路图，其工作原理如下。

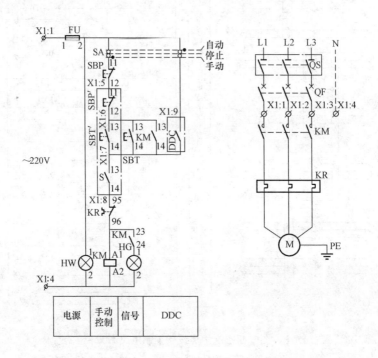

图 6-42　普通风机手动两地控制电路图

启动风机时，按下风机现场控制箱上的启动按钮 SF′或另一控制地点控制箱上的启动按钮 SF，交流接触器 KM 通电吸合，其动合辅助触头 KM 闭合自锁，其主触头闭合，电动机的主电路接通，风机运转。交流接触器的另一动合辅助触头闭合使信号指示灯 HG 点亮，显示风机正处于运行状态。

停止风机需按下风机现场控制箱上的停止按钮 SS′ 或另一控制地点控制箱上的停止按钮 SS，即可切断交流接触器的控制回路，从而使电动机主电路断开，风机停止运转，此时信号指示灯 HG 熄灭，显示风机处于停止状态。

检修风机时，断开风机现场控制箱内的主令开关 S，切断了电动机的控制回路，使另一控制地点不能启动风机，保证了检修人员的安全。

信号指示灯 HW 为控制电源指示灯。

2. 新风风机

在采用风机盘管的集中式空调系统中，一般在每层都设有新风风机。新风风机除了能就地控制外，还可以在冷冻站进行集中遥控，以减少日常的操作及维护人员。如图 6-43 所示为新风风机手动两地控制电路图，其工作原理如下。

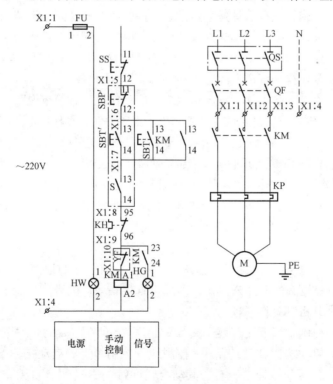

图 6-43　新风风机控制电路图

启动新风风机时，按下新风风机现场控制箱上的启动按钮 SBT′ 或冷冻站集中控制箱上的启动按钮 SBT，交流接触器 KM 通电吸合，其动合辅助触头 KM 闭合自锁，其主触头闭合，电动机的主电路接通，新风风机运转。交流接触器的另一动合辅助触头闭合，使信号指示灯 HG 点亮，显示新风风机正处于运行状态。

若要停止新风风机，按下新风风机现场控制箱上的停止按钮 SBP′或冷冻站集中控制箱上的停止按钮 SBP，即可切断交流接触器的控制回路，从而使电动机主电路断开，新风风机停止运转，此时信号指示灯 HG 熄灭，显示新风风机处于停止状态。

当空调风道中的温度达到 70℃时，防火阀 YF 的动断触点打开，切断交流接触器的控制回路，电动机的主电路断开，新风风机停止运行。

检修新风风机时，应先断开新风风机现场控制箱内的主令开关 S，切断电动机的控制回路，使冷冻站集中控制箱处不能启动新风风机，从而保证检修人员的安全。

信号指示灯 HW 为控制电源指示灯。

3. 排烟（正压送风）风机

一类高层建筑和高度超过 32m 的二类高层建筑中设有排烟（正压送风）设施，这类消防设施设置在不具备自然排烟条件的防烟楼梯间、消防电梯间前室或合用前室，该系统主要由排烟竖井及装设在各层的排烟口、正压送风竖井及装设在各层的正压送风口、排烟风机（正压送风机）及其控制装置、排烟（正压送风）管道、安置在排烟管道上的防火阀（280℃）等组成。

这里首先为排烟防火阀（正压送风口）的动作原理做简单说明。

在发生火灾时，火灾现场的探测器、手动报警按钮等动作后，消防联动模块给排烟口（正压送风口）输入一个电信号，排烟口（正压送风口）的电磁铁线圈通电动作，通过杠杆作用使棘轮棘爪脱开，依靠排烟口（正压送风口）上的弹簧力棘轮逆时针旋转，卷绕在滚筒上的钢丝绳释放，排烟口（正压送风口）开启；同时微动开关动作，接通排烟（正压送风）风机的控制电路，启动排烟（正压送风）风机。

如图 6-44 所示，为排烟（正压送风）风机控制电路图，其中 YF 为安装在排烟风道中的防火阀（280℃）动断触点，当此控制电路用于正压送风机时，将 X1：8 与 X1：9 短接。排烟（正压送风）风机采用手动两地控制，消防系统提供有源触点，排烟口（正压送风口）与风机直接联动，风机过负荷报警。现以排烟风机为例来分析其工作原理。

（1）手动控制。当万能转换开关 SA 处于"手动"位置时，按下排烟风机现场控制箱上的启动按钮 SBT1′或另一控制地点控制箱上的启动按钮 SBT1，排烟风机的交流接触器 KM 通电吸合，其动合辅助触头 KM 闭合自锁，其主触头闭合，电动机的主电路接通，排烟风机运转。交流接触器的另一动合触头闭合使信号指示灯 HG 点亮，显示排烟风机正处于运行状态。经确认发生火灾时，消防值班人员旋动消防中心联动控制盘上的钥匙式控制按钮 SB，可直接启动排烟风机。检修排烟风机时，断开排烟风机现场控制箱内的主令开关 S，切断电动机的控制回路，使其他控制地点不能启动排烟风机，保证检修人员的安全。

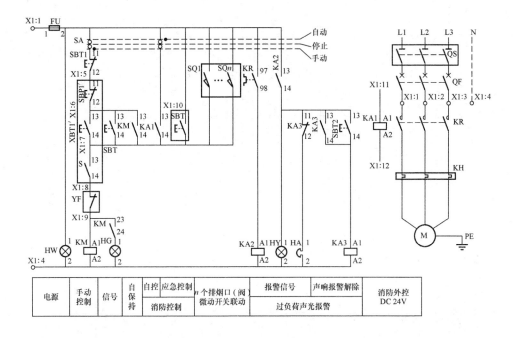

电源	手动控制	信号	自保持	自控 消防控制	应急控制	n 个排烟口（阀） 微动开关联动	报警信号 过负荷声光报警	声响报警解除	消防外控 DC 24V

图 6-44　排烟（正压送风）风机控制电路图

（2）自动控制。在自动控制状态下，当发生火灾时，来自消防报警控制器的消防外控触点 KA1 或着火层的排烟口微动开关 SQ1～SQn 闭合，使排烟风机的交流接触器 KM 通电吸合，其主触头闭合，电动机的主电路接通，排烟风机运转。当排烟竖井和排烟管道中的空气温度达到 280℃时，防火阀 YF 的动断触点打开，切断排烟风机的控制电路，交流接触器的主触头断开，切断电动机主电路，排烟风机停止运行。当排烟风机过负荷时，热继电器的动合辅助触点 KR 闭合，中间继电器 KA2 的线圈通电，其动合触点 KA2 闭合，电铃 HA 和信号指示灯 HY 的电源被接通，发出声光报警。按下复位按钮，中间继电器 KA3 的线圈通电，其动断触点断开，切断电铃回路，解除声响报警。信号指示灯 HW 为控制电源指示灯。

4. 双速风机

在民用建筑的防排烟设计中，双速风机的应用越来越受到设计人员的重视。这种风机的特点是平时用于通风，风机保持低速运行，火灾时用于排烟，风机转入高速运行。双速风机的核心部分是双速电动机，它是利用改变定子绕组的接线以改变电动机的极对数来达到变速的，可随负载的不同要求分两级变化功率和转速。

如图 6-45 所示，为双速风机控制电路图。双速风机采用手动两地控制，消

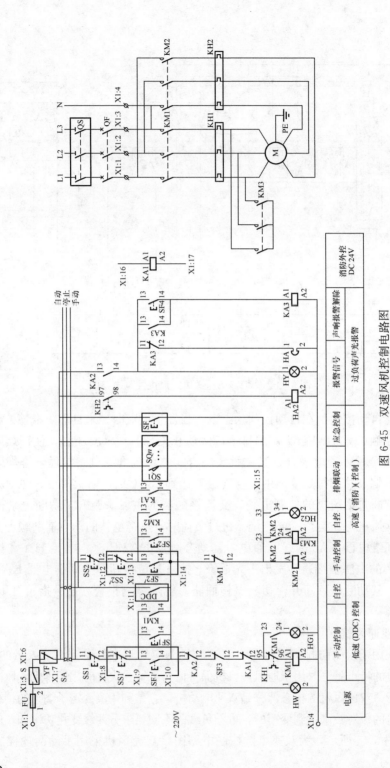

图 6-45 双速风机控制电路图

防系统提供有源触点，排烟口与风机直接联动，排烟风机过负荷报警。其工作原理如下。

（1）手动控制。当万能转换开关 SA 处于"手动"位置时，按下风机现场控制箱上的启动按钮 SBT1′或另一控制地点控制箱上的启动按钮 SBT1，交流接触器 KM1 通电吸合，其动合辅助触头 KM1 闭合自锁，KM1 的主触头闭合，电动机的主电路被接通，风机进入低速运行状态，信号指示灯 HG1 点亮，表示风机用于正常通风。

在发生火灾时，按下停止按钮 SBT3，切断交流接触器 KM1 的控制电路，使风机停止低速运转。再按下启动按钮 SBT2′或 SBT2，交流接触器 KM2 和 KM3 先后通电吸合，KM2 的动合辅助触头闭合自锁，KM2、KM3 的主触头闭合，接通电动机主电路，风机进入高速运行状态；KM2 的另一个常开辅助触头闭合，信号指示灯 HG2 点亮，表示风机用于消防排烟。经确认发生火灾时，消防值班人员转动消防中心联动控制盘上的钥匙式控制按钮 SBT，交流接触器 KM2 和 KM3 先后通电吸合，使风机进入高速运行状态。接在低速控制回路中的 KM2 动断辅助触头打开，切断低速运行控制电路。检修双速风机时，断开现场控制箱内的主令开关 S，切断了电动机控制回路，使其他控制地点不能启动双速风机，保证了检修人员的安全。

（2）自动控制。在自动控制状态下，当发生火灾时，来自消防报警控制器的消防外控触点 KA1 或排烟口微动开关 SQ1~SQn 闭合。如果双速风机原来处于停止状态，交流接触器 KM1 的动断辅助触点闭合，则 KA1 闭合后，KM2 和 KM3 先后通电吸合，使风机进入高速运行状态。如果双速风机原来处于低速运行状态，则 KA1 闭合后，双速风机不能直接进入高速运行状态。但排烟口微动开关 SQ1~SQn 闭合后，无论双速风机原来处于通风还是停止状态，都能直接将双速风机转入高速运行状态。当排烟管道中的空气温度达到 280℃时，防火阀的动断触点打开，切断双速风机的控制电路，风机停止运行。当双速风机过负荷时，热继电器的动合辅助触点闭合，中间继电器 KA2 的线圈通电，其动合触点 KA2 闭合，电铃 HA 和信号指示灯 HY 的电源被接通，发出声光报警。按钮为复位按钮，按下 SBT4 中间继电器 KA3 的线圈通电，其动断触点断开，切断电铃回路，解除声响报警。信号指示灯 HW 为控制电源指示灯。

第七章

智能建筑工程图识读

技能 103　熟悉弱电工程图的主要内容

弱电是针对强电而言的。一般把像动力、照明这样基于"高电压、大电流"的输送能量的电力称为强电；而把以传输信号，进行信息交换的"电"称为弱电。

弱电工程是现代建筑中不可缺少的电气工程。随着新型弱电系统的不断增加，弱电工程在整个电气工程中所占比例逐步攀升，要求越来越高。

弱电工程领域广，各弱电系统间差异较大，以致弱电工程图形式多样，但总体来说大致可以分为弱电平面图、弱电系统图和框图。弱电平面图是决定弱电装置、设备、元件和线路平面布置的图样，与强电平面图类似，如电视平面图和火灾自动报警平面图等。

弱电系统图是表示弱电系统中设备和元件的组成，元件之间相互的连接关系及它们的规格、型号、参数等。弱电装置原理框图是说明弱电设备的功能、作用、原理的图纸，主要用于系统调试，一般由专业设备厂家负责，具体包括以下内容。

(1) 设计施工说明表述内容。施工说明是工程设计图中的一部分，是图纸表述的补充。它概括了各弱电系统的规模、组成、功能、要求以及保护监控及控制报警区域的划分和等级等。各系统的供电方式、接地方式，线路的敷设方式、施工细节、注意事项也是施工说明中的内容。

(2) 初步设计阶段图纸内容。

1) 各弱电项目系统方框图。

2) 主要弱电项目控制室设备平面布置图（较简单的中、小型工程可不出图）。

3) 弱电总平面布置图，绘出各类弱电机房位置、用户设备分布、线路敷设方式及路由位置。

4）大型或复杂子项宜绘制主要设备平面布置图。

5）电话站内各设备连接系统图。

6）电话交换机同市内电话局的中继接续方式和接口关系图（单一中继局间的中、小容量电话交换机可不出图）。

7）电话电缆系统图（用户电缆容量比较小的系统可不出图）。

（3）施工图设计阶段图纸内容。各分项弱电工程一般均需绘出下列图样。

1）各弱电项目系统图。

2）各弱电项目控制室设备布置平、剖面图。

3）各弱电项目供电方式图。

4）各弱电项目主要设备配线连接图。

5）电话站中断方式图（小容量电话站不出此图）。

6）各弱电项目管线敷设平面图。

7）竖井或桥梁电缆排列断面或电缆布线图。

8）线路网点总平面图（包括管道、架空、直埋线路）。

9）各设备间端子板外部接线图。

10）各弱电项目有关联动、遥控、遥测等主要控制电气原理图。

11）线路敷设总配线箱、接线端子箱、各楼层或控制室主要接线端子板布置图（中、小型工程可例外）。

12）安装大样及非标准部件大样。

13）通信管道建筑图。

技能 104 了解智能建筑的发展及构成

1. 定义

智能建筑至今尚无统一的定义，其含义随着科技的发展而不断完善。一般认为智能建筑是指以建筑为平台，兼备通信、办公、建筑设备自动化，集系统结构、服务、管理及它们之间的最优化组合，向人们提供一个高效、舒适、便利的建筑环境。对"智能建筑"的定义各个国家不尽相同。最先提出"智能建筑"思想的美国认为智能建筑是将结构、系统、服务和管理等四项基本要求，以及它们之间的内在关系，进行优化组合。提供一个投资合理，又具有高效、舒适、便利的环境的建筑物。日本智能大楼研究会认为将建筑自动化、远程通信和办公自动化这三种功能结合起来有效运作的建筑就为"智能建筑"。欧洲一些国家认为能创造一种可以使用户发挥最高效率的环境的建筑即为"智能建筑"，他们把用户的需要作为智能建筑的定义。而中国智能建筑专业委员会则建议，"智能建筑"是利用系统集成方法，将智能型的计算机技术、通信技术、信息技术与建筑艺术有机结合，通过对设备的自动监控、对信息资源的管理和对使用者的信息服务及其与建筑的优化组合，所获得的投资合理、适合信息社会需要并且具有安全、高效、舒适、便利和灵活特点的建筑物。

2. 发展

智能建筑是为了适应现代信息社会对建筑物的功能、环境和高效率管理的要求，特别是对建筑物应具备的信息通信、办公自动化、建筑设备自动控制和管理等一系列功能的要求而在传统建筑的基础上发展而来的。

智能建筑首先出现于美国联合科技集团 UTSB 公司于 1984 年 1 月在康乃狄格州所建设完成的 City Place 大楼的宣传词中。该楼以当时最先进的技术来控制空调设备、照明设备、防灾和防盗系统、电梯设备、通信和办公自动化等，除了实现舒适性、安全性的办公环境外，还具有高效、经济的特点。从此诞生了世界公认的第一座智能建筑。

我国智能建筑直到 20 世纪 80 年代末才开始有了较大发展。近十年来，在北京、上海、广州等大城市，相继建起了数幢具有相当水平的智能建筑。智能建筑的呈现以下趋势。

（1）业主把建筑设计中的智能部分设计列为其基本要求之一。

（2）采用最新科技成果，向系统集成化、综合化管理方向发展。

（3）正在成为一个新兴的技术产业。

（4）智能建筑的功能朝着多元化方向发展。

智能建筑的发展是建筑技术与信息技术相结合的产物，是随着科学技术的进步发展和充实的。现代建筑技术、现代计算机技术、现代控制技术、现代通信技术是智能建筑发展的技术基础。

3. 构成

智能建筑在建筑这个平台上，由以下三大系统构成：通信网络系统、办公自动化（信息网络）系统、建筑设备自动化系统。常说的电话系统、有线电视系统、扩声和音响系统等都属于通信网络系统；智能建筑设备监控、火灾自动报警系统、公共安全管理系统等均属于建筑设备自动化系统的组成部分。

技能 105　　了解火灾自动报警及联动控制系统使用要求 ////////////

1. 火灾自动报警系统的使用场所

《火灾自动报警系统设计规范》GB 50116—1998 明确规定："本规定适用于工业与民用建筑和场所内设置的火灾自动报警系统，不适用于生产和储存火药、炸药、弹药、火工品等场所设置的火灾自动报警系统。"因此，除上述规范明确的特殊场所如生产和储存火药、炸药、弹药、火工品等场所外，其他工业与民用建筑，是火灾自动报警系统的基本保护对象，是火灾自动报警系统的设置场所。火灾自动报警系统的设计，除执行上述规范外，还应符合国家现行的相关标准、规范的规定。

(1)《高层民用建筑设计防火规范》GB 50045—1995 要求。

1）建筑高度超过 100m 的高层建筑，除了面积小于 5.00m² 的卫生间外，均应设火灾自动报警系统。

2）除普通住宅外，建筑高度不超过 100m 的一类高层建筑的下列部位应设置火灾自动报警系统。

a. 医院病房楼的病房、贵重医疗设备室、病历档案室、药品库。

b. 高级旅馆的客房和公共活动用房。

c. 商业楼、商住楼和营业厅、展览楼的展览厅。

d. 电信楼、邮政楼的重要机房和重要用房。

e. 财贸金融楼的办公室、营业厅、票证库。

f. 广播电视楼的演播室、播音室、录音室、节目播出技术用房、道具布景。

g. 电力调度楼、防灾指挥调度楼等的微波机房、计算机房、控制机房、动力机房。

h. 图书馆的阅览室、办公室、书库。

i. 档案楼的档案库、阅览室、办公室。

j. 办公楼的办公室、会议室、档案室。

k. 走道、门厅、可燃物品库房、空调机房、配电室、自备发电机房。

l. 净高超过 2.60m 且可燃物较多的技术夹层。

m. 贵重设备间和火灾危险性较大的房间。

n. 经常有人停留或可燃物较多的地下室。

o. 电子计算机的主机房、控制室、纸库、磁带库。

3）二类高层建筑的下列部位应设火灾自动报警系统（旅馆、办公楼、综合楼的门厅、观众厅设有自动喷水灭火系统时，可不设火灾自动报警系统）。

a. 财贸金融楼的办公室、营业厅、票证库。

b. 电子计算机的主机房、控制室、纸库、磁带库。

c. 面积大于 50m² 的可燃物品库房。

d. 面积大于 500m² 的营业厅。

e. 经常有人停留或可燃物较多的地下室。

f. 性质重要或有贵重物品的房间。

(2)《建筑设计防火规范》GB 50016—2006 要求。

1）下列场所应设置火灾自动报警系统。

a. 大中型电子计算机房及其控制室、记录介质库，特殊贵重或火灾危险性大的机器、仪表、仪器设备室、贵重物品库房，设有气体灭火系统的房间。

b. 每座占地面积大于 1000m² 的棉、毛、丝、麻、化纤及其织物的库房，占地面积超过 500m² 或总建筑面积超过 1000m² 的卷烟库房。

c. 任一层建筑面积大于 1500m² 或总建筑面积大于 3000m² 的制鞋、制衣、玩具等厂房。

d. 任一层建筑面积大于 3000m² 或总建筑面积大于 6000m² 的商店、展览建筑、财贸金融建筑、客运和货运建筑等。

e. 图书、文物珍藏库，每座藏书超过 100 万册的图书馆，重要的档案馆。

f. 地市级及以上广播电视建筑、邮政楼、电信楼，城市或区域性电力、交通和防灾救灾指挥调度等建筑。

g. 特等、甲等剧院或座位数超过 1500 个的其他等级的剧院、电影院，座位数超过 2000 个的会堂或礼堂，座位数超过 3000 个的体育馆。

h. 老年人建筑、任一楼层建筑面积大于 1500m² 或总建筑面积大于 3000m² 的旅馆建筑、疗养院的病房楼、儿童活动场所和大于等于 200 床位的医院的门诊楼、病房楼、手术部等。

i. 建筑面积大于 500m² 的地下、半地下商店。

j. 设置在地下、半地下或建筑的地上四层及四层以上的歌舞娱乐放映游艺场所。

k. 净高大于 2.6m 且可燃物较多的技术夹层，净高大于 0.8m 且有可燃物的闷顶或吊顶内。

2）建筑内可能散发可燃气体、可燃蒸汽的场所应设可燃气体报警装置。

3）设有火灾自动报警系统和自动灭火系统或设有火灾自动报警系统和机械防（排）烟设施的建筑，应设置消防控制室。

4）消防控制室的设置应符合下列规定。

a. 单独建造的消防控制室，其耐火等级不应低于二级。

b. 附设在建筑物内的消防控制室，宜设置在建筑物内首层的靠外墙部位，也可设置在建筑物的地下一层，但应与其他部位隔开，并应设置直通室外的安全出口。

c. 严禁与消防控制室无关的电气线路和管路穿过。

d. 不应设置在电磁场干扰较强及其他可能影响消防控制设备工作的设备用房附近。

5）火灾自动报警系统的设计，应符合《火灾自动报警系统设计规范》GB

50116—1998 的有关规定。

（3）《汽车库、修车库、停车场设计防火规范》GB 50067—1997 要求。

1）除敞开式汽车库以外的Ⅰ类汽车库、Ⅱ类地下汽车库和高层汽车库以及机械式立体汽车库、复式汽车库。

2）采用升降梯作汽车疏散出口的汽车库，均应设置火灾自动报警系统。

2. 火灾自动报警及联动控制系统的基本组成

根据需要及规模大小，火灾自动报警及联动控制系统分为火灾自动报警系统和消防联动控制系统两大类，因功能要求不同，整个系统由以下几个或全部构成。

（1）发讯器件。

1）火灾探测器。对火灾发生过程不同理化信号（烟、温、光、焰辐射等）自动产生响应，达到阈值时发出信号，在不同场合广为应用。

2）火警按钮。火灾紧急情况手动报警开关，是人工通过报警线路向报警中心发出信息的一种方式，应用最广的是消防栓箱内玻璃面压着的动合按钮。火警时击碎玻璃即自动闭合，发出信号。

（2）控制装置（火灾报警控制器）。用于接收、显示和传递火警信号，并发出控制信号及其他辅助控制信号，同区域显示器、火灾显示屏、中继器等构成报警、消防的核心。

（3）警报装置。区别于环境的异样声响和闪光报警（声光报警器、警笛、警铃），警示人们采取措施，灭火扑救、疏散离开。

（4）联动装置。接收到火警信号后系统自动或手动启动一系列相关消防设备，并显示其运行状态，实现消防联动。

（5）消防电源。根据建筑不同类别，提供不同的双路电源在末端切换，并能保证可靠的应急工作时间。

技能 106　熟悉火灾自动报警及联动控制系统主要设备选择 ////////////

1. 火灾探测器

（1）火灾探测器的分类与性能。见表 7-1。

火灾探测器是火灾自动报警系统最关键的部件之一，是整个系统自动监测的触发器件。根据不同的火灾探测方法可以构成相应的火灾探测器。按照不同的火灾探测参数，火灾探测器可以被划分为感烟式、感温式、感光式火灾探测器和可燃气体火灾探测器，以及烟温、烟光、烟温光等复合式火灾探测器和多信号输出式火灾探测器。按其结构类型又可分为点型和线型两大类。

（2）火灾探测器的选用原则。

表 7-1　　　　　　　　　　　　　　火灾探测器的种类与性能

火灾探测器种类名称			火灾探测器性能	
感烟式探测器	定点型	离子感烟式	及时探测火灾初期烟雾，报警功能较好。可探测微小颗粒（油漆味、烤焦味、均能反应并引起探测器动作；当风速大于 10m 时不稳定，甚至引起误动作）	
		光电感烟式	对光电敏感。宜用于特定场合，附近有过强红外光源时可导致探测器不稳定；其寿命较前者短	
感温式探测器	缆式线型感温电缆		火灾早、中期产生一定温度时报警，且较稳定，凡不可采用感烟探测器、非爆炸性场所，允许一定损失的场所选用	不以明火或温升速率报警，而是以被测物体温度升高到某定值时报警
	定温式	双金属定温式		它只以固定限度的温度值发出火灾信号，允许环境温度有较大变化而工作比较稳定，但火灾引起的损失较大
		热敏电阻定温式		
		半导体定温式		
		易熔合金定温式		
	差温式	双金属差温式		适用于早期报警，它以环境温度升高率为动作报警参数，当环境温度达到一定要求时，发出报警信号
		热敏电阻差温式		
		半导体差温式		
	差定温式	膜盒差定温式		具有感温探测器的一切优点而又比较稳定，允许一定爆炸场所
		热敏电阻差定温式		
		半导体差定温式		
感光式探测器	紫外线火焰式		监测微小火焰发生，灵敏度高，对火焰反应快，抗干扰能力强	
	红外线火焰式		能在常温下工作。对任何一种含碳物质燃烧时产生的火焰都能反应，对恒定的红外辐射和一般光源都不起反应	
可燃气体探测器			探测空气中可燃气体含量超过一定数值时报警	
复合型探测器			它是全方位火灾探测器，综合各种长处，适用各种场合，能实现早期火情的全范围报警	

1）火灾探测器的一般选用原则如下。

a. 对火灾初期有阴燃阶段，产生大量的烟和少量的热，很少或没有火焰辐射的场所，应选择感烟探测器。

b. 对火灾发展迅速，可产生大量热、烟和火焰辐射的场所，可选择感温探测器、感烟探测器、火焰探测器或其组合。

c. 对火灾发展迅速，有强烈的火焰辐射和少量的烟、热的场所，应选择火焰探测器。

d. 对火灾形成特征不可预料的场所，可根据模拟试验的结果选择探测器。

e. 对使用、生产或聚集可燃气体或可燃液体蒸汽的场所，应选择可燃气探测器。

2）点型火灾探测器选用原则，见表 7-2。

表 7-2　　　　　　　　　点型火灾探测器的适用场所

探测器类型 场所或情况	感烟		感温			火焰	
	离子	光电	定温	差温	差定温	红外	紫外
饭店、宾馆、教学楼、办公楼的厅堂、卧室、办公室等	√	√	—	—	—	—	—
计算机房、通信机房、电影电视放映室等	√	√	—	—	—	—	—
楼梯、走道、电梯、机房等	√	√	—	—	—	—	—
书库、档案库	√	√	—	—	—	—	—
有电器火灾危险	√	√	—	—	—	—	—
气流速度大于 5m/s	×	√	—	—	—	—	—
相对湿度经常高于 95% 以上	×	—	—	—	√	—	—
有大量粉尘、水雾滞留	×	×	√	√	√	—	—
有可能发生无烟火灾	×	×	√	√	√	—	—
在正常情况下有烟和蒸汽滞留	×	×	√	√	√	—	—
有可能产生蒸汽和滞留	—	×	√	√	√	—	—
厨房、锅炉房、发电机房、烘干车间等	—	—	√	√	√	—	—
吸烟室、小会议室	—	—	—	√	√	—	—
汽车库	—	—	—	√	√	—	—
其他不宜安装感烟型火灾探测器的厅堂和公共场所	×	×	√	√	√	—	—
可能产生引燃火或者若发生火灾不及早报警将造成重大损失的场所	√	√	×	×	×	—	—
温度在 0℃ 以下	—	—	×	—	—	—	—
正常情况下温度变化较大的场所	—	—	—	×	—	—	—
可能产生腐蚀性气体	×	—	—	—	—	—	—
产生醇类、醚类、酮类等有机物质	×	—	—	—	—	—	—
可能产生黑烟	—	×	—	—	—	—	—
主高频电磁干扰	—	×	—	—	—	—	—
银行、百货店、商场、仓库	√	√	—	—	—	—	—
火灾时有强烈的火焰辐射	—	—	—	—	—	√	√
需要对火焰作出快速反应	—	—	—	—	—	√	√
无阴燃阶段的火灾	—	—	—	—	—	√	√

探测器类型 场所或情况	感烟		感温			火焰	
	离子	光电	定温	差温	差定温	红外	紫外
博物馆、美术馆、图书馆	√	√	—	—	—	√	√
电站、变压器间、配电室	√	√	—	—	—	√	√
可能发生无焰火灾	—	—	—	—	—	×	×
在火焰出现前有浓烟扩散	—	—	—	—	—	×	×
探测器的镜头易被污染	—	—	—	—	—	×	×
探测器的"视线"易被遮挡	—	—	—	—	—	×	×
探测器易受阳光或其他光源直接或间接照射	—	—	—	—	—	×	×
在正常情况下有明火作业以及 X 射线、弧光等影响	—	—	—	—	—	×	×

注　1. √表示适合的探测器，应优先选用；×表示不适合的探测器，不应选用；—表示需谨慎使用。

　　2. 下列场所可不设火灾探测器：

　　　1）厕所、浴室等；

　　　2）不能有效探测火灾的场所；

　　　3）不便维修、使用（重点部位除外）的场所。

3）线型火灾探测器选用原则如下。

a. 无遮挡大空间或有特殊要求的场所，宜选择红外光束感烟探测器。

b. 下列场所或部位，宜选择缆式线型定温探测器：

a）电缆隧道、电缆竖井、电缆夹层、电缆桥架等；

b）各种带传动输送装置；

c）控制室、计算机室的闷顶内、地板下及重要设施隐蔽处等；

d）适合点型探测器安装的其他恶劣环境的危险场所。

c. 下列场所宜选择空气管式线型差温探测器：

a）可能产生油类火灾且环境恶劣的场所；

b）不易安装点型探测器的夹层、闷顶。

（3）火灾探测器数量计算。一个探测区域内所需设置的探测器数量，应按下式计算：

$$N \geqslant S/(KA)$$

式中　N——一个探测区域内所需设置的探测器数量（只），取整数；

　　　S——一个探测区域的面积（m²）；

　　　A——探测器的保护面积（m²）；

　　　K——修正系数，特级保护对象取 0.7~0.8，一级保护对象取 0.8~0.09，二级保护对象取 0.9~1。

2. 火灾报警控制器

火灾报警控制器起着对火灾探测源传来的信号进行处理、报警并中继的作用。它的工作原理：通过监控单元将要巡检的地址信号发送到总线上，经过一定时序，监控单元从总线上读回信息，执行相应报警处理功能。时序要求严格，每个时序都有其固定含义。其时序顺序为：发地址、等待、读信息、等待。火灾报警控制器反复执行上述时序，完成整个探测源的巡检。火灾报警控制器分为区域火灾报警控制器和集中火灾报警控制器两种。

（1）区域火灾报警控制器及区域报警系统。

1）区域火灾报警控制器有以下主要功能。

a. 火灾自动报警功能。

b. 短线故障自动报警功能。

c. 自检功能。

d. 火灾优先功能。

e. 联动控制功能。

f. 其他监控功能。

2）区域报警系统，由区域火灾报警控制器和火灾探测器等组成，或由火灾报警控制器和火灾探测器等组成，是功能简单的火灾自动报警系统。它可以自成体系独立工作，也可以作为集中报警系统的子系统。具体组成如图 7-1 所示。

（2）集中火灾报警控制器及集中报警系统。

1）集中火灾报警控制器的功能大致和区域火灾报警器相同，其差别是多增加了一个巡回检测电路。巡回检测电路

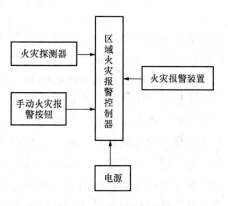

图 7-1　区域报警系统

将若干区域报警器连接起来，组成一个系统，巡检各区域报警器有无火灾信号或故障信号，及时指示火灾或故障发生的区域和部位（层号和房号），并发出声光报警信号。

2）集中报警系统由集中火灾报警控制器、区域火灾报警控制器和火灾探测器等组成，或由火灾报警控制器、区域显示器和火灾探测器等组成，是功能较复杂的火灾自动报警系统。具体组成如图 7-2 所示。

（3）控制中心报警系统。控制中心报警系统是由消防控制室的消防控制设备、集中火灾报警控制器、区域火灾报警控制器和火灾探测器等组成，或由消防

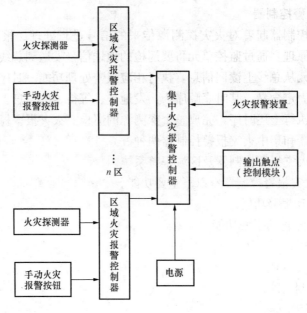

图 7-2　集中报警系统

控制室的消防控制设备、火灾报警控制器、区域显示器和火灾探测器等组成，是功能复杂的火灾自动报警系统。

（4）火灾报警系统采用的线制。火灾报警系统的线制是指探测器与探测器间的布线数量，更确切的说是火灾自动报警系统运行机制的体现。火灾报警系统按照所采用的火灾探测器、各种功能模块和其他相关装置与火灾报警控制器的连接方式可分为多线制和总线制。多线制系统为 $n+4$ 线制，电路简单、直观，导线多、配管粗、施工难、故障多，适用于较小规模的建筑。总线制系统的应用形式是根据建筑物结构，在消防控制中心设置集中火灾报警控制器。火灾报警信号、消防设备联动控制信号均沿楼层纵向垂直传输，火灾报警、各种防火设备和灭火设备都自成系统，有相对的独立性。总线制系统又细分为二总线制（树形接线和环形接线）、三总线制、四总线制。

3. 消防联动控制

消防联动控制设备应由下列部分或全部控制装置组成：火灾报警控制器；自动灭火系统的控制装置；室内消火栓系统的控制装置；防烟、排烟系统及空调通风系统的控制装置；动合防火门、防火卷帘的控制装置；电梯回降控制装置；火灾应急广播的控制装置；火灾警报装置的控制装置；火灾应急照明与疏散指示标志的控制装置。消防控制设备的控制方式应根据建筑的形式、工程规模、管理体制及功能要求综合确定，并应符合下列规定：单体建筑宜集中控制，大型建筑群宜采用分散与集中相结合控制。消防控制设备的控制电源及信号回路电压宜采用直流 24 V。火灾自动报警系统要求对以下消防设备和消防灭火系统具有联动控制功能：消防泵控制系统、喷淋泵控制系统、防排烟系统、防火卷帘门控制、非消防断电、应急照明控制系统、电梯控制系统、火灾应急广播控制。

（1）灭火系统。灭火系统分为水灭火系统和化学剂灭火系统。水灭火系统是以水作为灭火介质，使用最久、最得力、更经济，但若为电气火灾，与水发生化学反应，产生爆、燃、酸、碱的场合则不适宜。水灭火系统主要包括：消火栓灭火系统、湿式喷洒灭火系统、干式喷洒灭火系统、预作用喷洒灭火系统、雨淋式喷水灭火系统、水幕系统、水喷雾灭火系统。在不能使用水灭火的场合采用化学剂灭火系统，主要包括：二氧化碳灭火系统、卤代烷灭火系统、烟烙尽灭火系统、泡沫灭火系统。

（2）建筑设施的联动。

1）防排烟设备控制。它的作用是防止烟气大量积聚，向疏散通道和避难室（层）扩散，以保证人员疏散和避难，等待消防人员营救。它通过控制正压风机、排烟风机、电动送风阀和排烟阀来实现。

2）防火设备控制。它的作用是阻止建筑物内不同部位火势蔓延，通过对防火阀和防火门，卷帘/垂壁进行控制来实现。

3）电梯控制，包括对普通客梯和消防电梯的控制。

4）疏散、诱导照明。

5）供电控制，包括非消防电源的切断和消防电源的投入供电。

技能 107　掌握火灾自动报警及联动控制系统图识读

1. 系统方案说明

（1）系统组成。某综合楼总建筑面积为 7000m²，总高度为 31.80m，其主体檐口至地面高度为 28.40m，各层建筑基本数据见表 7-3。

表 7-3　　　　　　　　　　　　某综合楼建筑基本数据

层数	面积（m²）	层高（m）	主要功能
B1	915	3.40	汽车库、泵房、水池、配电室
1	935	3.80	大堂、服务、接待
2	1040	4.00	餐饮
3～5	750	3.20	客房
6	725	3.20	客房、会议室
7	700	3.20	客房、会议室
8	170	4.60	设备机房

1) 保护等级。根据本建筑使用性质、火灾危险性、疏散和扑救难度等方面考虑，火灾自动报警系统保护对象为二级。

2) 消防控制室。消防控制室与广播音响控制室合用，位于首层3～4轴、E～F轴之间，有直通室外的门，控制室内设置火灾自动报警及联动控制系统主机、防灾设备控制盘。

3) 设备选择与设置。地下层汽车库、水泵房，二层厨房和楼顶设备机房设置感温探测器，其他场所设置感烟探测器。公共活动场所的出入口设置手动报警按钮。消火栓按钮、水流指示器和信号阀门报警状态，通过信号输入模块接入火灾报警系统。各层设置火灾显示盘，客房层在楼层服务间，首层在总服务台，二层在电梯前室。

4) 联动控制功能：消防泵、喷淋泵、排烟风机和消防电梯采取多线联动方式，其余防灾功能采取总线模块联动方式，如非消防电源强切设置信号输入/输出模块。

5) 火灾应急广播与消防电话：火灾应急广播与公共背景音乐系统共用，火灾时通过设置在各楼层的切换模块，将公共广播强切至消防广播状态。消防控制室设置独立的消防多线电话主机和可直接报警的外线电话，消防泵房、配电室、电梯机房等重要机房设置固定对讲电话，各层手动报警按钮带电话插孔。

6) 设备安装：火灾报警控制器安装在控制柜内，盘后维修距离不宜小于1m。火灾显示盘底边距地1.5m挂墙安装，探测器吸顶安装，消防固定电话和手动报警按钮中心距地1.4m明装，消火栓按钮设置在消火栓箱内，控制模块安装在被控设备电控箱内或就近明装底盒内，扬声器吸顶安装。

7) 线路选择和敷设：火灾自动报警系统的传输网络不应与其他系统的传输网络合用。消防用电设备的供电线路采用阻燃电线电缆沿桥架敷设，系统的传输线路、联动控制线路、通信线路和应急广播线路采用BV线，穿钢管沿墙、地和楼板暗敷。

(2) 火灾报警控制器及线制。现代火灾报警系统结构采用总线制和大容量通用火灾报警控制器，集合了报警和控制功能。其特点是火灾探测器主要完成火灾参数的采集和传输，火灾报警控制器采用计算机技术实现火灾信号识别、数据集中处理储存、系统巡检、报警灵敏度调整、火灾判定和消防设备联动等功能，并配以区域显示器完成分区声光报警。总线制报警系统结构是采用数字脉冲信号巡检和数据压缩传输，通过收发码电路和微处理机实现火灾探测器与火灾报警控制器的协议通信和整个系统的监测控制。系统线路总线分为报警总线、联动电源总线、电话通信总线和广播总线，一般为2总线制。由于系统中火灾报警控制器要及时处理每个探测器送回的数据并完成一系列设定功能，所以当建筑规模庞大、探测器及消防设备较多时，单一主机可能出现系统应用软件复杂庞大、火灾探测器巡检周期过长、系统可靠性降低和使用维护不便等不足。分布智能系统结构应运而生，它将火灾探测信息的基本处理、环境补偿、探头污染监测和故障判断等功能由火灾报警控制器转移到现场火灾探测器，免去控制器大量的信号处理负担，使之能从容实现火灾模式识别、系统巡检、设备监控、数据通信等功能，提高了系统巡检速度、稳定性和可靠性。分布智能系统结构强调总线上有效数据传输，对火灾探测器设计提出了及时性和可靠性方面的更高要求，通常是采用专用集成电路设计（ASIC）技术来降低分布智能系统中高性能探测器成本，提高性能价格比。

（3）火灾报警控制设备的安装和布线方式。火灾报警控制柜落地安装牢固，不得倾斜，其底边高出地坪0.1～0.2m。主电源有明显标志引入线，直接与消防电源连接，不能使用电源插头。探测器要水平安装，走廊和独立探测区域内探测器要居中布置。手动火灾报警按钮安装在明显和便于操作的部位，应安装牢固，并不得倾斜。联动控制模块要安装牢固，并采取防潮、防腐等措施；在管道井内安装时，可明设在墙上；安装于吊顶内时应有明显的部位指示和检修孔，且不得安装在管道及其支、吊架上。设备具体安装方式可参照厂家产品手册、施工图纸设计说明和相关施工验收规范。现代火灾报警主机一般支持星形（树状）和环形两种接线方式。星形连接方式即报警总线由报警控制器回路设备引出，总线上可以任意分支，且总线不再引回回路控制设备，但总线上分支不宜过多，实际上，此回路中还是存在一条主干总线。环形连接方式则是一条闭合环路，即报警总线由回路控制设备引出，末端再引回回路控制设备，这样就保证了环路中某一点出现断线故障时，回路就形成两条独立的星形回路，设备可以正常运行。无论采取哪种连接方式，回路报警总线均要考虑选用控制器的最大传输距离，和允许的回路导线最大电阻。特别注意不同系统、不同电压等级、不同电流类别的线路，不可以穿在同一管内或线槽的同一槽孔内。导线在管内或线槽内，不能有接头或扭结。导线的接头，应在接线盒内焊接或用端子连接。

（4）前端设备编码开关。前端设备的地址信息，都是通过其自身或底座上的编码电路和编码开关设置的，早期编码开关为多为7位，采用二进制方式编码，每个位置的开关代表的数字为2^{n-1}，则1至7位开关分别对应1、2、4、8、16、32、64，回路最大容量为127点。分别合上不同位置的开关，再将其代表的数字进行累加，就代表该设备的地址位置。也有采用十进制方式编码，个位和十位拨码指针分别设置为0～9，回路最大容量为99点。最新报警系统还可进行软件编码，控制器可自动根据接线情况绘制电子线路图，确定设备地址信息，由调试人员编程后再下载至前端设备的EPROM中，这样就可以减少传统拨码方式下安装人员工作量，以及人为错误和设备本身的故障隐患，适应系统现代化和数字化需求。当某一探测器或报警模块确认火警并激活时，其内部电路导通，报警总线有较大电流通过，控制器接到信息后进行数字脉冲巡检，对应的前端设备接收数字脉冲，从而确定报警地址信息。当系统进入联动状态时，控制器亦是通过数字脉冲激活相应地址点的控制模块，实现非消防电源强切等功能。

(5) 地址型与非地址型设备混用连接。在现代大型建筑或建筑群中，为了节省造价，对于一些保护区域很大，但无需多个地址点的探测区域，如地下车库、大厅大堂或设备机房，常常采用多个价格相对便宜的非地址型探测器，通过一个或几个地址接口模块接入火灾自动报警系统的方式，另外还有子母探测器的形式。接口模块在回路总线中占用一个地址，可以连接的普通开关型探测器的数量视产品而定。在设计和施工中，需要注意如果控制器提供的普通探测器电源为可复位型，可不另加复位按钮，否则，使用并联接口的楼层，需要对应设置一个复位按钮。接口模块因为接有 24 V 电源，在调试开通加电之前，一定要检查总线端子不能与电源端子接混或接反，否则会烧坏模块。

2. 具体图样分析

如图 7-3 所示，为火灾报警与消防联动控制系统图；如图 7-4 所示，为地下一层火灾报警与消防联动控制平面图；如图 7-5 所示，为首层火灾报警与消防联动控制平面图；如图 7-6 所示，为二层火灾报警与消防联动控制平面图；如图 7-7 所示，为三至五层火灾报警与消防联动控制平面图。

(1) 系统图分析。通过系统图可以知道，火灾自动报警和联动控制系统设备设置在本建筑首层，对应图 7-3，位于首层 3~4 轴、E~F 轴之间消防及广播值班室。系统控制器型号为 JB1501A/G508-64，JB 为国家标准中的火灾报警控制器，经过相关的强制性认证，其他为该产品开发商的产品系列编号；消防电话总机型号为 HJ-1756/2；消防广播主机型号为 HJ-1757（120 W×2）系统主电源型号为 HJ-1752，这些设备都是产品开发商配套的系列产品。共有 4 条报警回路总线由控制器引出，分别标号为 JN1-JN4，JN1 引至地下层，JN2 引至 1~3 层，JN3 引至 4~6 层，JN4 引至 7~8 层。报警总线采用星形接法。

1) 配线标注。

a. 报警总线 FS 标注为：RVS-2×1.0GC15CEC/WC。对应含义为：软导线（多股）、塑料绝缘、双绞线；两根截面为 1mm²；穿直径为 15mm 水煤气钢管；沿顶棚暗敷或沿墙暗敷。

b. 电话总线 FF 标注为：BVR-2×0.5GC15FC/WC。BVR 表示用塑料绝缘软导线进行布线，FC 表示沿地面暗敷，其他同报警总线解释。

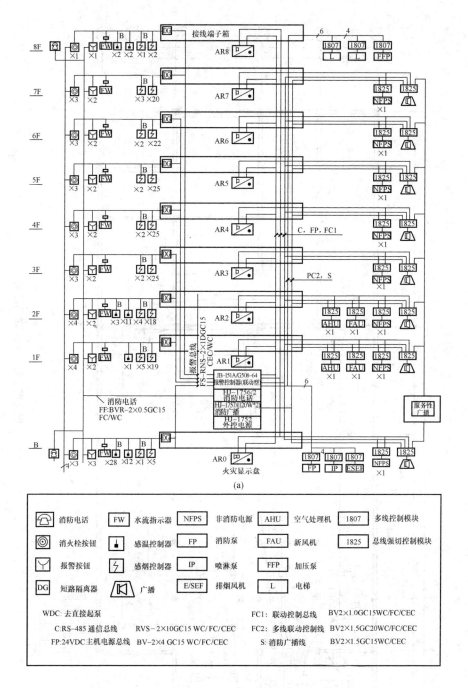

图 7-3　火灾报警与消防联动控制系统图

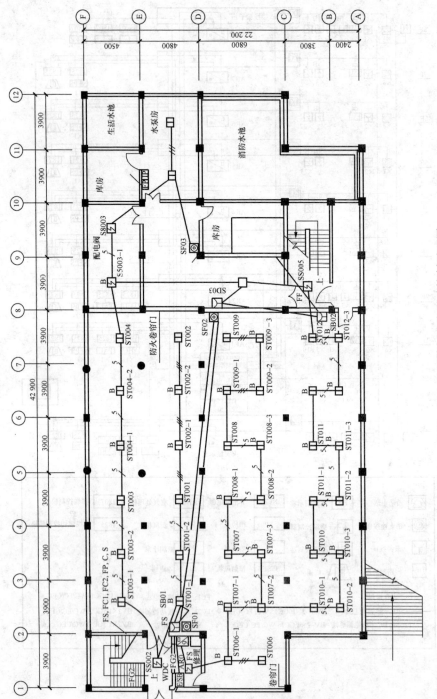

图 7-4 地下一层火灾报警与消防联动控制平面图

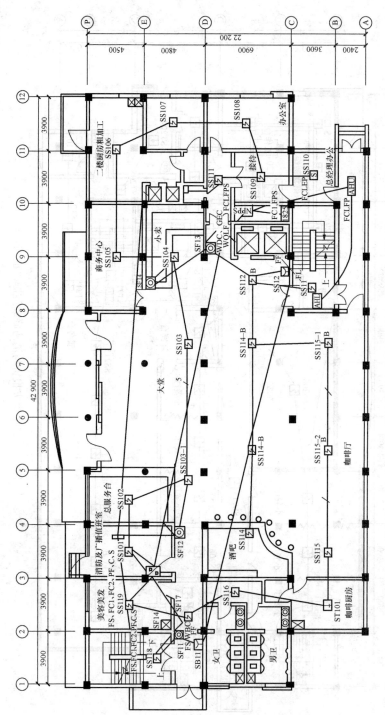

图 7-5 首层火灾报警与消防联动控制平面图

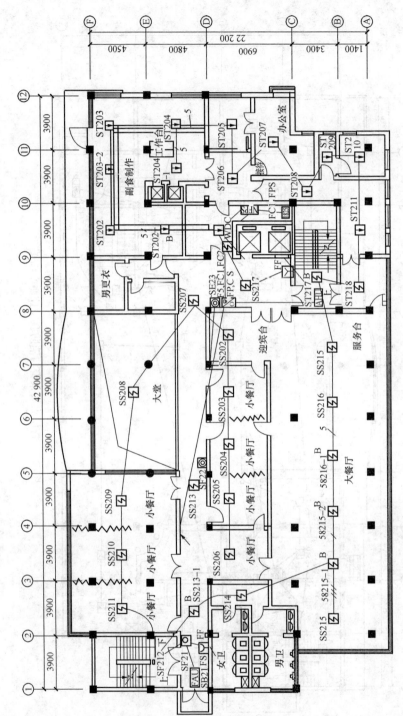

图 7-6 二层火灾报警与消防联动控制平面图

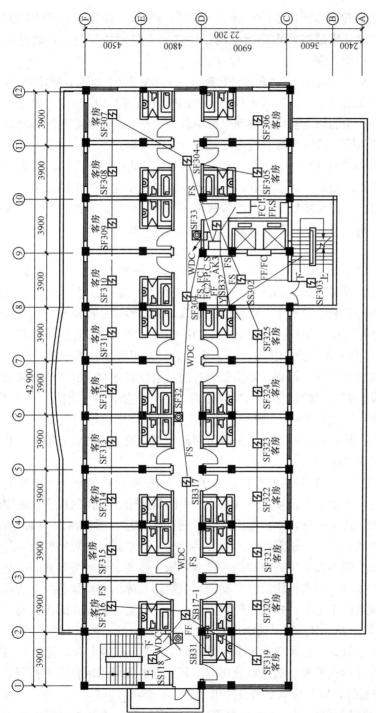

图 7-7 三层至五层火灾报警与消防联动控制平面图

c. 火灾报警控制器通信总线 C 标注为：RVS-2×1.0GC15WC/FC/CEC，控制器与火灾显示盘或某些特殊功能驱动模块之间大量的数据交换，通过 C（即 RS-485）通信总线传输。

d. DC 24 V 主机电源联动总线 FP 标注为：BV-2×4.0GC15WC/FC/CEC，防灾设备的联动电气接口多为 DV 24 V，输出模块要接入 DC 24 V，另外火灾显示盘或某些特殊功能驱动模块的驱动电源也取自此条总线。考虑系统联动时，线路电阻造成的压降，所以电源总线选用截面较大的规格。

e. 联动控制总线 FC1 标注为：BV-2×1.0GC15WC/FC/CEC，联动控制输入输出模块接入此条总线。正常状态下，模块接收控制主机发出的巡检信号，并返回状态信息，如正常或接地、短路等故障；当火警确认，系统执行预先编制的联动程序，控制主机向每一联动模块发出动作命令，模块执行命令并返回其执行状态。

f. 多线联动控制线 FC2 标注为：BV-1.5GC20WC/FC/CEC。根据规范要求，重要的救灾设备，如消防水泵、防烟和排烟风机等采用总线编码模块控制时，还应在消防控制室设置手动直接控制装置，即多线联动控制盘。每一救灾设备的多线联动控制线，引至控制盘上对应的操作端子排，用以控制该设备系统的起/停，并显示其工作、故障状态。至于多线的具体根数要根据被控设备的监控点数。从系统图中可以了解到，多线联动控制盘也控制建筑内的消防电梯和加压泵，接口为设置在 8 层的设备电气控制柜内，而标注依次为 6 根线、4 根线、2 根线（未注明），可以判断每一被控设备引入两根线，用以控制其启停。显示被控设备的工作、故障状态的功能，则由控制器判断模块返回的状态信息，并接通对应的状态显示灯来实现。

2）接线端子箱。每楼层设置接线端子箱，一般安装在消防专用或弱电竖井内，即楼层各功能水平总线接入系统总线的中间转接箱。箱内除设有接线用端子排、塑料线槽、接地脚外，本系统图反映了还安装有总线隔离模块 DG。所有并行赋址型的总线报警系统中都存在一个公共问题，即总线一处短路就会引起全线瘫痪，而将总线隔离模块串入总线的各段或串入主线与支线的交界处．一旦出现总线回路某处短路，隔离模块就会自动把发生短路故障的一段从总线上切除，以保证其余总线通信正常。待短路故障排除后，自动恢复全部总线的正常通信。

3）火灾显示盘 AR。每一楼层设置一台火灾显示盘，可以为数字显示屏式或楼层模拟指示灯式，显示盘通过 RS-485 通信总线与报警主机之间进行报警信息的交换，并显示火灾发生的区域或房间。其工作电源可以取自火灾报警系统的 DC 24V 电源总线，同时应该自备备用电池。

4）消火栓箱报警按钮。消火栓报警按钮是安装在室内消火栓箱内，用于现场手动启动消防水泵，并能显示水泵运行状态的装置。该装置可选用智能型，即每一消火栓按钮均有独立的地址，或选用非编码型，即一个报警区域或防火分区的所有消火栓按钮，通过一个地址信号模块接入两总线报警控制系统。当现场需要使用喷水枪灭火时，击碎消火栓按钮玻璃，直接启动消防水泵，并接收泵房的反馈信息，按钮上的 LED 灯亮表明水泵已经运行。图 7-3 中地下层纵向第 2 排，该图形符号为消火栓按钮，下面标注×3 说明本层有 3 个消火栓箱，对应平面图 7-4 中编号为 SF01～SF03 的消火栓按钮。每个消火栓按钮除接入两总线报警控制系统外，还另接消防泵直接启动线 WDC，接口截面为消防泵电气控制箱。

5）手动报警按钮。手动报警按钮是安装在防火分区内，用于人为手动报知火灾信息的装置。防火分区内任意一点至手动报警按钮不超过 30m，一般安装在楼梯口等处，距地面高度约 1.5m。火灾发生时，人为压碎玻璃，按钮的火警灯即亮，控制器发出报警音响并显示报警地址。测试其报警功能时，不用压碎玻璃，通过特制的测试钥匙。对于走廊或大厂房可以共用地址的场合，可以并联非编制型手动报警按钮或通过信号模块接入两总线报警控制系统。图 7-3 中地下层纵向第 3 排，该图形符号为手动报警按钮，下面标注×3 说明本层共设置 3 个按钮，对应平面图 7-4 中编号为 SB01～SB03 的手动报警按钮。每个手动报警按钮还接入电话通信总线 FF，消防便携式电话插入手动报警按钮面板上的电话插孔，即可与消防控制室联系。

6）水流指示器。建筑内一般设置水喷淋系统进行灭火。当火灾发生并超过一定温度时，前端喷洒头破碎，管道内由于静压作用，水的流动引发水流指示器动作，其状态通过总线模块接入报警控制系统。图 7-3 中首层纵向第 3 排，该图形符号为水流指示器。

7）联动控制模块。根据设计规范对联动控制的要求，消防报警及联动控制系统，对建筑内消防水泵系统、机械防排烟系统、电梯系统、广播系统、非消防电源等设备，在火灾和平常时进行监视和控制。所有广播喇叭，均通过总线控制模块 1825 接入服务性广播和火灾广播，平常播放背景音乐，火灾时强切至火警广播。所有非消防电源 NFPS，火灾时通过总线控制模块 1825 关断。所有空气处理机组 AHU、新风机组 PAU，火灾时通过总线控制模块 1825 关断。所有非消防用电梯 L，火灾时通过多线控制模块 1807 强置返回底层。所有消防泵 FP、喷淋泵 IP、防排烟风机 E/SEF，火灾时通过多线控制模块 1807 实现被控设备的启停的操作。

（2）平面图分析。

1）消防报警及联动平面布置图（地下层）图 7-4 为地下层消防平面布置图，地下层是车库兼设备层。本层以位于横轴①、②之间，纵轴 E、D 之间的车库管理室为报警总线的起始点和终止点，各探测器连成带分支的环状结构，探测器除两个楼梯间、配电间及车库管理间为感烟型外，均为感温型。手动报警有报警按钮、消防栓按钮及消防电话，分别为三处、三处和一处。

联动设备为以下五处：

a. FP 位于 10/E 附近的消防泵。

b. IP 位于 11/E 附近的喷淋泵。

c. E/SEF 位于 1/D 附近的排烟风机。

d. NFPS 位于 2/D 附近的非消防电源箱。

e. 位于车库管理间的火灾显示盘及广播喇叭。

上引线路为以下五处：

a. 2/E 附近上引 FS、FC1/ FC2、FP、C、S。

b. 2/D 附近上引 WDC。

c. 9/D 附近上引 WDC。

d. 10/E 附近上引 FC2。

e. 9/C 附近上引 FF。

图中文字符号前缀含义为：ST 感温探测器；SS 感烟探测器；SF 消火栓报警按钮；SB 手动报警按钮。后缀及后加数字，表示相连的、共用标有 B 的母底座编址的多个探测器的序号。除标有 B 的母底座带独立地址外，其余均为非编址的子底座。母/子底座共同组成混合编址。

2）消防报警及联动平面布置图（一层）图 7-5 为首层消防平面布置图，首层是包括大堂、服务台、吧厅、商务及接待中心等在内的服务层。自下向上引入的线缆有五处，本层的报警控制线由位于横轴③～④之间，纵轴 E～D 之间的消防及广播值班室引出，呈星形自下引上。

本层引上线共有以下五处：

a. 在 2/D 附近继续上引 WDC。

b. 在 2/D 附近新引 FF。

c. 在 4/D 附近新引 FS、FC1/ FC2、FP、C、S。

d. 9/D 附近移位，继续上引 WDC。

e. 9/C 附近继续上引 FF。

本层联动设备共有以下四台：

a. AHU 在 9/C 附近空气处理机一台。

b. FAU 在 10/A 附近新风机一台。

c. NFPS 在 10/D-10/C 附近非消防电源箱一个。

d. 消防值班室的火灾显示盘及楼层广播。

本层检测、报警设施如下：

a. 探测器，除咖啡厨房用感温型外均为感烟型。

b. 消防栓按钮及手动报警按钮分别为 2 点及 4 点。

3）消防报警及联动平面布置图（二层）图 7-6 为二层消防平面布置图，二层是包括大、小餐厅及厨房为主的餐厨层。自下向上引入的线缆有五处，有两条 WDC 及两条 FF 分别为直接启泵线及按钮报警信号线，是自下至上的贯通，以及与本层的连接。本层的报警控制线由位于 4/D 轴附近引来 FS、FC1/FC2、FP、C、S，并引至本层 8/C 轴附近的火灾显示盘旁的接线端子箱，呈星型外引连接本层设备。

本层上引线共五路：

a. 2/D 附近继续上引 WDC。

b. 2/D 附近继续上引 FF。

c. 9/D 附近继续上引 WDC。

d. 9/C 附近继续上引 FF。

e. 8/C 附近上引 FS、FC1/FC2、FP、C、S。

本层联动设备共四台：

a. 1/D 附近的新风机 FAU。

b. 8/C 及 8/B 附近空气处理机 AHU。

c. 10/C 附近的非消防电源箱（楼层配电箱）NFPS。

d. 8/C 附近的楼层火灾显示盘及楼层广播。

本层检测、报警设施如下：

a. 本层右部厨房部分以感温探测为主，本层左部餐厅部分以感烟探测为主，构成环状带分支结构。

b. 消防按钮及手动报警按钮布置在两个楼梯间经电梯间的公共内走道内，分别为 2 点及 4 点。

4）消防报警及联动平面布置图（三层）图 7-7 为三层消防平面布置图，三层是客房标准层，除一个两室套间及电梯、服务间、电梯前室，其余为标准一室客房，共 18 间。4～7 层均为标准层。自二层引来的五路线路中，四路线路同二层一样为 WDC 及 FF，层间信号主传渠道为 8/D 附近引来的 FS、FC1/FC2、FP、C、S，引至 9/D 及 9/C 附近的楼层火灾显示盘后接线端子处形成中心。本层上引线共四路，除相比二层少 9/C 引线外，均相同。联动设备相比二层少 AHU 及 FAU，其余相同。

检测、报警设施。

①各房间设一感烟探测器，北、南向及中间过道构成"日"字环形结构。

②按钮布置同二层，为 3 点及 2 点。

1. 系统功能

电视监控系统是现代管理、检测和控制的重要手段之一。闭路电视监视系统在人们无法或不可能直接观察的场合，能实时、形象、真实地放映被监视控制对象的画面，人们利用这一特点，及时获取大量信息，极大地提高了防盗报警系统的准确性和可靠度。并且，电视监控系统已成为人们在现代化管理中监视、控制的一种极为有效的观察工具。现代化的智能建筑中，保安中心是必须设置的。在保安中心可设置多台闭路电视监视器，对出入口、主要通道和重要部位随时进行观察。闭路电视监视系统主要由产生图像的摄像机或成像装置、图像的传输装置、图像控制设备和图像的处理显示与记录设备等几部分组成。该系统是将摄像机公开或隐蔽地安装在监视场所，被摄入的图像及声音（根据需要）信号通过传输电缆传输至控制器上。可人工或自动地选择所需要摄取的画面，并能遥控摄像机上的可变镜头和旋转云台，搜索监视目标，扩大监视范围。图像信号除根据设定要求在监视器上进行单画面及多画面显示外，还能监听现场声音，实时地录制所需要的画面。电视监控系统具有实时性和高灵敏度，可将非可见光信息转换为可见图像，便于隐蔽和遥控；可监视大范围的空间，与云台配合使用可扩大监视范围；可实时报警联动，定格录像并示警等特点。值班人员在监控中心通过键盘可方便地实现摄像机调看、录像、宏编辑、调用、报警监视、复核等多种功能。该系统还可以通过网络传输设备在局域网或广域网上以 TCP/IP 方式实时上传现场图像。监控系统在集成平台上能与其他安防系统包括防盗报警、门禁等系统进行联动，任何报警信息的发出，可以把现场图像切换到指定监视器上显示，并触发报警录像。

2. 系统组成

（1）前端设备。前端设备主要指摄像机及摄像机的辅助设备（红外灯，支架等）。前端设备的选择应该遵循监视尽可能大的范围，实现重点部位在摄像机的监视范围之中的原则。前端摄像机的选配原则，一般考虑以下几方面，见表7-4。

（2）传输设备。视频传输同轴电缆、电源线和控制线不与电力线共管及平行安装，若无法避免平行安装时，两条线管应保持一定的间距（具体间距由电力线传送的功率、平行长度决定）；同轴电缆、控制线尽可能采用整根完整电缆，不允许人工连接加长；布线尽量避开配电箱/配电网（高频干扰源）、大功率电动机（谐波干扰源）、荧光灯管、电子启动器、开关电源、电话线等干扰源。接地线不要垂直弯折，弯曲至少要有 20 cm 的半径；地线与其他线材分开；地线朝向大地的方向走线；使用 2.4m 的覆铜接地钉；地线不能与没有连接的金属并行。在现行的选择上应使用质量过硬的线缆，避免传输过程中使得信号受损，影响整个系统工作状态的情况出现。另外，在焊接线缆时，应细致小心，以保证信号一路畅通。确保长时间传输无故障。

表 7-4   前端摄像机的选配原则

项目	内 容
摄像机的灵敏度	当前所使用的 CCD 黑白摄像机一般靶面照度为 0.01～0.05 lx；彩色 CCD 摄像机的靶面照度为 1～5 lx。在选配摄像机时，应根据被防范目标的照度选择不同灵敏度的摄像机。一般来说，被防范目标的最低环境照度应高于摄像机最低照度的 10 倍。由于靶面的照度与镜头的相对孔径有极重要的关系，因此当被防范目标的照度经常变化时，应选用自动光圈镜头，用视频信号的变化量来改变镜头的相对孔径，调节摄像机的入光量，以保证取得理想的图像
摄像机的分辨率	一般地说，作为宏观监控，摄像机的分辨率在 330～450 线就可以了。但是，对被防范目标的识别，不仅取决于摄像机的分辨率，更取决于被监视的视场，也就是说取决于镜头的焦距，即被摄物体在电视光栅中所占的比例。全光栅由 575 行构成，要看清楚一个有灰度层次的物体，最好使该物体能够占有几十行以上。如果被摄物体在光栅中只占一行的高度，那么就只能看见一个点或一条线
摄像机的电源	根据现场环境要求而定，室外宜使用低压。并且所有的摄像机都能在标准电源电压正常变化的情况下工作。但由于我国的电源电压变化比较大，因此要求摄像机有更大的电源电压变化范围
摄像机的选择	摄像机是闭路电视监控系统中必不可少的部分，它负责直接采集图像画面，优质的画面必然需要性能优越的摄像机。考虑到具体安装部位、光照情况、环境因素等的不同，应该选用不同类型的摄像机

（3）终端设备。

1）矩阵系统。中心控制系统是一个系统的核心，其增容性、扩展性直接关系到整个系统今后的增容、扩容问题。其核心设备矩阵系统应该是一种扩展型系统，易于安装、操作和管理。键盘设计美观、易于操作。监视器下拉菜单显示，用户可在系统中任意键盘设定不确定优先级别的用户，最高级别的用户可编程设置优先级、分区和锁定。系统允许多用户快速查看及控制摄像机，确认报警图像信息。系统可编程配置、预置、顺序切换、巡视、事件报警编程、块切换等。

2）录像设备。录像是保安监控的重要部分，是取证的重要手段。即使选用的摄像机系统再先进，如果录像效果不好，那么取证和查看都将失去意义。该系统采用数字信号得到的图像远比模拟信号要清晰得多。硬盘反复读写对信号没有任何损耗，同一幅图像即使回放千万次也不影响图像质量。数字系统检索图像方便快捷，键入检索路径，仅需十分之几秒图像即可自动显示在屏幕上；而模拟系统要靠人工查带，必须眼睛紧盯屏幕，一闪而过的图像很容易被漏掉。本系统的图像记录完全由软件实现，当硬盘被录满之后自动覆盖最早的图像，不会造成图像丢失；而模拟系统需要不断地更换录像带，换带期间的图像必然丢失，如果恰在此时发生意外情况，那么就将造成损失。硬盘的使用寿命在8年以上，而且无需维护；而录像带反复擦写几十次以后图像质量就开始下降，其保存条件如果不适宜（如阳光直射、高温、高湿等），都将影响图像质量。数字系统可以对任一图像进行处理，如放大、打印、转存入光盘等；而模拟系统则没有这些功能。为防止无关人员擅自进入系统，系统具有密码保护功能，只有有权进入系统的人员才能进入系统设置菜单，进行功能设置。这样保证了系统的安全性。系统密码可以分级，每一级对应的可操作项目是不同的，这样可以有效地区分各级用户的权限范围。系统具有网络接口，可将信号远传。

3. 系统接地和供电

系统的供电及接地好坏直接影响系统的稳定性和抗干扰能力，总的思路是消除或减弱干扰，切断干扰的传输途径，提高传输途径对干扰的衰减作用，具体措施是：整个系统采用单点接地，接地母线采用铜质线，采用综合接地系统，接地电阻不得大于1Ω。为了保证整个系统采用单点接地，在工程实施中做到视频信号传输过程中每路信号之间严格隔离、单独供电，信号共地集中在中心机房。由于接地措施的科学合理，有力地保证了系统的抗干扰性能。

4. 系统屏蔽

视频传输同轴电缆、摄像机的电源线和控制线均穿金属管敷设，且金属管需要良好地接地。电源线与视频同轴电缆、控制线不共管。报警系统总线采用非屏蔽双绞线，电源、信号可共管。

5. 系统抗干扰

由于建筑物内的电气环境比较复杂，容易形成各种干扰源，如果施工过程中未采取恰当的防范措施，各种干扰就会通过传输线缆进入综合安防系统，造成视频图像质量下降、系统控制失灵、运行不稳定等现象。因此研究安防系统干扰源的性质、了解其对安防系统的影响方式，以便采取措施解决干扰问题对提高综合安防系统工程质量，确保系统的稳定运行非常有益。

6. 实例分析

如图7-8所示为某公司科研和生产制造区的监控系统图，采用数字监控方式。

（1）监控点设置。共计摄像42个点；双鉴探测85个点。

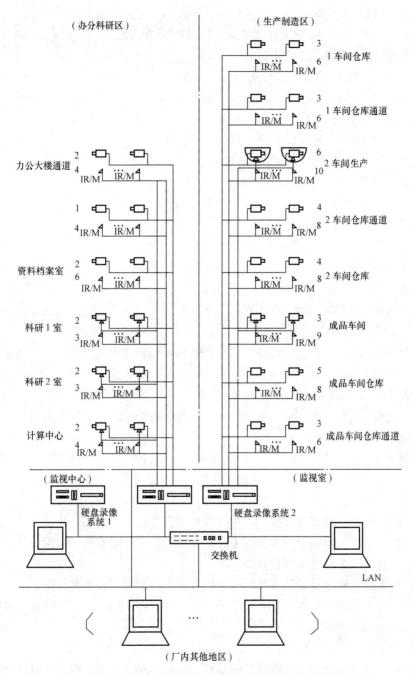

图 7-8　某公司科研和生产制造区的监控系统图

（2）系统设备设置。

1）2.5/7.6 cm 彩色 CCD 摄像机，DC398P，36 台。

2）6 倍三可变镜头，SSL06，9 个。

3）8mm 自动光圈镜头，SSE0812，27 个。

4）彩色一体化高速球形摄像机，AD76PCL，6 台。

5）云台解码器，DR-AD230，6 台。

6）报警模块，SR092，3 块。

7）半球型防护罩，YA-20cm，27 个。

8）内置云台半球形防护罩，YA-5509，9 个。

9）三技术微波/被动红外探测器，DS-720，85 个。

10）显示器，53 cm，2 台。

11）16 路数字硬盘录像机，MPEG-4，3 台。

（3）系统软件功能。系统软件配置为 MPEG-4 数字监控系统，其系统功能如下。

1）Windows XP 运行环境，全中文菜单。

2）采用 MPEG-4 压缩编码算法。

3）图像清晰度高，对每幅图像可独立调节，并能快速复制。

4）多路视频输入，显示、记录的速率均为每路 25 帧/s。

5）可单画面、4 画面、全画面、16 画面图像显示。

6）多路音频输入，与视频同步记录及回放。

7）录像回放速率每路 25 帧/s，声音与图像同步播放，实现回放图像动态抓拍、静止、放大。

8）人工智能操作（监控、记录、回放、控制、备份同时进行）。

9）通过输出总线可完成对云台、摄像机、镜头和防护罩的控制。

10）实时监控图像可单幅抓拍，也可所有图像同时抓拍。

11）具备视频移动检测报警、视频丢失报警功能。

12）通过输入总线接入多种报警探测器的报警，并能实现相关摄像机联动。

13）电子地图管理，直观清晰。

14）支持多种型号的高速球形摄像机、云台控制器及报警解码器。

15）强大的网络传输功能，支持局域网图像传输方式，可实现多个网络副控，多点图像远程监控。

16）支持电话线路传输。

17）可分别设置每个摄像机存储位置、空间大小及录像资料保留时间。

18）全自动操作，系统可对每台摄像机制定每周内所有时段的录像计划，按计划进行录像。

19）系统可对每个报警探头制定每周内所有时段的布防计划，按计划进行报警探头布防。

20）系统可对每台摄像机制定每周内所有时段的移动侦测计划，按计划进行移动侦测布防。

21）所有操作动作均记录在值班操作日志里，便于系统维护和检查工作。

22）交接班、值班情况及值班操作过程全部由计算机直接进行管理，方便查询。

23）资料备份可直接在界面操作，转存于移动硬盘或光盘等存储设备，保证主要资料不被破坏。

（4）系统的运作配合。

1）3台16路输入的MPEG-4数字录像机（16路硬盘录像机），完成对42台摄像机的监控，实现85个双鉴探测器与电视监控系统的联动。

2）3台16路硬盘录像机共带48路报警输入接口，每台硬盘录像机通过RS-485接口各连接1块16路报警模块扩展接口。

3）前端摄像机送来的图像信号经数字压缩后，再控制、存储或重放。数字监控通过计算机完成对图像信号选择、切换、多画面处理、实时显示和记录等功能，完成现场报警信号与监控系统的联动。

4）两台16路输入的数字录像机设在一个监控室，另一台设在另一个监控室，通过交换机与厂区局域网相连，厂区局域网中的任意一台计算机，经授权就能调看系统中的图像。

技能 109　熟悉出入口控制系统的功能及组成

1. 系统概述

出入口控制系统，是在建筑物内的主要管理区，如大楼出入口、电梯厅、主要设备机房等重要部位的通道口安装门磁开关、电控锁或读卡机等控制装置，由中心控制室监控。系统采用计算机多重任务的处理，能够对各通道口的位置、通行对象及通行时间等实时进行控制或设定程序控制。

2. 系统功能

每个用户持有一个独立的卡或密码，这些卡和密码的特点是它们可以随时从系统中取消。可以用程序预先设置任何一个人进入的优先权，一部分人可以进入某个部门的一些门，而另一些人只可以进入另一组门。系统对楼内重要部门的门或通道进行设防，以保证只有房间主人才可以进出本房间，同时通过门控器来控制门的开关。对于任何非法进入的企图，系统可以及时报警，要求保安人员及时处理。系统所有的活动都可以用打印机或计算机记录下来，为管理人员提供系统所有运转的详细记载，以备事后分析。计算机根据每人的刷卡，可详细记录职工何时来，何时走，下班后是否还有人没走。这样，保安人员可根据楼内人员情况，安排巡逻方案。职员上、下班时刷卡，计算机可根据每人的出勤情况，按要求的格式打印考勤报表。系统可根据要求随时对新的区域实行出入管理控制，扩展非常方便。由于该子系统和设备控制系统在同一网络上，相关资源可以共享，可以根据进出入的要求启停相应设备。

3. 系统组成

出入口控制系统的组成见表 7-5。

表 7-5 出入口控制系统的组成

项目	内　　容
电控锁	包括电磁锁和阴极锁，用于控制被控通道的开闭
检测器	检测进出人员的身份的设备，可根据实际情况选择相应的检测方式，常用的有非接触式感应卡检测、指纹识别、生物识别等方式
门磁开关	用以检测门的开关状态
出门请求按钮	用于退出受控区域或允许外来人员进入该区域的控制器件现场控制器用于检测读卡器传输的人员信息，通过判断，对于已授权人员将输出控制信号给门锁放行；对于非法刷卡或强行闯入情况控制声光报警器报警。现场控制器通常分为单门和多门控制器

技能 110　掌握防盗报警系统的组成及功能要求

1. 系统概述

防盗报警系统，是采用红外、微波等技术的信号探测器，在一些无人值守的部位，根据不同部位的重要程度和风险等级要求以及现场条件进行布防。高灵敏度的探测器获得侵入物的信号后传送到中控室，使值班人员能及时获得发生事故的信息，是大楼安防的重要技术措施。一个有效的电子防盗报警系统是由各种类型的探测器、区域控制器、报警控制中心和报警验证等几部分组成。整个系统分为三个层次。最底层是探测和执行设备，它们负责探测人员的非法入侵，有异常时向区域控制器发送信息；区域控制器负责下层设备的管理，同时向控制中心传送自己所负责区域内的报警情况。一个区域控制器和一些探测器等设备就可以组成一个简单的报警系统。

2. 系统功能

（1）报警监视。防盗报警系统能够进行报警监视。彩色图形应用程序允许用户根据自身要求创建或接收用户的彩色图形，彩色图形表示设备的分布，同时可以通过点击图标进入这些图形。报警信号具有优先权定义。状态窗口可以提供特殊报警的有关信息，如数据、时间和位置，防盗报警系统可以对各类报警发出专用的紧急指令。作为最基本的应用要求，系统输出信号能控制如上锁、开锁、脉冲点控制或者是点群控制。持卡人查询功能可以快速在数据库中搜索查询并显示相关图像。运行记录能有效的记录重要的日常事务。浏览功能可以让操作者定位或查询指定的持卡人或读卡器。同时系统能提供图像对照功能，以便与CATV界面联合使用。

（2）系统管理。系统管理任务包括定义工作站和操作者授权机构、允许进出入区域、日程表安排、报告生成、图形显示等。上述功能可以在网络上的所有工作站上执行。系统文档服务器提供的磁带备份功能和远程诊断功能，在服务器同时提供相应的硬件设备。被动式双鉴报警探测器被利用于奥运射击馆的各主要出入口，被动式双鉴报警探测器按时间进行设防后，对各出入口进行严密监视。探测器获得侵入物的信号后以有线或无线的方式传送到中心控制室，同时报警信号以声或光的形式在建筑平面图上显示，使值班人员及时形象地获得发生事故的信息。由于报警系统采用了探测器双重检测的设置及计算机信息重复确认处理，实现了报警信号的及时可靠和准确无误，它是智能建筑安全防范的重要技术措施。防盗报警系统记录所有报警信号，防盗报警工作站将报警信号通过打印机打印，并发出声响信号。同时在监视器模拟图上根据报警的实际位置显示报警点。到达预定时间后，监视器模拟图上仍显示报警点。保安中心经密码授权人员可以通过复位结束报警过程。同时操作将被记录。

3. 实例分析

如图7-9所示为某大厦防盗报警系统图，系统构成如下。

（1）信号输入点共52点。

1）IR/M探测器为被动红外/微波双鉴式探测器，共20点：一层两个出入口（内侧左右各一个），两个出入口共4个；二～九层走廊两头各装一个，共16个。

2）紧急按钮二～九层每层4个，共32个。

（2）扩展器"4208"，为8地址（仅用4/6区），每层一个。

（3）配线为总线制，施工中敷线注意隐蔽。

（4）主机4140XMPT2为ADEMCO（美）大型多功能主机。该主机有9个基本接线防区，总线式结构，扩充防区十分方便，可扩充多达87个防区，并具有多重密码、布防时间设定、自动拨号以及"黑匣子"记录功能。

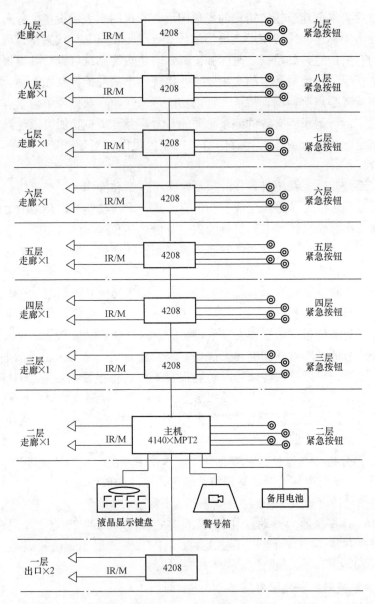

图 7-9　某大厦防盗报警系统图

技能 111　熟悉电子巡更系统组成及安装

1. 系统概述

电子巡更系统分为在线式巡更系统和无线式巡更系统。现在的建筑工程多设计为离线式电子巡检系统。

2. 系统组成

系统由数据采集器、数据转换器、信息钮、软件管理系统 4 部分组成，附加计算机与打印机即可实现全部传输、打印和生成报表等要求。

（1）巡检器（数据采集器）。储存巡检记录（可存储 4096 条数据），内带时钟，体积小，携带方便。巡检时由巡检员携带，采集完毕后，通过传输器把数据导入计算机。

（2）传输器（数据转换器）。由电源、电缆线、通信座三部分构成一套数据下载器，主要是将采集器中的数据传输到计算机中。

（3）信息钮。信息钮是巡检地点（或巡逻人员）代码安装在需要巡检的地方，耐受各种环境的变化，安全防水，不需要电池，外形有多种，用于放置在必须巡检的地点或设备上。

（4）软件管理系统。可进行单机（网络，远程）传输，并将有关数据进行处理，对巡检数据进行管理并提供详尽的巡检报告。管理人员将通过计算机来读取信息棒中的信息，便可了解巡检人员的活动情况，包括经过巡检地点的日期和时间等信息，通过查询分析和统计，可达到对保安监督和考核的目的。

3. 系统安装使用

（1）信息钮的安装。在各个需要重点检查及巡逻的地点，将信息钮固定好。

（2）巡检器的使用方法。保安携带巡检器，按照规定的巡逻时间，巡逻到每一个重要地点，用巡检器轻轻接收一下信息钮的代码，巡检器发出蜂鸣声，指示灯连续闪动 3 次并自动记录该地点的名称和到达该地点的时间。

（3）数据处理。保安巡逻结束后（或定期）将巡检器交给微机管理员，管理员使用巡检软件对巡检数据进行接收处理，生成汇总报表。

技能 112　掌握对讲系统的组成及功能要求 //////////

1. 系统概述

对讲系统主要依据用户的需求和建筑物的整体考虑，满足用户现有需求的前提下，在技术上适度超前，保证能将建筑物建成先进的、现代化的智能建筑。对讲系统是指对来访的人员与用户提供对话和可视，以及在紧急的情况下提供安全保障的安全防范系统，主要分为单向对讲型和可视对讲型。

2. 实例分析

以某建筑小区为例来说明。

（1）户型结构说明。小区共 3 个塔楼；其中 1 栋 40 层，2 栋 10 层；共 500 户。

（2）系统设计说明。

1）楼宇对讲系统采用彩色可视标准和联网管理方式。

2）在控制室设有 1 台对讲管理中心机。

3）在每单元首层入口处设 1 台带门禁数码可视对讲主机。

4）每个住户室内设 1 台嵌入式安保型彩色可视对讲分机。

5）每个住户门口安装一个二次确认机。

（3）系统功能描述。

1）每层设有总线保护器，户户隔离，住户分机故障不影响其他住户。

2）每栋楼用一个联网中继器实现整个小区联网。

3）系统采用音频、视频分开供电。

4）住户室内安装报警设备，可通过密码实施布防。

5）系统配备有后备电源，遇到停电时后备电源自动开始工作，从而确保系统的 24 小时正常运行。

（4）管理中心。

1）可以进行三方通话：住户、访客、管理中心。

2）可呼叫小区内任意住户。

3）能循环储存 16 组报警地址信息，并随时打印报警记录数据，可遥控打开小区入口处的电控锁。

4）管理软件控制。

（5）彩色编码。彩色编码可视门禁主机。

1）键盘指示灯夜间使用更方便。

2）可用非接触 IC 卡开锁。

3）高亮度 LED 显示并有英文操作提示。

4）可呼叫管理中心并与其通话。

5）嵌入式安保型彩色编码室内分机。

6）嵌入式外壳，外形新颖、豪华。

7）待机时，任何时间按监视键都可监视门口情况。

8）分机可带 4～8 个防区（烟感、煤气、红外、门磁、紧急等）。

9）紧急情况下，按呼叫键即可呼叫到管理中心。

技能 113　掌握电话通信系统实例分析

电话通信系统是各类建筑必然配备的主要系统。它大体由电话交换设备、传输系统、用户终端设备三个部分组成。

交换设备主要是指电话交换机，是接通电话用户之间通信线路的专用设备。

电话传输系统按传输媒介分为有线传输（明线、电缆、光纤等）和无线传输

（短波、微波中继、卫星通信等）。

用户终端设备，以前主要指电话机，随着通信技术的迅速发展，现在又增加了许多新设备，如传真机、计算机终端等。

电话信号的传输与电力传输和电视信号传输不同，电力传输和电视信号传输是共同系统，一个电源或一个信号可以分配给多个用户，而电话信号是独立信号，两部电话之间必须有两根导线直接连接。因此有一部电话机就要有两根（一对）电话线。

1. 线路组成

电话通信线路从进户管线一直到用户出现盒，一般有以下几部分组成。

（1）引入（进户）电缆管路，分为地下进户和外墙进户两种方式。

（2）交接设备或总配线设备，它是引入电缆进屋后的终端设备，有设置、不设置用户交换机两种情况。如果设置用户交换机，采用总配线箱或总配线架；如果不设置用户交换机，常用交接箱或交接间，交接设备宜装在建筑的一、二层，如有地下室，且较干燥、通、风，才可考虑设置在地下室。

（3）上升电缆管路，分为上升管路、上升房和竖井三种类型。

（4）楼层电缆管路。

（5）配线设备，如电缆接头箱、过路箱、分线盒、用户出现盒，是通信线路分支、中间检查、终端用设备。

2. 配线方式

建筑物的电话线路包括主干电缆（或干线电缆）、分支电缆（或配线电缆）和用户线路三部分，其配线方式应根据建筑物的结构及用户需要，选用技术上先进、经济上合理的方案，做到安全可靠，便于施工和维护管理。

干线电缆的配线方式有单独式、复接式、递减式、交接式和合用式，见表7-6。

表7-6 干线电缆的配线方式

项　目		内　容
单独式	性质	采用这种配线方式时，各个楼层的电缆采取分别独立的直接供线，因此，各个楼层的电话电缆线之间毫无连接关系。各个楼层所需的电缆对数根据需要来定，可以相同或不相同
	优点	（1）各楼层的电缆线路互不影响，如果发生障碍，涉及范围较小，只有一个楼层。 （2）由于各层都是单独供线，发生故障容易判断和检修。 （3）扩建或改建较为简单，不影响其他楼层
	缺点	（1）单独供线，电缆长度增加，工程造价较高。 （2）电缆线路网的灵活性差，各层的线无法充分利用，线路利用率不高
	适用范围	适用于各楼层需要的电缆线对较多且较为固定不变的场合，如高级宾馆的标准层或办公大楼的办公室等

项 目		内　　容
复接式	性质	采用这种配线方式时，各个楼层之间的电缆线对部分复接或全部复接，复接的线对根据各层需要来决定。每对线的复接不得超过两次，各个楼层的电话电缆由同一条电缆接出，不是单独供线
	优点	(1) 电缆线路网的灵活性较高，各层的线对因有复接关系，可以适当调度。 (2) 电缆长度较短，且相对集中，工程造价比较低
	缺点	(1) 各个楼层电缆线对复接后会相互影响，如果发生故障，涉及范围广，对各个楼层都有影响。 (2) 各个楼层不是单独供线，如果发生故障，不易判断和检修。 (3) 扩建或改建时，对其他楼层有所影响
	适用范围	适用于各层需要的电缆线对数量不均匀、变化比较频繁的场合，如大规模的大楼、科技贸易中心或业务变化较多的办公大楼等
递减式	性质	采用这种配线时，各个楼层线对互相不复接，各个楼层之间的电缆线对引出使用后，上升电缆逐渐递减
	优点	(1) 各个楼层虽由同一上升电缆引出，但因线对互不复接，故发生故障时容易判断和检修。 (2) 电缆长度较短，且对数集中，工程造价较低
	缺点	(1) 电缆线路网的灵活性较差，各层的线对无法充分使用，线路利用率不高。 (2) 扩建或改建较为复杂，要影响其他楼层
	适用范围	适用于各层所需的电缆线对数量不均匀且无变化的场合，如规模较小的宾馆、办公楼及高级公寓等
交接式	性质	这种配线方式将整个高层建筑的电缆线路网分为几个交接配线区域，除离总交接箱或配线架较近的楼层采用单独式供线外，其他各层电缆均分别经过有关交接箱与总交接箱（或配线架）连接
	优点	(1) 各个楼层电缆线路互不影响，如果发生故障，则涉及范围较少，只是相邻楼层。 (2) 提高了主干电缆芯线的使用率，灵活性较高，线对可调度使用。 (3) 发生故障容易判断、测试和检修
	缺点	(1) 增加了交接箱和电缆长度，工程造价较高。 (2) 对施工和维护管理等要求较高
	适用范围	适用于各层需要线对数量不同且变化较多的场合，例如规模较大、变化较多的办公楼、高级宾馆、科技贸易中心等
合用式		这种方式是将上述几种不同配线方式混合应用而成，因而适用场合较多，尤其适用于规模较大的公用建筑等

3. 传输线路及设备

(1) 市话电线电缆。电话系统的干线使用电话电缆。室外埋地敷设时使用铠装电缆，架空敷设时用钢丝绳悬挂普通电缆，或使用带自承钢丝绳的电缆，室内使用普通电缆。常用电缆有 HYA 型综合护型塑料绝缘电缆和 HPVV 铜芯全聚氯乙烯电缆，电缆规格标注为 HYA10×2×0.5，其中 HYA 为型号，10 表示电缆内 10 对电话线，2×0.5 表示每对线为两根直径 0.5mm 的导线。电缆的对数从 5～2400 对，线芯有两种规格，直径为 0.5mm 和 0.4mm。

(2) 双绞线。用于数字通信传输的双绞线缆，是由绞合在一起的一对、两对或多对的绞线组成，它具有抗外界电磁场的干扰能力，而且也减少了各对导线之间相互的电磁干扰。双绞线分为屏蔽型（STP）和非屏蔽型（UTP）两类。按其传输的速率分为 3 类、4 类、5 类及超 5 类线。3 类线传输的最高速率为 16MHz；4 类线传输的最高速率为 20MHz；5 类线传输的最高速率为 100MHz；超 5 类线传输的最高速率为 155MHz。不论 3 类、5 类双绞线，都具有 4 对、24 对、48 对，也有 10 对、25 对、50 对、100 对、150 对多对线缆，其芯线截面积均为 0.5mm²。管内暗敷设使用电话线，常用的是 RVB 型塑料并行软导线或 RVS 型双绞线，规格（mm²）为 2×0.2～2×0.5；要求较高的系统使用 HPW 型并行线，规格（mm²）为 2×0.5，也可以使用 HBV 型绞线，规格（mm²）为 2×0.6。

(3) 光缆。光缆是数据通信中传输容量最大、传输距离最长的新型传输媒体。它的芯线是在特定环境下由玻璃或塑料制成，采用不同的包层、结构及护套制成光缆。光缆的信号载体不是电子而是光，因此它具有很高速率，信号传输速度可达每秒数百兆位，所以它具有很大的传输容量。光缆按光纤种类分有多模光缆及单模光缆。用于局与局之间、局与用户之间的室外长距离传输，多模光缆用于室内传输。

(4) 分线箱。电话系统干线电缆与用户连接要使用电话分线箱，也叫电话组线箱或电话交接箱。电话分线箱按要求安装在需要分线的位置，建筑物内的分线箱暗装在楼道中，对高层建筑，安装在电缆竖井中。分线箱的规格为 10 对、20 对、30 对等，按需要的分线数量，选择适当规格的分线箱。

(5) 用户出现盒。市内用户要安装暗装用户出现盒，出现盒面板规格与前面的开关插座面板规格相同，如 86 开关型、75 型等。面板分为无插座型和有插座型。无插座型出现盒面板只是一个塑料板，中央留直径 1cm 的圆孔，线路电话线与用户电话机线在盒内直接连接，适用于电话机位置较远的用户，用户可以用 RVB 塑料并行软导线做室外内线，连接电话机连接盒。有插座型出现盒面板分为单插座和双插座，面板上为通信设备专用插座，要使用专用插头与之连接，现在电话机都使用这种插头进行线路连接，比如传声器与座机的连接。使用插座型面板时，线路导线直接接在面板背面的接线螺钉上。

共用天线电视系统，简称为 CATV 系统，指共用一组天线接收电视台电视信号，并通过同轴电缆传输、分配给许多电视机用户的系统。它是在一栋建筑物或一个建筑群中，挑选一个最佳的天线安装位置，根据所接收的电视信号的具体情况，选用一组共用的天线。然后将接收到的电视信号进行混合放大，并通过传输和分配网络送至各个用户电视接收机。

1. 系统组成

共用天线电视系统一般由前端、干线传输系统和用户分配系统 3 个部分组成。前端部分主要包括电视接收天线、频道放大器、频率变换器、自播节目设备、卫星电视接收设备、导频信号发生器、调制器、混合器以及连接线缆等部件。干线传输系统是把前端接收处理、混合后的电视信号，传输给用户分配系统的一系列传输设备。对于单幢大楼或小型 CATV 系统，可以不包括干线部分，主要是干线、干线放大器、均衡器等。用户分配系统是共用天线电视系统的最后部分，主要包括放大器、分配器、分支器、系统输出端以及电缆线路等。

2. 接收天线

接收天线是接收空间电视信号无线电波的设备，它能接收电磁波能量，增加接收电视信号的距离，可提高接收电视信号的质量。因此，接收天线的类型、架设高度、方位等，对电视信号的质量起着至关重要的作用。接收天线应具有以下几种性能。

（1）良好的方向性。天线的方向性能表征了天线对不同方向来的高频电磁波具有不同程度的接收能力。方向性越强，越有利于电视信号电波的远距离定向接收，抑制干扰的能力越强。

（2）高增益。天线的增益又称为天线的高频电视信号感应电压或功率增益系数。不同类型的接收天线，其增益不同，表明天线接收到的电视信号高频电磁波转换成高频电视信号电压或功率的效果不一样。增益越高，天线接收微弱，电视信号的能力越强。

（3）足够的带宽。天线的带宽又称为天线的通频带，指将天线谐振时输出到馈线的最大信号功率范围。为使一副天线能同时接收几个频道的电视节目，并重显清晰的图像，就应该选用足够带宽的电视天线，以确保接收到的高频电视信号不产生失真。

接收天线的种类很多，按其结构形式可分为：八木天线、环形天线、对数周期天线（单元的长度、排列间隔按对数变化的天线）和抛物面天线等。CATV

系统广泛采用八木天线及其复合天线，卫星电视接收则多使用抛物面天线。八木天线又称引向天线，它是由有源振子及其前、后放置一定数量的无源振子组成的。所谓振子，是指能产生显著电磁波辐射的直导线。有源振子就是能输出信号的谐振器，不输出信号的振子称为无源振子。八木天线多采用半波折合振子，以获得足够的天线输入阻抗。无源振子（反射器和引向器）是若干孤立的金属杆，装在有源振子（辐射器）后面的（长度较长）叫反射器，装在有源振子前面的（长度较短）叫引向器。卫星电视接收天线按其馈电方式不同分为两大类：抛物面天线（前馈式）和卡塞格伦天线（后馈式）。

3. 前端设备

主要包括放大器、混合器、调制器、频道转换器、分配器等元件。前端设备质量的好坏，将影响整个系统的图像质量。天线放大器主要是用来放大接收天线收到的微弱的电视信号，它的输入电平较低，通常为 $50\sim60\text{dB}\mu\text{V}$。因而，天线放大器又叫做低电平放大器或前置放大器。一般要求噪声系数很低，为3~6dBμV。频道放大器即单频道放大器，它的作用是将电视接收天线接收来的高低不同的各频道信号的电平调整至大体相同的范围。因此要求频道放大器有较高的增益。频道放大器的最大输出电平可达到110dBμV以上。调制器、录像机、摄影机等自办节目设备及卫星电视接收设备，通常输出的是视频图像和伴音信号。需要用调制器将它们调制到某一频道的高频载波上，才能进入电视系统进行传输。混合器是将多路电视信号混合为一路信号进行传输的元件。若不用混合器，直接将不同频道的信号用同轴电缆与输出电缆并接，由于系统内部信号的反射，会产生重影，还由于天线回路的相互影响，会导致图像失真，而混合器中的带通滤波电路会消除这些干扰。因此，当共用电视天线系统的前端采用组合天线时，必须将天线接收的信号用混合器混合以后才能进入传输干线。

4. 传输干线

传输干线主要包括干线放大器、分配放大器、线路延长放大器、分配器、分支器、传输线缆元件，见表7-7。

表 7-7   传输干线包括的元件

项　目	内　　容
干线放大器	其作用主要是用来补偿信号在干线中传输所产生的电平损耗。并且，干线放大器具有自动设备控制和自动斜率控制的功能，其最高频道增益一般为 22~25 dB
分配放大器	一般用于干线的末端，主要用来提高信号电平，满足系统分配、分支部分的需要。它的频带较宽，输出电平高，其增益值为任何一个输出端的输出电平与输入电平之差
线路延长放大器	一般安装于支干线上。主要是用来补偿线路分支器的插入损耗和电缆损耗。它只有一个输入端和一个输出端。输出端不再连接分配器

项　目	内　　容
分配器	分配器是用来分配电视信号并保持线路匹配的装置。它能将一路输入信号均等地分成几路输出。除此之外，它还起着隔离作用，使分配输出端之间有一定隔离，相互不影响；同时还起着阻抗匹配作用，即各输出线的阻抗也为75Ω。 分配器按输出路数多少可分为二分配器、三分配器、四分配器、六分配器等。按分配器的回路组成可分为集中参数型和分布参数型两种。按使用条件又可分为室内型、室外防水型、馈电型等。 在使用中，对剩下不用的分配器输出端必须接终端匹配电阻（75Ω），以免造成反射，形成重影
分支器	分支器是从干线（或支线）上取出一小部分信号传送给电视机的部件。因此它的作用是以较小的插入损耗从传输干线或分配线上分出部分信号经衰减后送至各用户。 分支器一般由变压器型定向耦合器和分配器所组成。根据分支器输出端连接的分配器的不同，可分为一分支器、二分支器、四分支器等。分支器的作用就是通过变压器型定向耦合器，从干线上以较小的插入损耗来截取部分信号，然后经过衰减由分配器进行输出
传输线缆	即系统中各种设备器件之间的连接线。目前使用的线缆主要有两种，一种是平行馈线，一种是同轴电缆。平行馈线的特性阻抗为300Ω，由于导线为平行布置，没有屏蔽作用。因此，信号传输过程中损耗较大，并且机械性能较差，在共用天线电视系统中已很少使用了。同轴电缆的特性阻抗有50、75、100Ω几种规格。在共用天线电视系统中采用75Ω的同轴电缆。它有内、外两部分导体，有良好的屏蔽作用。在内外导体之间通常填充有泡沫塑料或藕状聚乙烯等绝缘材料，最外面是聚乙烯保护层。由于同轴电缆抗干扰能力强，信号衰减少，所以在共用天线系统中被广泛使用

5. 用户终端

指用户接线盒及电视接收机的连接，通常用户接线盒均有两个插孔。一个提供电视信号，一个提供调频广播信号。

技能 115　熟悉广播音响系统

1. 广播音响系统分类

（1）按用途分类。

1）业务性广播满足以业务及行政管理为目的，以语言为主的广播，如在开会、宣传、公告、调度的时候。

2）服务性广播满足以娱乐、欣赏为目的，以音乐节目为主的广播，如在宾馆、客房、商场、公共场所等。

3）紧急性广播满足紧急情况下以疏散指挥、调度、公告为目的，以优先性为首的广播，如在消防、地震、防盗等应急处理的时候。

（2）按功能分类。

1）客房音响。根据宾馆等级，配置相应套数的娱乐节目。节目来自电台接收及自办一般单声道播出。应设置应急强切功能，以应消防急需。

2）背景音响。为公共场所的悦耳音响，营造轻松环境。亦为单声道，且具备应急强切功能。亦称公共音响，有室内、室外之分。

3）多功能厅音响。多功能厅一般多用为会议、宴席、群众歌舞，高档的还能作演唱、放映、直播。不同用途的多功能厅的音响系统档次、功能差异甚远。但均要求音色、音质效果，且配置灯光，甚至要求彼此联动配合。

4）会议音响。包括扩音、选举、会议发言控制及同声传译等系统，有时还包括有线对讲、大屏幕投影、幻灯、电影、录像配合。

5）紧急广播。

a. 紧急广播用扬声器的设置要求：民用建筑内的扬声器应设置在走道和公共场所，其数量应保证从本楼层任何部位到最近一个扬声器的步行距离不得超过15m，每个扬声器的额定功率应不小于3W。工业建筑内设置的扬声器，在其播放区域内最远点的播放声压级应高于背景噪声15dB。

b. 紧急广播系统的电源：应采用消防电源，同时应具有直流备用电池。消防联动装置的直流操作电源应采用24V。

c. 紧急广播的控制程序：二层及二层以上楼层发生火灾时，应在本层及相邻层进行广播；首层发生火灾时，应在本层、二层及地下各层进行广播；地下某层发生火灾时，应在地下各层及首层进行广播。

d. 紧急广播的优先功能：火灾发生时，应能在消防控制室将火灾疏散层的扬声器强制转入紧急广播状态。消防控制室应能显示紧急广播的楼层，并能实现自动和手动播音两种方式。

（3）按工作原理分类。根据音响的需求和具体应用分为单声道、双声道、多声道、环绕声等多类，后几类又属于立体声范畴。

（4）按信号处理方式分类。按信号处理方式分类可分为模拟和数字两类，后者将输入信号转换成数字信号再处理，最后经数/模转换，还原成高保真模拟音频。失真小、噪声低、高分辨率、功能多，具有替代前者优势。

2. 广播音响系统组成

（1）背景音乐音源。音源由循环放音卡座、激光唱机、调频调幅接收机等组成。双卡循环放音卡座可选用普通磁带及金属磁带，并具有杜比降噪、两卡循环、自动增益控制、外接定时装置等功能。激光唱机为多碟唱机可长时间连续播放背景音乐。调频调幅接收机具有存储功能，采用内部微处理器锁相环同步技术防止信号偏差，其接收频带范围符合国家有关规定。

（2）前置放大部分。前置放大部分由辅助放大模块、线性放大模块组成。辅助放大模块具有半固定音量控制、输出电平调整、静噪等功能；线性放大模块具有输出电平控制、高低音调整及发光二极管输出电平指示。

（3）功率放大部分。功率放大部分是将信号进行功率（电压、电流）放大，其放大功率分级为 5、15、25、50、100、150、500、1000W。放大器要有可靠性高、频带宽、失真小等一系列特点，并且能保证系统24h满功率的工作。放大器一般可在交流220V及直流24V两种供电方式下进行正常的工作。

（4）放音部分。放音部分采用的是吸顶扬声器和壁挂式扬声器、音箱等。扬声器前面为本白色，前面罩为金属网板。该类扬声器外观大方、频带宽、失真小，与吊顶及环境配合可起到较好的听觉和视觉效果。

3. 典型广播音响系统

（1）单声道扩音系统。单声道扩音系统的功能是将弱音频输入电压放大后送至各用户设备，由前级放大和功率放大两部分构成。小系统二者合一，大系统两者分开。功放多用大功率晶体管，高档的用电子管，俗称电子管胆机。单声道扩音系统主要运用于对音质要求一般的公共广播、背景音乐之类的场合。

（2）立体声扩音系统。立体声扩音系统将声源的信号分别用左、右两个声道放大还原，音色效果更为丰满。往往还利用分频放大（有2分频/3分频/4分频多种），区别处理高、低音（还有更细的区分为高、中、低、超重低音），使频域展开。甚至利用杜比技术控制延时，产生环绕立体声，更有临场感。音色调节的核心设备为调音台，内设的反馈抑制器抑制低频和声频回授的自激振荡，效果器采用负反馈进一步改善音质。有条件的场合，使用VCD、LD等声源时，还多以TV显示画面图像。

（3）卡拉OK音响系统。它在上述立体声系统中增加了以下内容：

1）用户自娱自唱的功能，要求能减弱、消去音源部分的全部唱音。

2）选择伴音曲目的点歌功能，被点曲目早期是以CD/VCD盘片形式储存调用，现多以数字形式存于计算机硬盘内供调用。

（4）宾馆客房音响系统。它与卡拉OK音响系统的主要区别在于以下内容：

1）多套音乐节目供用户选择，并控制音量（多在床头柜控制台）。

2）紧急广播强切，包括客人关闭音乐节目欣赏的状况。

技能116　掌握通信网络系统图的分析

某学校教学楼建筑面积为 2930.23m²。地上4层为教学楼，檐口高度15.3m。建筑类别为二类，建筑耐火等级为二级。结构类型砖混结构。其中弱电通信网络系统设计包括4个部分：网络、电话、有线电视、广播的系统图及平面图设计。图纸包括弱电系统图、首层弱电平面图、二层弱电平面图、三层弱电平面图、四层弱电平面图。因一～四层的弱电平面布置基本一致，仅有局部改动，故仅以弱电系统图和首层、二层弱电平面图作为实例进行分析。其中图7-10为弱电系统图，图7-11为首层弱电平面图，图7-12为二层弱电平面图。

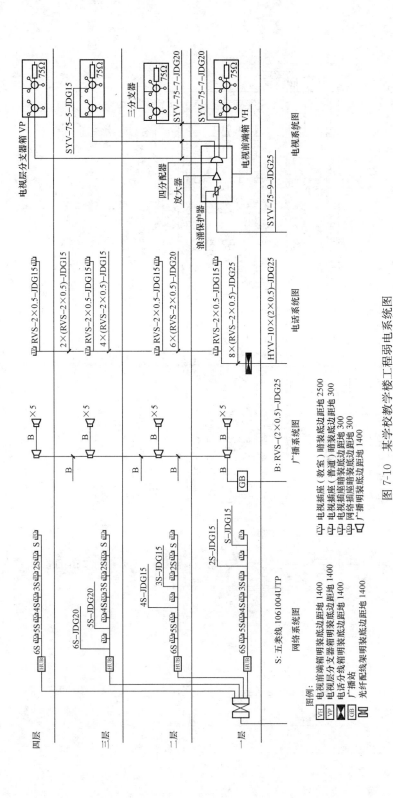

图 7-10 某学校教学楼工程弱电系统图

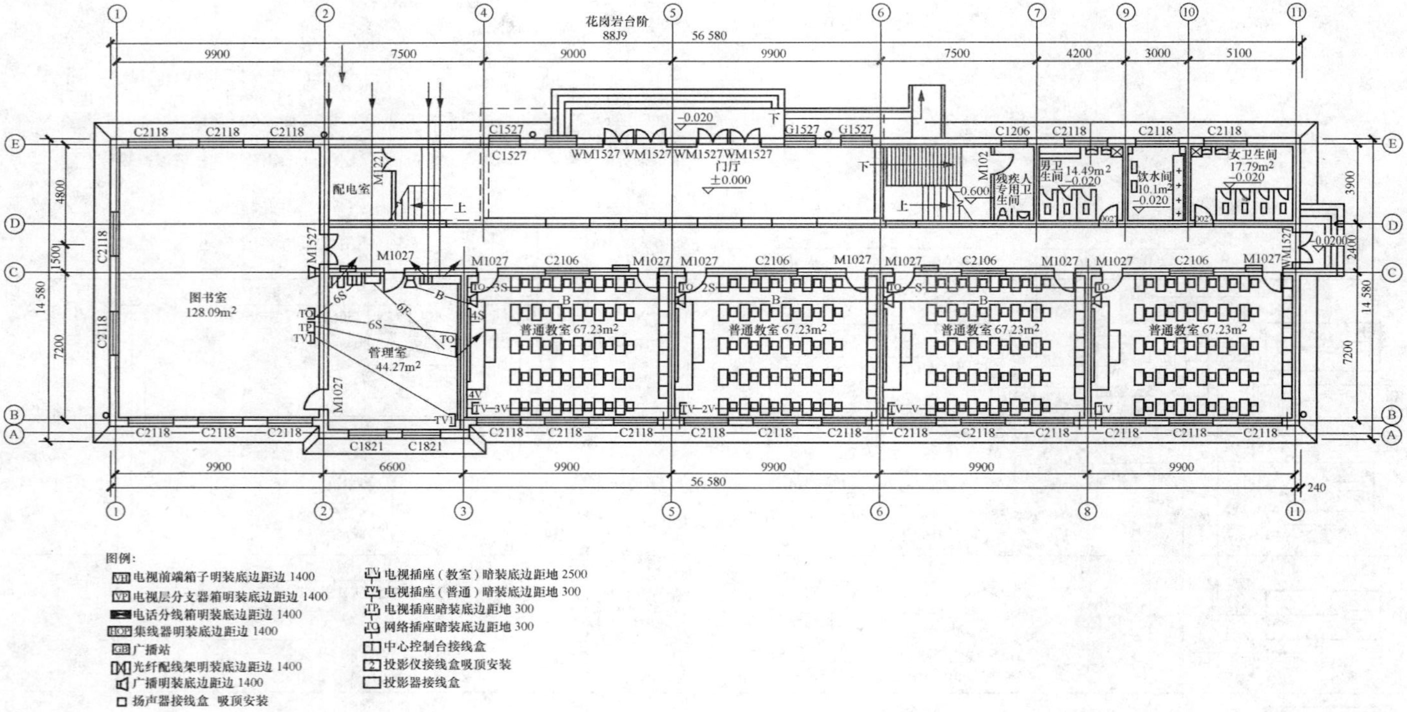

图 7-11 某学校教学楼工程首层弱电平面图

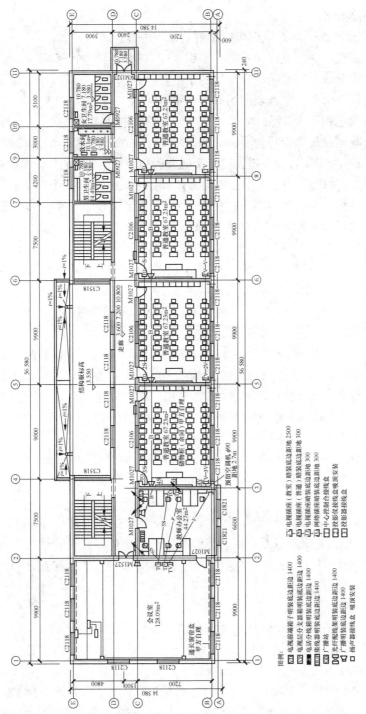

图 7-12 某学校教学楼工程二层弱电平面图

1. 系统图的分析

通过阅读图 7-10 弱电系统图可以了解到以下内容。

(1) 网络系统。一根光纤由室外穿墙引入建筑物一层的光纤配线架，经过配线后，以放射式分成 4 路穿管引向每层的集线器 (HUB)，总配线架与楼层集线器一次交接连接。每层的集线器引出 6 对 5 类非屏蔽双绞线 (UTP)，分别穿不同管径的薄壁紧定钢管 (JDG) 串接入 6 个网络终端插座 (TO)。其中 6 对和 5 对的 5 类非屏蔽双绞线穿管径为 20mm 的 JDG 管，4 对及以下 5 类非屏蔽双绞线穿管径为 15mm 的 JDG 管。每层设有 1 个明装底边距地 1.4m 的集线器，6 个暗装底边距地 0.3m 的网络插座，一至四层共计有 4 个集线器、24 个网络插座。

(2) 电话系统。由室外穿墙进户引来 10 对 HVY 型电话线缆，接入设在建筑物一层的总电话分线箱，穿管径为 25mm 的薄壁紧定钢管 (JDG25)。从分线箱引出 8 对 RVS-2×0.5 型塑料绝缘双绞线，分别穿不同管径的 JDG 管，单独式引向每层的各个用户终端——电话插座 (TP)。其中 8 对 RVS 双绞线穿管径为 25mm 的 JDG 管，6 对 RVS 双绞线穿管径为 20mm 的 JDG 管，4 对及以下 RVS 双绞线穿管径为 15mm 的 JDG 管。每层设有 2 个暗装底边距地 0.3m 的电话插座，一至四层共计 8 个电话插座。

(3) 电视系统。由室外穿墙引来一根 SYV-75-9 型聚乙烯绝缘特性阻抗为 75Ω 的同轴电缆，接入建筑物首层的电视前端箱 (VH)，穿管径为 25mm 的薄壁紧定钢管 (JDG25)。经过放大器放大后，采用分配—分支方式，首先把前端信号用四分配器平均分成 4 路，每一路分别引入电视层分支器箱 (VP)，再由分支器箱内串接的两个三分支器平均分配到 6 个输出端——电视插座 (TV)，共有 24 个输出端。系统干线选用 SYV-75-7 型同轴电缆，穿管径为 20mm 的薄壁紧定钢管 (JDG20)。分支线选用 SYV-75-5 型同轴电缆，穿管径为 15mm 的薄壁紧定钢管 (JDG15)。

(4) 广播系统。采用单声道扩音系统作为公共广播。由室外穿墙引来一根 RVS-2×0.5 型塑料绝缘双绞线，接入建筑物首层的广播站，穿管径为 15mm 的薄壁紧定钢管 (JDG15)。之后分别串联复接到每层的 5 个终端放音音箱上，一至四层总计 24 个音箱。

2. 平面图的分析

通过阅读图 7-11 和图 7-12 可以了解到以下内容。

(1) 弱电系统。弱电系统的前端设备都安装在建筑物首层的管理室内，包括：1 个明装底边距地 1.4m 的光纤配线架，1 个 10 对的明装底边距地 1.4m 的电话分线箱，1 个明装底边距地 1.4m 的电视前端箱，1 个明装的广播站。如图 7-12 所示的二层弱电平面图还可以了解，在每一层的 2、3 轴线与 C、D 轴线交叉的相同位置的房间内，还都设有 1 个明装底边距地 1.4m 的集线器和 1 个明装底边距地 1.4m 的电视层分支器箱。

（2）网络系统。光纤配线架出线，分 4 路穿 JDG 管沿墙内暗敷由一层分别垂直引上至二、三、四层的集线器。之后，再由每层的集线器引出 6 对 5 类 UTP，穿 JDG 管暗敷于每层顶板内，串接至各个网络插座。

（3）电话系统。由接线箱首先引出 8 对 RVS-2×0.5 型双绞线，穿管径 25mm 的 JDG 管，至首层管理室轴线 3 所对应墙线上的电话插座；再从此处引出 6 对 RVS-2×0.5 型双绞线，穿管径 20mm 的 JDG 管墙内暗敷垂直引上至 2 层；从 2 层相应处引出 4 对 RVS-2×0.5 型双绞线，穿管径 15mm 的 JDG 暗敷垂直引上至 3 层；从 3 层相应处引出两对 RVS-2×0.5 型双绞线，穿管径 15mm 的 JDG 管暗敷垂直引上至 4 层。每层相应引出后，再分别引出 1 对 RVS-2×0.5 型双绞线，穿管径 15mm 的 JDG 管暗敷每层顶板内，接至轴线 2 所对应的墙面上的电话插座上。

（4）电视系统。先由电视前端箱引出 4 路 SYV-75-7 型同轴电缆，穿管径 20mm 的 JDG 管沿墙内暗敷由一层分别垂直引上至二、三、四层的电视层分支器箱。再由每层的分支器箱引出 6 根 SYV-75-5 型同轴电缆，穿管径为 15mm 的 JDG 管暗敷于每层顶板内，递减式串接至各个电视插座。

技能 117　熟悉综合布线系统相关知识

1. 综合布线系统的特点

综合布线系统的特点是设备与线路无关且具有兼容性、开放性、灵活性、可靠性、先进性和经济性的特点，具体如下。

（1）兼容性是指其设备或程序可以用于多种系统。传统的布线方式，各个系统的布线互不兼容，管线拥挤不堪，规格不同，配线插接头型号各异，所构成的网络内管线与接插件彼此不能互相兼容，一旦改变终端位置，势必重新铺设管线和接插件。综合布线可将其中的语音、数据和图像信号的配线统一设计规划，采用统一的传输线、信息接插件等，比传统布线更加简化，不再重复投资，节约大量资金。

（2）开放性对于传统布线，一旦选定了某种设备，也就选定了布线方式和传输介质，如要更换设备，原有布线将全部更换，这样做，既麻烦，又浪费大量资金。综合布线由于采用了开放式体系结构，符合国际标准，因而对现有著名厂商的品牌及通信协议都是开放的。

（3）灵活性对于传统布线，各系统是封闭的，体系结构是固定的，增加设备十分困难。综合布线系统的传递线路大多为通用的，即大部分线路可传送语音数据、多用户终端，系统内设备（计算机、终端、交换机、网络集线器、电话、传真机等）的开通及变动无需改动布线，只要在设备间或管理间作相应的跳线操作，需改动的设备就被接入到指定系统中去。当然，系统组网也灵活多样。

（4）可靠性传统布线各系统互不兼容，因此在一个建筑物内存在多种布线方式，形成各系统交叉干扰，这样各系统可靠性降低，势必影响到整个建筑系统的可靠性。综合布线采用高品质的材料和组合压接方式构成一套标准高的信息网络，所有线缆与器件均符合国际标准，保证了系统的电气性能。同时，几个系统采用同一传输介质，既互为备用，又实现了备用冗余。

（5）经济性综合布线设计信息点时是按照要求规划容量的，并留有适当的发展容量，因此，就整体而言，综合布线要比传统布线的价格性能比高，后期运行维护及管理费也低。

（6）先进性当今信息时代快速发展，数据传递和语音传递并驾齐驱，多媒体技术迅速崛起。综合布线在电话和计算机系统上的布线采用双绞线与光纤混合布置方式是比较科学和经济的。根据我国的情况以及世界通信技术的发展，它足可保证10年甚至更长时期的技术先进性。这是传统布线方式不能比拟的。此外，综合布线还有诸如实用性强，实行模块结构化，使用与维护方便等特点。

2. 综合布线系统的结构

综合布线系统工程宜按下列七个部分进行设计。

（1）工作区。一个独立的需要设置终端设备（TE）的区域宜划分为一个工作区。工作区应由配线子系统的信息插座模块（TO）延伸到终端设备处的连接缆线及适配器组成。

（2）配线子系统。配线子系统应由工作区的信息插座模块、信息插座模块至电信间配线设备（FD）的配线电缆和光缆、电信间的配线设备及设备缆线和跳线等组成。

（3）干线子系统。干线子系统应由设备间至电信间的干线电缆和光缆，安装在设备间的建筑物配线设备（BD）及设备缆线和跳线组成。

（4）建筑群子系统。建筑群子系统应由连接多个建筑物之间的主干电缆和光缆、建筑群配线设备（CD）及设备缆线和跳线组成。

（5）设备间。设备间是在每幢建筑物的适当地点进行网络管理和信息交换的场地。对于综合布线系统工程设计，设备间主要安装建筑物配线设备。电话交换机、计算机主机设备及入口设施也可与配线设备安装在一起。

（6）进线间。进线间是建筑物外部通信和信息管线的入口部位，并可作为入口设施和建筑群配线设备的安装场地。

（7）管理。管理应对工作区、电信间、设备间、进线间的配线设备、缆线、信息插座模块等设施按一定的模式进行标识和记录。

技能 118　熟悉综合布线子系统

1. 工作区

（1）工作区适配器的选用规定如下。

1）设备的连接插座应与连接电缆的插头匹配，不同的插座与插头之间应加装适配器。

2）在连接使用信号的数模转换，光、电转换，数据传输速率转换等相应的装置时，采用适配器。

3）对于网络规程的兼容，采用协议转换适配器。

4）各种不同的终端设备或适配器均安装在工作区的适当位置，并应考虑现场的电源与接地。

（2）每个工作区的服务面积，应按不同的应用功能确定。

2. 配线子系统

（1）根据工程提出的近期和远期终端设备的设置要求，用户性质、网络构成及实际需要确定建筑物各层需要安装信息插座模块的数量及其位置，配线应留有扩展余地。

（2）配线子系统缆线应采用非屏蔽或屏蔽 4 对对绞电缆，在需要时也可采用室内多模或单模光缆。

（3）电信间 FD 与电话交换配线及计算机网络设备之间的连接方式应符合以下要求。

1）电话交换配线的连接方式应符合图 7-13 要求。

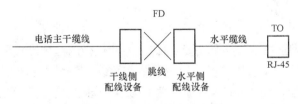

图 7-13　电话系统连接方式

2）计算机网络设备连接方式。

a. 经跳线连接应符合图 7-14 要求。

b. 经设备缆线连接方式应符合图 7-15 要求。

（4）每一个工作区信息插座模块（电、光）数量不宜少于 2 个，并满足各种业务的需求。

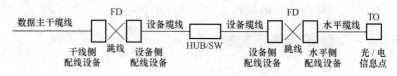

图 7-14　数据系统连接方式（经跳线连接）

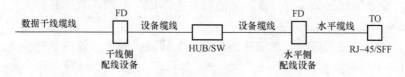

图 7-15　数据系统连接方式（经设备缆线连接）

（5）底盒数量应以插座盒面板设置的开口数确定，每一个底盒支持安装的信息点数量不宜大于 2 个。

（6）光纤信息插座模块安装的底盒大小应充分考虑到水平光缆（2 芯或 4 芯）终接处的光缆盘留空间和满足光缆对弯曲半径的要求。

（7）工作区的信息插座模块应支持不同的终端设备接入，每一个 8 位模块通用插座应连接 1 根 4 对对绞电缆；对每一个双工或 2 个单工光纤连接器件及适配器连接 1 根 2 芯光缆。

（8）从电信间至每一个工作区水平光缆宜按 2 芯光缆配置。光纤至工作区域满足用户群或大客户使用时，光纤芯数至少应有 2 芯备份，按 4 芯水平光缆配置。

（9）连接至电信间的每一根水平电缆/光缆应终接于相应的配线模块，配线模块与缆线容量相适应。

（10）电信间 FD 主干侧各类配线模块应按电话交换机、计算机网络的构成及主干电缆/光缆的所需容量要求及模块类型和规格的选用进行配置。

（11）电信间 FD 采用的设备缆线和各类跳线宜按计算机网络设备的使用端口容量和电话交换机的实装容量、业务的实际需求或信息点总数的比例进行配置，比例范围为 25%～50%。

3. 干线子系统

（1）干线子系统所需要的电缆总对数和光纤总芯数，应满足工程的实际需求，并留有适当的备份容量。主干缆线宜设置电缆与光缆，并互相作为备份路由。

（2）干线子系统主干缆线应选择较短的安全的路由。主干电缆宜采用点对点终接，也可采用分支递减终接。

（3）如果电话交换机和计算机主机设置在建筑物内不同的设备间，宜采用不同的主干缆线来分别满足语音和数据的需要。

（4）在同一层若干电信间之间宜设置干线路由。

（5）主干电缆和光缆所需的容量要求及配置应符合以下规定。

1）对语音业务，大对数主干电缆的对数应按每一个电话 8 位模块通用插座配置 1 对线，并在总需求线对的基础上至少预留约 10% 的备用线对。

2）对于数据业务应以集线器（HUB）或交换机（SW）群（按 4 个 HUB 或 SW 组成 1 群）；或以每个 HUB 或 SW 设备设置 1 个主干端口配置。每 1 群网络设备或每 4 个网络设备宜考虑 1 个备份端口。主干端口为电端 IC1 时，应按 4 对线容量，为光端口时则按 2 芯光纤容量配置。

3）当工作区至电信间的水平光缆延伸至设备间的光配线设备（BD/CD）时，主干光缆的容量应包括所延伸的水平光缆光纤的容量在内。

4. 建筑群子系统

（1）CD 宜安装在进线间或设备间，并可与入口设施或 BD 合用场地。

（2）CD 配线设备内、外侧的容量应与建筑物内连接 BD 配线设备的建筑群主干缆线容量及建筑物外部引入的建筑群主干缆线容量相一致。

5. 设备间

（1）在设备间内安装的 BD 配线设备干线侧容量应与主干缆线的容量相一致。设备侧的容量应与设备端口容量相一致或与干线侧配线设备容量相同。

（2）BD 配线设备与电话交换机及计算机网络设备的连接方式亦应符合相关规定。

6. 进线间

（1）建筑群主干电缆和光缆、公用网和专用网电缆、光缆及天线馈线等室外缆线进入建筑物时，应在进线间成端转换成室内电缆、光缆，并在缆线的终端处可由多家电信业务经营者设置入口设施，入口设施中的配线设备应按引入的电、光缆容量配置。

（2）电信业务经营者在进线间设置安装的入口配线设备应与 BD 或 CD 之间敷设相应的连接电缆、光缆，实现路由互通。缆线类型与容量应与配线设备相一致。接入业务及多家电信业务经营者缆线接入的需求，并应留有 2～4 孔的余量。

7. 管理

（1）对设备间、电信间、进线间和工作区的配线设备、缆线、信息点等设施应按一定的模式进行标识和记录，并宜符合下列规定。

1）综合布线系统工程宜采用计算机进行文档记录与保存，简单且规模较小的综合布线系统工程可按图纸资料等纸质文档进行管理，并做到记录准确、及时更新、便于查阅；文档资料应实现汉化。

2）综合布线的每一电缆、光缆、配线设备、端触点、接地装置、敷设管线等组成部分均应给定唯一的标识符，并设置标签。标识符应采用相同数量的字母和数字等标明。

3）电缆和光缆的两端均应标明相同的标识符。

4）设备间、电信间、进线间的配线设备宜采用统一的色标区别各类业务与用途的配线区。

（2）所有标签应保持清晰、完整，并满足使用环境要求。

（3）对于规模较大的布线系统工程，为提高布线工程维护水平与网络安全，宜采用电子配线设备对信息点或配线设备进行管理，以显示与记录配线设备的连接、使用及变更状况。

（4）综合布线系统相关设施的工作状态信息应包括：设备和缆线的用途、使用部门、组成局域网的拓扑结构、传输信息速率、终端设备配置状况、占用器件编号、色标、链路与信道的功能和各项主要指标参数及完好状况、故障记录等，还应包括设备位置和缆线走向等内容。

技能 119　掌握综合布线系统图的分析

某办公为主的现代化智能建筑总建筑面积超过 $200\,000\mathrm{m}^2$，由 A、B、C、D 四座组成，地上 22 层，地下 4 层。根据用户要求，该大厦的布线系统是一个模块化、高度灵活的智能型布线网络，通过每个房间的信息点，将电话、计算机、服务器、网络设备以及各种楼宇控制与管理设备连接为一个整体，高速传送语音、数据、图像，为用户提供各种综合性的服务。系统采用星形布设方式，分为六类布线和光纤布线，分别采用单独的干线线槽及管理机柜。六类布线系统作为大厦的内网，采用六类非屏蔽双绞线缆，可以提供语音、IP 电话、专网数据通信用。光纤布线作为大厦的外网建设，是升级大楼整体网络要用的物理路由，整体预留到桌面。语音垂直主干从一层电话机房分别经首层 A、B 座和地下二层 C、D 座四个弱电间引至各层弱电间，有若干条 3 类 25 对大对数电缆。从计算机房经首层 A、B 座和地下二层 C、D 座四个弱电间引至各层弱电间，由若干条 12 芯室内单模光纤组成大厦计算机网络主干和由若干条 24 芯室内单模光纤组成大厦视频会议系统主干。水平配线采用非屏蔽六类四对双绞线。话音主干配线架采用标准通用接口的电缆配线架；数据主干和水平配线架采用 RJ-45 接口标准的六类 UTP 模块化配线盘；连接设备采用插接式交接硬件；交叉连接线及设备连接线要都是六类特性。工作区采用统一的标准 RJ-45 六类模块化信息插座，按照使用要求分别采用墙面暗装及网络地板下敷设的方式。

1. 系统设备配置

综合布线系统选用 NORDX/CDT 品牌产品，设备配置见表 7-8。

表 7-8 设 备 配 置

类别	序号	产 品 名 称	型号和规格	数量
信号插座类	1.1.1	六类信息模块	ZX101065	2778
	1.1.2	双空孔信息面板	A0410455	1343
	1.1.3	单空孔信息面板	A0410460	92
	1.1.4	防尘盖	A0410451	2778
线缆类	1.1.5	六类 4 对水平双绞线	24566945	495
	1.1.6	三类 25 对大对数电缆(305m)	24501858	33
	1.1.7	三类 25 对大对数电缆(1000m)	24501858	4
	1.1.8	6 芯垂直数据室内多模光纤	M9A038	17 000
配线架类	1.1.9	BLX1A 配线条	A0398146	160
	1.1.10	50 对安装架	A0284798	60
	1.1.11	300 对安装架	A0340836	7
	1.1.12	六类 Giga Flex24 口块接式配线架	AX101611	130
光纤端接类	1.1.13	12/24SC 口光纤端接箱	AX100042	52
	1.1.14	24/48SC 口光纤端接箱	AX100069	7
	1.1.15	6 口 SC 光纤耦合器片	AX100093	56
	1.1.16	12 口 SC 光纤耦合器片	AX100085	26
	1.1.17	空白挡板	AX100067	50
	1.1.18	SC 光纤接头	AX101077	648
配件类	1.1.19	BIX 标识胶条	A0270169	109
	1.1.20	线缆管理器	A0644489	189
跳线类	1.1.21	SC-SC-双工光纤跳线(2m)	AX200084	216
	1.1.22	六类 RJ-45 数据跳线(2m)	AX310030	655
	1.1.23	超五类跳线(3m)	23498107	328

2. 系统构成分析

（1）工作区子系统。工作区子系统是由适配器及连接于办公区设备与适配器之间的各类跳线组成。每一出口都可以连接计算机、电话机、打印机、传真机、数字摄像机等办公设备。在工作区中，电话网和局域网设计成双口信息点，模块采用六类非屏蔽信息模块，全部采用标准 RJ-45 接口，信息插座采用暗设式，面积为 86×86 标准，插座为 45°斜面，既美观又起到防尘作用。大厦办公区域按照大开间区，每 6m² 设置一个 DVF（D：六类数据出口；V：六类语音出口；F：光纤到桌面出口）的原则布设，小开间按照每 10m² 设置一个 DVF 布设，设计中大开间按照均布的原则布设，具体引到办公桌面的出口位置随装修确定；大、小会议室各布设至少两个 DVF，并设置无线接入点；每间领导办公室内设置五个 DVF 及无线接入点，休息室及卫厕内设置语音并机电话；秘书间设置 2 个 DVF；地下设备机房及其控制室内，设置 DV 双出口。另外，在餐厅、活动场所及服务间内设置 1～2 个六类语音出口。如图 7-16 水平平面布置图（局部）所示。信息插座配有明显的、可方便更换的、永久的标识，以区分电信插座的实际用途。这样的标识为电话、电脑图标，既可防止电脑插头误插入电话插座后由于电话振铃信号烧毁电脑的恶性事件的发生，而且也不影响系统的方便互换。信息

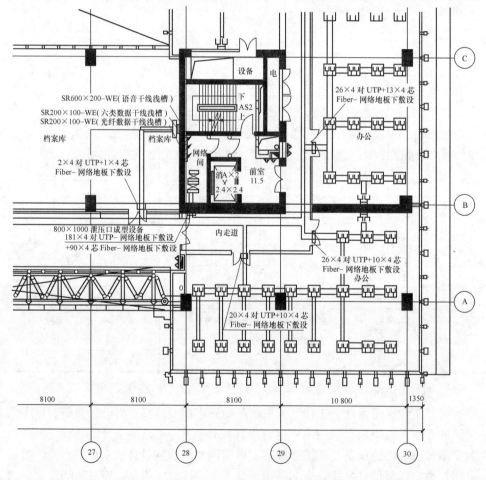

图 7-16　水平平面布置图（局部）

插座模块与水平电缆的端接安装采用免拆卸面板安装，以确保布线系统维护与修理的方便和及时。工作区的墙面暗装信息出口，面板的下沿距地面300mm；大开间办公区依据家具装修位置，信息出口做到每个员工的桌面。每一信息出口的附近要安装相应强电插座，信息出口与强电插座的距离不能小于200mm。施工中要为信息点的安装预留86系列金属安装盒。

（2）配线子系统。配线子系统由配线间到工作区和区域连接跳架间的线缆组成。

水平线缆长度的确定依据：水平线缆的最大长度不能超过90m。

配线子系统中线缆用量的计算过程如下：

$$每箱可布线缆数＝每箱长度/水平线缆平均长度$$
$$线缆箱数＝信息点数/每箱可布线缆数$$

大厦A、B、C、D四座分别有布线系统专用的网络配线间，进行楼层布线配线管理。六类布线系统水平采用六类非屏蔽线缆，光纤布线系统水平采用4芯室内多模光纤。六类布线系统与光纤布线系统，在四层（包括四层）以下，水平配线共用金属线槽。四层以上水平配线敷设在网络地板下，所需水平线槽由网络地板产品提供。水平线缆的敷设采用线槽加水平支管的方式，即在走廊的吊顶内安装带盖板和分隔的金属线槽，线槽的一端在各层的配电间，另一端在最远的信息点附近。水平支管采用25mm和20mm的金属管，每一根金属管内最多可穿4根或3根4对双绞线缆，所有金属管槽均要做好接地处理。综合布线的线缆使用单独的线槽，不能同其他强电线缆、有线电视线缆共用同一管槽。线缆在敷设时要保持双绞线的弯曲半径不小于线缆直径的10倍。

（3）干线子系统。垂直干线子系统主要用于实现主机房与各管理子系统间的连接。在主干部分中，数据主干采用12芯室内单模光纤，语音主干采用3类25对语音主干电缆与程控交换机房连接。数据主干一般由计算机房引至各层弱电间的一条12芯室内单模光纤作为数据主干线缆。光纤布线系统水平数据主干采用12芯室内单模光纤。垂直主干线缆直接铺设于弱电竖井内，为减少电磁干扰，防止线缆松散，主干线槽采用带盖板的、有横档可绑缚电缆的金属线槽。线槽的填充率控制在50%以内，以便将来少量扩容时使用。

（4）设备间子系统。从本大厦的整体结构看，只有地面一层高6m，其高度可满足主机房、通信设备室、控制室对层高的要求，该层南段可供网络中心（或数据中心）使用的面积约1500m²。这样实际主机房可用面积约820m²，可放置19 in（1 in＝0.025 4m）标准机柜250个。该大厦网络中心只设一处，集中管理，特需1和特需2的数据中心则分别设置，即大厦网络中心机房设在一层南部，特需1的数据中心和网络中心建在一处，特需2的数据中心建在裙楼4层的

A、B座，各自包括的内容有：一层南部的机房需电源350kW双路互投，其中有电源室（内含电池间）、通信交换机室（非电话机房）、网络核心交换机室、数据中心室、监控室、更衣室、灭火钢瓶室等，面积约1500m² 左右。裙楼4层A、B座机房需电源250kW双路互投，其中有电源室（内含电池间）、数据中心室、控制室（对机房设备操作之用）、更衣室、灭火钢瓶室等，面积约1000m² 左右。

（5）管理区子系统。在管理子系统中，语音点采用六类特性的线缆配线架铰接，数据点的端接采用24口RJ-45配线架，可以方便地通过跳线对语音、数据进行转换。依据平面图的房间使用性质规划，网络中心即综合布线系统的管理间，负责管理相关楼层区域的信息点。六类布线系统与光纤布线系统在楼层网络配线间内分机柜单独管理。每个管理间根据信息点数的不同配置数量不等的24口RJ-45配线架，进行线缆管理。数据主干的管理亦采用RJ-45配线架，每个管理间配置若干配线架，用以管理从设备间引来的线缆，语音部分采用IDC语音模块，根据语音点的多少，配置不同数量的语音主干用模块。对于跳线的管理，我们采用1HU跳线导线架，在充分利用机柜空间的同时，方便、美观的对跳线进行管理。充分利用各层配电间的有利条件，安装1.8m高的标准机柜和壁挂式机箱，用来安装综合布线的线缆管理器，网络设备。机柜需做接地处理。

参 考 文 献

[1] 李文武．简明建筑电气安装工手册[M]．北京：机械工业出版社，2004．

[2] 吴城东．怎样阅读建筑电气工程图[M]．北京：中国建材工业出版社，2001．

[3] 关光福．建筑电气[M]．重庆：重庆大学出版社，2007．

[4] 马誌溪．电气工程设计与绘图[M]．北京：中国电力出版社，2007．

[5] 翁双安．供电工程[M]．北京：机械工业出版社，2004．

[6] 马誌溪．供配电工程[M]．北京：清华大学出版社，2009．

[7] 谢杜初，刘玲．建筑电气工程[M]．北京：机械工业出版社，2005．

[8] 段春丽，黄士元．建筑电气[M]．北京：机械工业出版社，2007．

[9] 栾海明．建筑电气工程快速识图[M]．北京：中国铁道出版社，2012．

[10] 朱栋华．建筑电气工程图识图方法与实例[M]．北京：中国水利水电出版社，2005．

[11] 杨光臣．建筑电气工程识图．工艺．预算[M]2版．北京：中国建筑工业出版社，2006．